入门很**轻松**

Python

入门很轻松 （微课超值版）

云尚科技◎编著

清华大学出版社

北京

内容简介

本书是针对零基础读者研发的 Python 入门教材。该书侧重实战，结合流行、有趣的热点案例详细介绍 Python 开发中的各项技术。全书分为 18 章，前 14 章为理论部分，内容包括搭建 Python 开发环境、必备基础知识、程序的控制结构、序列的应用技能、字符串与正则表达式、函数、面向对象程序设计、模块和包、异常处理和程序调试、操作文件和目录、Python 操作数据库、GUI 编程、Python 的高级技术、Web 网站编程；为了提高读者的项目开发能力，后 4 章通过经典飞机大战、豆瓣图书爬虫和检索、绘制电视剧人物关系图、自动文本摘要 4 个热点项目，进一步讲述 Python 在实际项目中的应用技能。

读者通过扫描书中二维码可快速查看对应案例的微视频操作，随时解决学习中的困惑，并可快速获取书中实战训练中的解题思路，通过一步步引导的方式，检验读者对本章知识点掌握的程度。另外，本书还赠送大量超值资源，包括精美幻灯片、案例源代码、教学大纲、求职资源库、面试资源库、笔试题库和小白项目实战手册。最后，本书还提供技术支持 QQ 群，专为读者答疑解难，降低零基础学习编程的门槛，让读者轻松跨入编程领域。

本书适合零基础编程读者、Python 程序开发人员、高等院校师生或相关培训机构学习和使用。

图书在版编目（CIP）数据

Python 入门很轻松：微课超值版 / 云尚科技编著. —北京：清华大学出版社，2020.4
（入门很轻松）

ISBN 978-7-302-55242-0

Ⅰ．①P… Ⅱ．①云… Ⅲ．①软件工具－程序设计 Ⅳ．①TP311.561

中国版本图书馆 CIP 数据核字（2020）第 046739 号

责任编辑：张　敏
封面设计：杨玉兰
责任校对：徐俊伟
责任印制：沈　露

出版发行：清华大学出版社
　　　　网　　　址：http://www.tup.com.cn，http://www.wqbook.com
　　　　地　　　址：北京清华大学学研大厦 A 座　　　邮　　编：100084
　　　　社 总 机：010-62770175　　　　　　　　邮　　购：010-62786544
　　　　投稿与读者服务：010-62776969，c-service@tup.tsinghua.edu.cn
　　　　质量反馈：010-62772015，zhiliang@tup.tsinghua.edu.cn
印 装 者：清华大学印刷厂
经　　销：全国新华书店
开　　本：185mm×260mm　　　印　　张：20.25　　字　　数：534 千字
版　　次：2020 年 7 月第 1 版　　印　　次：2020 年 7 月第 1 次印刷
定　　价：79.80 元

产品编号：084865-01

前 言 | PREFACE

在 2019 年 7 月的编程语言排行榜中，Python 语言位列第 3。由于 Python 语言语法简洁、清晰，代码可读性强，编程模式又非常符合人类的思维方式和习惯，所以很多高校开设了该门课程，甚至有的中小学也开设了 Python 语言编程课程。同时，国内 Python 程序开发需求旺盛，各大知名企业均高薪招聘技术能力强的 Python 程序开发人员。

本书内容

为满足初学者快速进入 Python 语言编程殿堂的需求，本书以 Python 3 为基础，内容注重实战，结合当下流行有趣的热点案例，引领读者快速学习和掌握 Python 程序开发技术。本书的学习模式如下图所示。

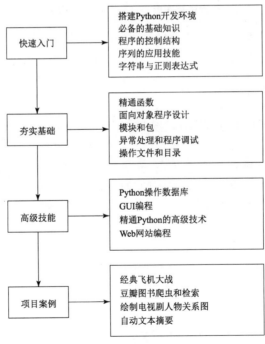

Python 学习模式

本书特色

由浅入深，编排合理：知识点由浅入深，结合流行有趣的热点案例，涵盖了所有 Python 程序开发的基础知识，循序渐进地讲解了 Python 程序开发技术。

扫码学习，视频精讲：为了让初学者快速入门并提高技能，本书提供了微视频，通过扫码，可以快速观看视频操作，就像一个贴身老师，随时解答读者学习中的困惑。

项目实战，检验技能：为了检验学习效果，每章都提供了实战训练。读者可以边学习，边进行实战项目训练，强化实战开发能力。通过扫描实战训练的二维码，可以查看训练任务的解题思路，从而提升开发技能和编程思维。

提示技巧，积累经验：本书对读者在学习过程中可能会遇到的疑难问题以"大牛提醒"和"经验之谈"的形式进行说明，辅助读者轻松掌握相关知识，规避编程陷阱，从而让读者在自学的过程中少走弯路。

超值资源，海量赠送：本书还赠送大量超值资源，包括精美幻灯片、案例源代码、教学大纲、求职资源库、面试资源库、笔试题库和小白项目实战手册，读者可扫描下方二维码下载获取。

| 精美幻灯片 | 案例源代码 | 教学大纲 |

| 求职资源库 | 面试资源库 | 笔试题库 | 小白项目实战手册 |

名师指导，学习无忧：读者在自学的过程中可以观看本书同步教学微视频。本书技术支持QQ 群（912560309），欢迎读者加入 QQ 群获取本书的赠送资源和交流技术。

读者对象

本书详细地介绍了 Python 程序开发技术的相关知识，内容丰富、条理清晰、实用性强，适合以下读者学习使用：

- 零基础的编程自学者。
- 希望快速、全面掌握 Python 程序开发的人员。
- 高等院校的教师和学生。
- 相关培训机构的教师和学生。
- 初中级 Python 程序开发人员。
- 参加毕业设计的学生。

鸣谢

本书由云尚科技 Python 程序开发团队策划并组织编写，主要编写人员有王秀英、刘玉萍和张泽淮。本书虽然倾注了众多编者的努力，但由于水平有限，书中难免有疏漏之处，敬请广大读者指正。

编　者

目 录 | CONTENTS

第1章

搭建 Python 开发环境

本章内容提要

    Python 是一种跨平台、开源、免费、解释型的高级编程语言。Python 语言语法简洁清晰，有丰富和强大的类库，还具有高可移植性等优势，因此越来越受开发者的青睐。Python 语言应用非常广泛，在网络爬虫、游戏开发、大数据库处理、Web 编程、图像处理和安全编程等领域都有很多应用案例。本章重点介绍 Python 语言的基础内容、环境搭建和版本的选择等知识。

1.1　Python 概述

    1989 年，荷兰人 Guido van Rossum 发明了一种面向对象的解释型计算机程序设计语言，并将其命名为 Python。Python 是一种纯粹的自由软件，其语法简洁清晰，特色之一是强制使用空白符作为语句缩进。Python 有丰富和强大的类库，常被称为"胶水语言"，能够把用其他语言制作的各种模块轻松地联结在一起。

    从 1991 年公开发布的第一个发行版，到 2004 年，Python 的使用率呈线性增长，受到编程者的喜爱和重视。2017 年，IEEE Spacctrum 发布的 2017 年度编程语言排行榜中，Python 位居第一。

    Python 的解释器是用 C 语言写成的，程序模块大部分也是用 C 语言写成的。Python 的程序代码是完全公开的，无论是作为商业用途还是个人使用，用户都可以任意复制、修改或者传播这些程序代码。

    Python 运行过程大致分为以下 3 个步骤：

    （1）由开发人员编写程序代码，也就是编码阶段。

    （2）解释器将程序代码编译为字节码，字节码是以扩展名为.pyc 的文件形式存在的，默认放置在 Python 安装目录的_pycache_文件夹下，主要作用是提高程序的运行速度。

    （3）解释器将编译好的字节码载入一个 Python 虚拟机（Python Virtual Machine）中运行。

    Python 程序的运行过程如图 1-1 所示。

图 1-1　Python 程序的运行过程图

微视频

1.2　如何选择 Python 的版本

目前，Python 的最常见两个版本为 Python 2.x 版本（2019 年 3 月份前更新到 2.7.16）和 Python 3.x 版本（2019 年 3 月份已经更新到 3.7.3）。

那么，作为初学者，应该选择哪个版本呢？在实际开发的过程中，使用 Python 2.x 版本的用户仍然占大多数，主要原因是 Python 中的很多扩展库还不支持 Python 3.x 版本，这对开发速度有较大的影响。但是，对于初学者而言，建议选择 Python 3.x 版本的主要原因如下：

（1）Python 3.x 系列版本已经不再向 Python 2.x 系列版本兼容。

（2）Python 3.x 版本在 Python 2.x 版本的基础上进行了功能升级，在一定程度上重新拆分和整合，比 Python 2.x 版本更容易学习和理解，特别是在字符编码方面，Python 3.x 版本已经解决了中文字符不能正确显示的问题。

微视频

1.3　搭建 Python 的编程环境

因为 Python 可以运行在常见的 Windows、Linux 等系统的计算机中，所以在安装 Python 之前，首先要根据不同的操作系统和系统的位数下载对应版本的 Python。

1.3.1　在 Windows 下安装 Python

下面介绍在 Windows 下安装和运行 Python 的方法。

在浏览器地址栏中输入 http://www.python.org/downloads/并按 Enter 键确认，进入 Python 下载界面，单击 Download Python 3.7.3 下载链接，如图 1-2 所示。

进入下载文件选择界面，再根据操作系统和需求，选择适合需求的版本。这里选择 Windows 64 位系统下的 executable 版本，如图 1-3 所示。

图 1-2　Python 下载界面

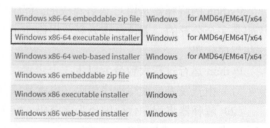

图 1-3　选择安装版本

☆**大牛提醒**☆

在图 1-3 中，x86 代表开发工具在 Windows 32 位系统上使用；x86-64 代表开发工具可以在 Windows 64 位系统上使用；executable installer 表示通过可执行文件方式离线安装；web-based installer 表示通过联网完成安装；embeddable zip file 代表嵌入式版本，可以集成到其他应用中。

Python 安装包下载完毕，即可安装 Python 3.7.3。

步骤 1：双击下载后运行 Python-3.7.3.exe，打开安装向导窗口。选择 Customize installation

选项，并选中 Add Python 3.7 to PATH 复选框，如图 1-4 所示。其中，Install Now 表示默认安装方式，这里不能修改安装路径；Customize installation 表示自定义安装方式，可以根据用户需求安装。

步骤 2：打开 Optional FeaTrues（可选功能）界面，单击 Next（下一步）按钮，如图 1-5 所示。

图 1-4 Python 3.7.3 安装界面

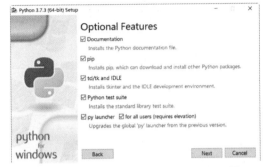

图 1-5 Optional FeaTrues（可选功能）界面

☆大牛提醒☆

选择 Add Python 3.7 to PATH 复选框后，可以把 Python 添加到环境变量中，从而可以直接在 Windows 的命令提示符下运行 Python 3.7 解释器。

步骤 3：打开 Advanced Options（高级选项）界面，选中 Install for all users（针对所有用户）复选框，然后单击 Install（安装）按钮，如图 1-6 所示。

步骤 4：Python 开始自动安装。安装成功后，进入 Setup was successful（安装成功）界面，单击 Close（关闭）按钮即可完成 Python 的安装，如图 1-7 所示。

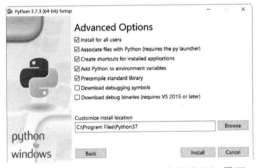

图 1-6 Advanced Options（高级选项）界面

图 1-7 Setup was successful（安装成功）界面

1.3.2 在 Linux 下安装 Python

在 Linux 操作系统中，安装 Python 3.7.3 的方法有以下两种：

1. 使用安装命令安装 Python

在 Fedora、CentOS 等 Linux 操作系统中，可以使用 yum 命令安装 Python，命令格式如下：

```
yum install python3
```

在 Debian 操作系统中，可以使用 Apt-get 命令安装 Python，命令格式如下：

```
Apt-get install python3
```

提示：在使用安装命令安装 Python 时，需要保持网络稳定。

2. 直接到 Python 官网下载源代码并编译安装

用户也可以先在官网上下载 Python 安装包，然后在终端命令模式下使用以下命令解压下载的压缩包：

```
tar -xzvf Python-3.7.3.tar.xz
```

在终端命令模式下，进入解压后的子目录，使用以下命令进行安装：

```
./configure
make install
make
```

☆**大牛提醒**☆

在 Linux 系统下安装 Python 的过程中，如果提示错误或缺失某个依赖库，可以先安装需要的依赖库，然后重复运行上述命令。

1.4 第一行人工智能代码

微视频

输出文字往往是学习新语言的第一步。下面通过 3 种方法实现同一个输出内容。

1. 在 Python 自带的 IDLE 中实现

IDLE（Python 的集成开发环境）是在 Windows 内运行的 Python 3.7 解释器（包括调试功能）。单击"开始"按钮，在弹出的菜单中选择"所有程序"→IDLE（Python 3.7 64-bit）命令。用户也可以在搜索框中直接输入 IDLE 快速查找。启动 Python 3.7.3 Shell 窗口，用户可以在该窗口中直接输入 Python 命令，并按 Enter 键运行。例如，输入"print("人生苦短，我学 Python")"，运行结果如图 1-8 所示。

☆**大牛提醒**☆

通过 print() 函数输出字符串时，如果想要换行，可以使用换行符"\n"。例如，print("人生苦短\n 我学 Python")，则输出两行信息。

2. 在命令行窗口启动的 Python 解释器中实现

右击"开始"按钮，在弹出的快捷菜单中选择"运行"命令，打开"运行"对话框，输入 cmd 后单击"确定"按钮，如图 1-9 所示。

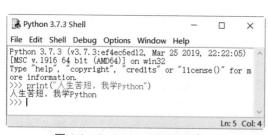

图 1-8 Python 3.7.3 Shell 窗口

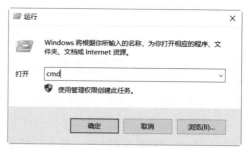

图 1-9 选择命令提示符

☆**大牛提醒**☆

输入代码时，小括号和双引号要在英文半角状态下输入。其中 print 方法用于输出信息，而且该方法全部为小写字母，这是初学者最容易犯的错误。

进入"命令提示符"窗口，输入 python 并按 Enter 键确认，然后输入"print("人生苦短，我学 Python ")"并按 Enter 键确认，运行结果如图 1-10 所示。

☆大牛提醒☆

如果在命令提示符窗口中输入 python 后报错，说明用户在安装 Python 时没有选中 Add Python 3.7 to PATH 复选框。

3. 在 Python 自带的命令行中实现

Python 自带命令行是在 MS-DOS 模式下运行的 Python 3.7 解释器。单击"开始"按钮，在弹出的菜单中选择"所有程序"→Python 3.7 (64-bit)命令，如图 1-11 所示。用户也可以在搜索框中直接输入 Python 快速查找。

启动 Python 3.7(64-bit)窗口，用户可以在该窗口中直接输入"print("人生苦短，我学 Python ")"并按 Enter 键运行，结果如图 1-12 所示。

图 1-10　命令提示符窗口

图 1-11　选择 Python 3.7 (64-bit)命令

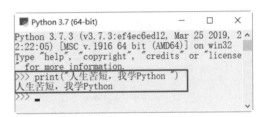

图 1-12　Python 3.7(64-bit)窗口

1.5　选择 Python 开发工具

微视频

上面讲述的运行 Python 命令的方法比较简单灵活，但是对于大段的代码来说，就需要使用开发工具，如先把代码写到一个文件中再运行程序文件，这样可以大幅度地提高开发效率。本节重点介绍 Python 自带的 IDLE 和第三方开发工具 PyCharm。

1.5.1　Python 自带的 IDLE

在 IDLE 中编辑和运行 Python 程序的具体操作步骤如下：

步骤 1：启动 IDLE，在 Python 3.7.3 Shell 窗口中选择 File→New File 菜单命令，如图 1-13 所示。

步骤 2：输入多行代码，如图 1-14 所示。

步骤 3：代码输入完成后，需要保存代码文件，选择 File→Save 菜单命令，如图 1-15 所示。

步骤 4：打开"另存为"对话框，选择保存的路径，并在"文件名"文本框中输入文件名称为"古诗.py"，单击"保存"按钮，如图 1-16 所示。

步骤 5：返回文件窗口，选择 Run→Run Module 菜单命令或按 F5 快捷键，如图 1-17 所示。

步骤 6：程序运行的结果，如图 1-18 所示。

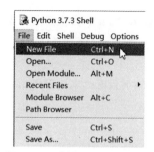

图 1-13　选择 New File 菜单命令

图 1-14　输入多行代码

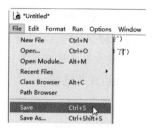

图 1-15　选择 Save 菜单命令

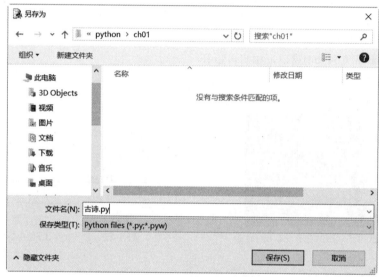

图 1-16　"另存为"对话框

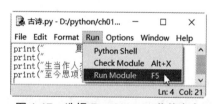

图 1-17　选择 Run Module 菜单命令

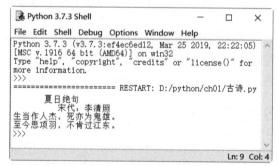

图 1-18　程序运行结果

1.5.2　第三方开发工具 PyCharm

PyCharm 是一种 Python 集成开发工具。PyCharm 带有一整套可以帮助用户在使用 Python 语言开发时提高其效率的工具，如调试、语法高亮、Project 管理、代码跳转、智能提示、自动完成、单元测试、版本控制。此外，PyCharm 还提供了一些高级功能，以用于支持 Django 框架下的专业 Web 开发。

PyCharm 的官方网站为 http://www.jetbrains.com/pycharm/。在该网站中，提供了两个版本供

读者使用，包括社区版（免费并且提供源程序）和专业版（免费试用），读者可以根据自身需要下载。PyCharm 的主窗口如图 1-19 所示。

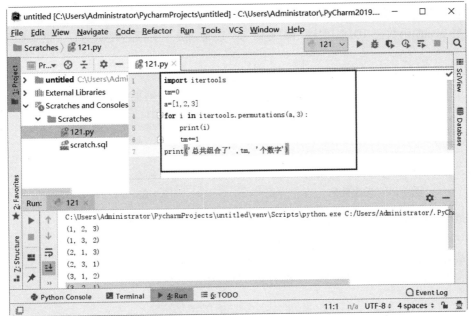

图 1-19　PyCharm 的主窗口

1.6　新手疑难问题解答

　　问题 1：输出信息时，产生如图 1-20 所示的错误，为什么？

　　解答：从提示可以看出，这里的双引号是在中文状态下输入的，所以会产生语法错误。将代码中的双引号修改为英文半角状态下输入的双引号即可解决问题。

　　问题 2：如何在启动 Windows 命令提示符窗口中运行 Python 文件？

　　解答：启动 Windows 命令提示符窗口，输入 "python D:\python\ch01\古诗.py" 并按 Enter 键运行，结果如图 1-21 所示。这里 "D:\python\ch01\古诗.py" 为文件保存路径，python 与该路径之间需要有空格。

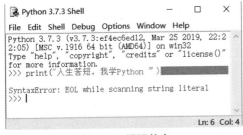

图 1-20　错误信息

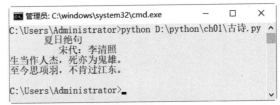

图 1-21　运行程序文件

解题思路

1.7 实战训练

实战 1：输出"乾坤未定！你我皆是黑马！"。

使用 print()函数在 IDLE 中输出励志语句"乾坤未定！你我皆是黑马！"结果如图 1-22 所示。

实战 2：打印星号字符图形。

使用 print()函数在命令行窗口中输出用星号组成的图形，结果如图 1-23 所示。

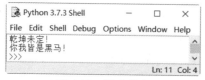

图 1-22 输出信息

图 1-23 打印星号字符图形

实战 3：输出古诗《蜂》的内容。

创建 Python 文件，输出古诗《蜂》的内容，结果如图 1-24 所示。

实战 4：打印田字格。

创建 Python 文件，打印一个田字格效果，结果如图 1-25 所示。

图 1-24 输出古诗《蜂》的内容

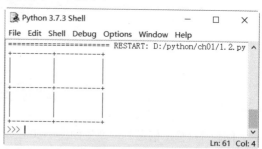

图 1-25 打印田字

第2章

成为大牛前的必备知识

本章内容提要

在深入学习一门编程语言之前，需要先学会基本的语法和规范。本章主要讲述 Python 的一些基本语法、保留字、变量、基本数据类型和运算符等知识，还讲述最常用的输入和输出函数。

2.1　Python 的语法特点

微视频

学习 Python 开发之前，首先需要了解 Python 程序的语法特点。

2.1.1　代码注释

Python 中的注释有单行注释和多行注释。Python 中单行注释以#开头，如：

```
#这是一个单行注释
print("茅檐低小，溪上青青草。")
```

单行注释既可以放在代码的前一行，也可以放在代码的右侧。例如：

```
print("茅檐低小，溪上青青草。")      #这是一个单行注释
```

☆**大牛提醒**☆

添加注释的目的是解释代码的功能和用途。注释可以出现在代码的任意位置，但是需要注意的是，注释不能分割关键字和标识符。例如，下面的注释就是错误的。

```
aa=float(#这是一个单行注释 input("请输入商品的价格："))
```

☆**经验之谈**☆

在实际开发的过程中，注释除了可以解释代码的功能和用途以外，还可以用于临时注释不想被执行的代码。这个技巧在代码排错的时候非常有用。

多行注释用 3 个单引号（'''）或 3 个双引号（"""）将注释括起来。

（1）3 个单引号。

```
'''
创作团队：云尚科技
文件名称：2.11.py
功能介绍：主要实现系统安全的检查工作
```

```
'''
```

（2）3 个双引号。

```
"""
创作团队：云尚科技
文件名称：2.11.py
功能介绍：主要实现系统安全的检查工作
"""
```

2.1.2 代码缩进

与其他常见的程序设计语言不同，Python 的代码块不使用大括号（{}）来控制类、函数及其他逻辑判断。Python 语言的主要特色就是采用代码缩进和冒号来区分代码之间的层次结构。

【例 2.1】执行缩进（源代码\ch02\2.1.py）。

```
#严格执行缩进的规则
if 1==2:
    print ("客从远方来，遗我一端绮。")
    print ("相去万余里，故人心尚尔。")
else:
    print ("著以长相思，缘以结不解。")
    print ("以胶投漆中，谁能别离此。")
```

程序运行结果如图 2-1 所示。

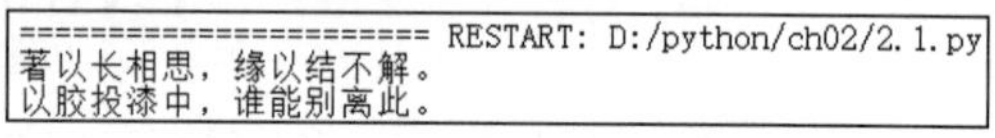

☆**经验之谈**☆

实现缩进的方法有两种，包括使用空格和

```
======================= RESTART: D:/python/ch02/2.1.py
著以长相思，缘以结不解。
以胶投漆中，谁能别离此。
```

图 2-1 例 2.1 的程序运行结果

<Tab>键。其中，一个 Tab 键作为一个缩进量；使用空格时，通常采用 4 个空格作为一个缩进量。建议采用空格进行缩进。

Python 语言对代码的缩进要求非常严格，同一个级别代码块的缩进量必须相同。如果缩进量不相同，则会抛出 SyntaxError 异常。例如以下错误提示：

```
>>>if 1==2:
    print ("客从远方来，遗我一端绮。")
print ("相去万余里，故人心尚尔。")
SyntaxError: invalid syntax
```

☆**大牛提醒**☆

同一个级别代码块的缩进量，除了保证相同的缩进空白数量，还要保证相同的缩进方式，因为有的使用 Tab 键缩进，有的使用 2 个或 4 个空格缩进，需要改为相同的方式。

2.1.3 编码规范

使用 Python 编写代码，需要遵守如下规范：

（1）不能在行尾加分号，例如以下代码是不规范的。

```
if 1==2:
    print ("客从远方来，遗我一端绮。");
    print ("相去万余里，故人心尚尔。");
```

（2）每行的字符数最多不超过 80 个。如果超过，建议使用小括号将多行的内容隐式连接起来。例如以下代码：

```
a=("客从远方来，遗我一端绮。相去万余里，故人心尚尔。文采双鸳鸯，裁为合欢被。"
"著以长相思，缘以结不解。以胶投漆中，谁能别离此？")
```

（3）每个 import 语句只导入一个模块，尽量避免一次导入多个模块。例如，下面的代码是不规范的。

```
import sys,os
```

推荐使用以下写法：

```
import sys
import os
```

（4）通过必要的空行可以增加代码的可读性。在函数或者类的定义之间空两行，方法定义之间空一行。如果需要分割一些功能，也可以空一行。

（5）尽量避免在循环中使用+和+=运算符进行累加字符串。由于字符串是可变的，这样做会创建临时对象，而这通常是不必要的操作。

2.1.4　换行问题

在 Python 语言中，常见的换行问题如下：

1. 换行符

如果是 Linux/UNTX 操作系统，换行字符为 ASCII LF（linefeed）；如果是 DOS/Windows 操作系统，换行字符为 ASCII CR LF（return + linefeed）；如果是 Mac OS 操作系统，换行字符为 ASCII CR（return）。

例如，在 Windows 操作系统中换行：

```
>>>print ("客从远方来, \n遗我一端绮。")
客从远方来,
遗我一端绮。
```

2. 程序代码超过一行

如果程序代码超过一行，可以在每一行的结尾添加反斜杠（\），继续下一行，这与 C/C++ 的语法相同。例如：

```
if 100 < a < 100 and 1 <=b <=10\
    and 1000 <= c <= 10000 and 0 <= d < 26:    #多个判断条件
```

☆**大牛提醒**☆

行末的反斜杠（\）之后不要加注释文字。

如果是以小括号（）、中括号［］或大括号｛｝包含起来的语句，不必使用反斜杠（\）就可以直接分成数行。例如：

```
name = ('苹果', '香蕉', '橘子',
            '芒果',   '西瓜',   '橙子')
```

3. 将数行表达式写成一行

如果要将数行表达式写成一行，只需在原来除最后一行以外的每一行的结尾添加分号（;）即可。例如：

```
>>>a = '苹果'; b = '香蕉'; c = '橙子'
>>> a
'苹果'
>>> b
```

```
'香蕉'
>>> c
'橙子'
```

微视频

2.2　标识符与保留字

标识符用来识别变量、函数、类、模块及对象的名称。Python 的标识符可以包含英文字母（A～Z、a～z）、数字（0～9）及下画线符号（_），但有以下几个方面的限制：

（1）标识符的第 1 个字符必须是字母表中的字母或下画线（_），并且变量名称之间不能有空格。

（2）Python 的标识符有大小写之分，如 Data 与 data 是不同的标识符。

（3）在 Python 3.x 版本中，非 ASCII 标识符也被允许使用。

（4）保留字不可以当作标识符。

☆经验之谈☆

Python 语言支持汉字作为标识符使用。虽然不建议使用汉字作为标识符，但是在实际运行中，程序不会报错。例如以下代码：

```
>>> 古诗="客从远方来，遗我一端绮。"
>>> print(古诗)
客从远方来，遗我一端绮。
```

保留字也叫关键字，不能被用作任何标识符名称。读者可以使用以下命令查看 Python 的保留字：

```
>>>import keyword
>>>keyword.kwlist
['False', 'None', 'True', 'and', 'as', 'assert', 'async', 'await', 'break', 'class',
'continue', 'def', 'del', 'elif', 'else', 'except', 'finally', 'for', 'from', 'global',
'if', 'import', 'in', 'is', 'lambda', 'nonlocal', 'not', 'or', 'pass', 'raise', 'return',
'try', 'while', 'with', 'yield']
```

如果在开发程序时，不小心使用 Python 中的保留字作为了模块、类、函数或者变量的名称，将会提示错误信息：SyntaxError: invalid syntax。例如：

```
>>> as="客从远方来，遗我一端绮。"
SyntaxError: invalid syntax
```

由于 Python 语言是区分大小写的，因此 as 和 AS 是不一样的，所以以下代码就不会报错。

```
>>> AS="客从远方来，遗我一端绮。"
>>> As="客从远方来，遗我一端绮。"
>>> aS="客从远方来，遗我一端绮。"
```

2.3　变量

微视频

在 Python 解释器内可以直接声明变量的名称，但不必声明变量的类型，因为 Python 会自动判别变量的类型。

定义 Python 中的变量名称，需要遵循以下规则：

（1）变量名称必须是一个有效的标识符。

（2）变量名不能和 Python 中的保留字冲突。

（3）尽量选择有意义的单词作为变量名。

（4）谨慎使用大小写字母 O 和小写字母 l。

为变量赋值可以通过等于号（=）来实现。语法格式如下：

```
变量名=value
```

例如，创建一个整数变量，并为其赋值为 88。

```
>>>a =88        #创建变量a并赋值为88，该变量为数值型
>>>a
88
```

读者可以在解释器内直接做数值计算，例如：

```
>>>555 + 666
1221
```

内置的 type()函数可以用来查询变量所指的对象类型。

例如：

```
>>> a= 2000              整数类型的变量
>>> print(type(a))
<class 'int'>
>>> b= "客从远方来，遗我一端绮。"   字符串类型的变量
>>> print(type(b))
<class 'str'>
```

在 Python 中，变量就是变量，没有类型，这里所说的"类型"是变量所指的内存中对象的类型。等号用来给变量赋值。等号运算符左边是一个变量名，等号运算符右边是存储在变量中的值。

Python 中的变量不需要声明。每个变量在使用前都必须赋值，变量赋值以后才会被创建。如果创建变量时没有赋值，会提示错误，例如：

```
>>> name
Traceback (most recent call last):
  File "<pyshell#4>", line 1, in <module>
    name
NameError: name 'name' is not defined
```

Python 允许用户同时为多个变量赋同一个值。例如，将 a 和 b 两个变量都赋值为数字 666，通过内置函数 id()可以获取内存的地址，得到的结果是一样的。

```
>>>a =b =666
>>>print(a,b)
666 666
```

上面创建两个变量，值为 666，两个变量被分配到相同的内存空间。

也可以同时为多个对象指定不同的变量值，例如：

```
>>>x, y, z = 666, 888, "明月何时照我还"
>>>print(x,y,z)
666 888 明月何时照我还
```

两个整型对象 666 和 888 分配给变量 x 和 y，字符串对象"明月何时照我还"分配给变量 z。

2.4　基本数据类型

Python 3.x 版本中有两个简单的数据类型，即数字类型和字符串类型。

2.4.1　数字类型

Python 3.x 版本支持 int、float、bool、complex 4 种数字类型。

☆**大牛提醒**☆

在 Python 2 中是没有 bool 的，用数字 0 表示 False，用 1 表示 True。在 Python 3 中，把 True 和 False 定义成了关键字，但它们的值还是 1 和 0，可以和数字相加。

1. int（整数）

下面是整数的例子：

```
>>> a = 666688
>>> a
666688
```

可以使用十六进制数值来表示整数，十六进制整数的表示法是在数字之前加上 0x，如 0x80120000、0x100010100L。

例如：

```
>>> a=0x6EEEFFFF
>>> a
1861156863
```

2. float（浮点数）

浮点数的表示法可以使用小数点，也可以使用指数的类型。指数符号可以使用字母 e 或 E 来表示，指数可以使用+/-符号，也可以在指数数值前加上数值 0，还可以在整数前加上数值 0。

例如：

```
6.66      12.       .007      1e100      3.14E-10      1e010      08.1
```

使用 float()内置函数，可以将整数数据类型转换为浮点数数据类型。例如：

```
>>> float(660)
660.0
```

3. bool（布尔值）

Python 的布尔值包括 True 和 False，只与整数中的 1 和 0 有对应关系。例如：

```
>>> True==1
True
>>> True==2
False
>>> False==0
True
>>> False==-1
False
```

这里利用符号==判断左右两边是否绝对相等。

4. complex（复数）

复数的表示法是使用双精度浮点数来表示实数与虚数的部分，复数的符号可以使用字母 j 或 J。
例如：

```
1.5 + 0.5j      1J        2 + 1e100j        3.14e-10j
```

数值之间可以通过运算符进行运算操作。例如：

```
>>> 50 + 40                              #加法
90
>>> 5.6 - 2                              #减法
3.6
>>> 30 * 15                              #乘法
450
>>> 1/2                                  #除法，得到一个浮点数
0.5
>>> 1//2                                 #除法，得到一个整数
0
>>> 15 % 2                               #取余
1
>>> 2 ** 10                              #乘方
1024
```

在数字运算时，需要注意以下问题：

（1）数值的除法（/）总是返回一个浮点数，要获取整数需使用//操作符。

（2）在整数和浮点数混合计算时，Python 会把整数转换为浮点数。

【例 2.2】计算学生的总成绩和平均成绩（源代码\ch02\2.2.py）。

```
name="张小明"                           #保存学生的姓名
print ("该学生的姓名是: "+name)
maths=92.5                              #保存学生的数学成绩
#使用内置的 str()函数可以将数值转换为字符串
print("该学生的数学成绩是: "+str(maths))
chinese=65.5                            #保存学生的语文成绩
print("该学生的语文成绩是: "+ str(chinese))
english=80.5                            #保存学生的英语成绩
print("该学生的英语成绩是: "+ str(english))
sum= maths+chinese+english              #保存学生的总成绩
print("该学生的总成绩是: "+str(sum))
avg= sum/3                              #保存学生的平均成绩
print("该学生的平均成绩是: "+str(avg))
#使用 if 语句判断学生的成绩如何
if avg<65:
    print ("该学生的成绩较差")
if 65<=avg<75:
    print ("该学生的成绩及格")
if 75<=avg<90:
    print ("该学生的成绩良好")
if avg>=90:
    print ("该学生的成绩优秀")
```

程序运行结果如图 2-2 所示。

```
===================== RESTART: D:/python/ch02/2.2.py
该学生的姓名是：张小明
该学生的数学成绩是：92.5
该学生的语文成绩是：65.5
该学生的英语成绩是：80.5
该学生的总成绩是：238.5
该学生的平均成绩是：79.5
该学生的成绩良好
```

图 2-2　例 2.2 的程序运行结果

2.4.2　字符串类型

Python 将字符串视为一连串的字符组合。在 Python 中，字符串属于不可变序列，通常使用单引号、双引号或者三引号括起来。这三种引号形式在语义上没有区别，只是在形式上有些差别。其中单引号和双引号的字符序列必须在一行上，而三引号内的字符序列可以分布在连续的多行上。

例如下面的代码：

```
>>> a="张小明"           #使用双引号时，字符串的内容必须在一行
>>> b='最喜欢的水果'     #使用单引号时，字符串的内容必须在一行
>>> c='''骤雨东风对远湾，潆然遥接石龙关。 野渡苍松横古木，断桥流水动连环。
客行此去遵何路，坐眺长亭意转闲。'''
>>> print (a)
张小明
>>> print (b)
最喜欢的水果
>>> print (c)
骤雨东风对远湾，潆然遥接石龙关。 野渡苍松横古木，断桥流水动连环。
客行此去遵何路，坐眺长亭意转闲。
```

【例 2.3】输出一个小屋图形（源代码\ch02\2.3.py）。

由于该字符画有多行，所以使用三引号作为定界符比较合适。代码如下：

```
print('''
        @@@@@@@@@
      @          @
     @            @
     @            @
    @              @
   @                @
 @@@@@@@@@@@@@@@@@@@@@@
    @              @
    @              @
    @    @@@@@      @
    @    @ @ @      @
    @    @@@@@      @
    @              @
    @              @
    @              @
     @@@@@@@@@@@@@@@
''')
```

程序运行结果如图 2-3 所示。

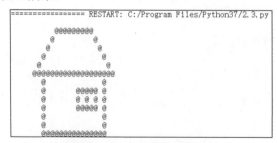

图 2-3　例 2.3 的程序运行结果

☆**大牛提醒**☆

字符串开头与结尾的引号要一致。

下面的案例将字符串开头使用了双引号、结尾使用了单引号。

```
>>> a = "hello world'
Traceback ( File "<interactive input>", line 1
    a = " hello world '
                      ^
SyntaxError: invalid token
```

由此可见，当字符串开头与结尾的引号不一致时，Python 会显示一个 invalid token 的信息。

2.4.3　数据类型的相互转换

有时候，用户需要对数据内置的类型进行转换。数据类型的转换，只需要将数据类型作为函数名即可。以下几个内置的函数可以执行数据类型之间的转换，这些函数返回一个新的对象，表示转换的值。

1. 转换为整数类型

语法格式如下：

```
int(x)
```

将 x 转换为一个整数。例如：

```
>>>int(3.6)
3
```

☆**大牛提醒**☆

int()函数不能转换成非数字类型的数值。例如，使用 int()函数转换字符串时，将会提示 ValueError 错误。例如：

```
>>> int("16个工作日")
Traceback (most recent call last):
  File "<pyshell#0>", line 1, in <module>
    int("16个工作日")
ValueError: invalid literal for int() with base 10: '16个工作日'
```

2. 转换为小数类型

语法格式如下：

```
float(x)
```

将 x 转换为一个浮点数。例如：

```
>>> float (10)
10.0
```

3. 转换为字符串类型

语法格式如下：

```
str(x)
```

将 x 转换为一个字符串。例如：

```
>>>str(123567)
'123567'
```

【**例 2.4**】模拟出租车的抹零结账行为（源代码\ch02\2.4.py）。

假设出租车司机因为找零钱比较麻烦，所以进行抹零操作。这里 int()函数将浮点型的变量转换为整数类型，从而实现抹零效果。本案例还会用到 str()函数，主要作用是将数字转换为字符串类型。

```
ranges=5.6                          #保存乘客坐车的距离
moneys=8+(ranges-3)*2               #计算总票价
print("本次车费是: "+ str(moneys))
real_moneys=int(moneys)             #进行抹零操作
print("本次实付车费是: "+ str(real_moneys))
```

程序运行结果如图 2-4 所示。

```
================== RESTART: D:/python/ch02/2.4.py
本次车费是：13.2
本次实付车费是：13
```

图 2-4　例 2.4 的程序运行结果

2.5　运算符和优先级

微视频

Python 语言支持的运算符包括算术运算符、比较运算符、赋值运算符、逻辑运算符、位运算符、成员运算符和身份运算符。

2.5.1　算术运算符

Python 语言中常见的算术运算符如表 2-1 所示。

表 2-1　算术运算符

运 算 符	含 义	举 例
+	加，两个对象相加	1+2=3
−	减，得到负数或一个数减去另一个数	3−2=1
*	乘，两个数相乘或返回一个被重复若干次的字符串	2*3=6
/	除，返回两个数相除的结果，得到浮点数	4/2=2.0
%	取模，返回除法的余数	21%10=1
**	幂，a**b 表示返回 a 的 b 次幂	$10**21=10^{21}$
//	取整除，返回相除后结果的整数部分	7/3=2

【例 2.5】计算部门的销售业绩差距和平均值（源代码\ch02\2.5.py）。

这里首先定义两个变量，用于存储各部门的销售额，然后使用减法计算销售业绩差距，最后应用加法和除法计算平均值。

```
branch1=760000
branch2=540000
sub= branch1- branch2
avg= (branch1+ branch2)/2
savg=int(avg)
print("部门 1 和部门 2 的销售业绩差距是: "+ str(sub))
print("两个部门销售业绩的平均值是: "+ str(savg))
```

保存并运行程序，结果如图 2-5 所示。

```
================== RESTART: D:/python/ch02/2.5.py
部门1和部门2的销售业绩差距是：220000
两个部门销售业绩的平均值是：650000
```

图 2-5　例 2.5 的程序运行结果

2.5.2　比较运算符

Python 语言支持的比较运算符如表 2-2 所示。

表 2-2　比较运算符

运　算　符	含　义	举　例
==	等于，比较对象是否相等	(1==2) 返回 False
!=	不等于，比较两个对象是否不相等	(1!=2) 返回 True
>	大于，x>y 返回 x 是否大于 y	2>3 返回 False
<	小于，x<y 返回 x 是否小于 y	2<3 返回 True
>=	大于或等于，x>=y 返回 x 是否大于或等于 y	3>=1 返回 True
<=	小于或等于，x<=y 返回 x 是否小于或等于 y	3<=1 返回 False

【例 2.6】使用比较运算符（源代码\ch02\2.6.py）。

```
branch1=760000                                                    #定义变量，存储部门 1 的销售额
branch2=540000                                                    #定义变量，存储部门 2 的销售额
print("部门 1 的销售业绩是："+str(branch1)+"，部门 2 的销售业绩是："+str(branch2))
print("部门 1==部门 2 的结果是："+str(branch1== branch1))            #等于操作
print("部门 1!=部门 2 的结果是："+str(branch1!= branch1))            #不等于操作
print("部门 1>部门 2 的结果是："+str(branch1> branch1))              #大于操作
print("部门 1<部门 2 的结果是："+str(branch1< branch1))              #小于操作
print("部门 1<=部门 2 的结果是："+str(branch1<=branch1))            #小于或等于操作
```

保存并运行程序，结果如图 2-6 所示。

```
========================= RESTART: D:\python\ch02\2.6.py
部门1的销售业绩是：760000,部门2的销售业绩是：540000
部门1==部门2的结果是：False
部门1!=部门2的结果是：True
部门1>部门2的结果是：True
部门1<部门2的结果是：False
部门1<=部门2的结果是：False
```

图 2-6　例 2.6 的程序运行结果

2.5.3　赋值运算符

赋值运算符表示将右边变量的值赋给左边变量，常见的赋值运算符的含义如表 2-3 所示。

表 2-3　赋值运算符

运　算　符	含　义	举　例
=	简单的赋值运算符	c＝a＋b 将 a＋b 的运算结果赋值为 c
+=	加法赋值运算符	c＋=a 等效于 c＝c＋a
-=	减法赋值运算符	c－=a 等效于 c＝c－a
*=	乘法赋值运算符	c＊=a 等效于 c＝c＊a
/=	除法赋值运算符	c／=a 等效于 c＝c／a
%=	取模赋值运算符	c％=a 等效于 c＝c％a
**=	幂赋值运算符	c＊＊=a 等效于 c＝c＊＊a
//=	取整除赋值运算符	c／／=a 等效于 c＝c／／a

【例 2.7】使用赋值运算符（源代码\ch02\2.7.py）。

```
a = 36
```

```
b = 69
c = 60
#简单的赋值运算
c = a + b
print ("c 的值为: ", c)
#加法赋值运算
c += a
print ("c 的值为: ", c)
#乘法赋值运算
c *= a
print ("c 的值为: ", c)
#除法赋值运算
c /= a
print ("c 的值为: ", c)
#取模赋值运算
c = 12
c %= a
print ("c 的值为: ", c)
#幂赋值运算
a=3
c **= a
print ("c 的值为: ", c)
#取整除赋值运算
c //= a
print ("c 的值为: ", c)
```

保存并运行程序，结果如图 2-7 所示。

```
======================= RESTART: D:/python/ch02/2.7.py
c 的值为:  105
c 的值为:  141
c 的值为:  5076
c 的值为:  141.0
c 的值为:  12
c 的值为:  1728
c 的值为:  576
```

图 2-7　例 2.7 的程序运行结果

2.5.4　逻辑运算符

Python 语言支持的逻辑运算符如表 2-4 所示。

表 2-4　逻辑运算符

运　算　符	含　　义	举　　例
and	布尔"与"，x and y 表示如果 x 为 False，那么 x and y 返回 False，否则返回 y 的计算值	(10＞15 and 10＞16)返回 False
or	布尔"或"，x or y 表示如果 x 是 True，就返回 True，否则返回 y 的计算值	(15＞10 or 10＞15)返回 True
not	布尔"非"，not x 表示如果 x 为 True，就返回 False；如果 x 为 False，它返回 True	not (15＞10) 返回 False

【例 2.8】验证军队的夜间口令和编号（源代码\ch02\2.8.py）。

```
print ("开始验证军队的夜间口令")                    #输出提示消息
password=input("请输入今天夜间的口令: ")            #使用 input()函数接收输入的信息
num=input("请输入军队的编号: ")
number=int(num)                                    #将输入的信息转换为整数类型
if(password=="鸡肋" and (number==1002 or number==1006)):
```

```
    print ("恭喜您，口令正确！")
else:
    print ("对不起，口令错误！")
```

保存并运行程序，结果如图 2-8 所示。

```
======================= RESTART: D:/python/ch02/2.8.py
开始验证军队的夜间口令
请输入今天夜间的口令：鸡肋
请输入军队的编号：1006
恭喜您，口令正确！
```

图 2-8　例 2.8 的程序运行结果

2.5.5　位运算符

在 Python 语言中，位运算符把数字看作二进制来进行计算。Python 语言支持的位运算符如表 2-5 所示。

表 2-5　位运算符

运 算 符	含　　义	举　　例
&	按位与，参与运算的两个值，如果两个相应位都为 1，则该位的结果为 1，否则为 0	(12&6)=4，二进制为：0000 0100
|	按位或，只要对应的两个二进制位有一个为 1，结果位就为 1	(12|6)=14，二进制为：0000 1110
^	按位异或，当两个对应的二进制位相异时，结果为 1，否则为 0	(12^6)=10，二进制为：0000 1010
~	按位取反，对数据的每个二进制位取反，即把 1 变为 0、把 0 变为 1	(~6)=-7，二进制为：1000 0111
<<	左移动，把 "<<" 左边的运算数的各二进制位全部左移若干位，由 "<<" 右边的数指定移动的位数，高位丢弃，低位补 0	(12<<2)=48，二进制为：0011 0000
>>	右移动，把 ">>" 左边的运算数的各二进位全部右移若干位，">>" 右边的数指定移动的位数	(12>>2)=3，二进制为：0000 0011

【例 2.9】使用位运算符（源代码\ch02\2.9.py）。

```
a = 12              #12 =0000 1100
b = 6               #6= 0000 0110
c = 0
#按位与运算
c = a & b;          #4 = 0000 0100
print ("c 的值为：", c)
#按位或运算
c = a | b;          #14 = 0000 1110
print ("c 的值为：", c)
#按位异或运算
c = a ^ b;          #10 = 0000 1010
print ("c 的值为：", c)
#按位取反运算
c = ~a;             #-13 = 1000 1101
print ("c 的值为：", c)
#左移动运算
c = a << 2;         #48 = 0011 0000
print ("c 的值为：", c)
#右移动运算
c = a >> 2;         #3 = 0000 0011
print ("c 的值为：", c)
```

保存并运行程序，结果如图 2-9 所示。

```
========================= RESTART: D:\python\ch02\2.9.py =======
c 的值为： 4
c 的值为： 14
c 的值为： 10
c 的值为： -13
c 的值为： 48
c 的值为： 3
```

图 2-9　例 2.9 的程序运行结果

2.5.6　成员运算符

Python 语言还支持成员运算符，其测试例中包含了一系列的成员，如字符串、列表、元组。成员运算符包括 in 和 not in。例如，x in y 表示：若 x 在 y 序列中，则返回 True；x not in y 表示：若 x 不在 y 序列中，则返回 True。

【例 2.10】使用成员运算符（源代码\ch02\2.10.py）。

```python
a ='苹果'
b = '香蕉'
fruit = ['苹果', '荔枝', '橘子', '橙子', '柚子' ];
#使用 in 成员运算符
if ( a in fruit ):
   print ("变量a在给定的列表fruit中")
else:
   print ("变量a不在给定的列表fruit中")
#使用 not in 成员运算符
if ( b not in fruit ):
   print ("变量b不在给定的列表fruit中")
else:
   print ("变量b在给定的列表fruit中")
#修改变量a的值
a = '哈密瓜'
if ( a in fruit ):
   print ("变量a在给定的列表fruit中")
else:
   print ("变量a不在给定的列表fruit中")
```

保存并运行程序，结果如图 2-10 所示。

```
========================= RESTART: D:/python/ch02/2.10.py =======
变量a在给定的列表fruit中
变量b不在给定的列表fruit中
变量a不在给定的列表fruit中
```

图 2-10　例 2.10 的程序运行结果

2.5.7　身份运算符

Python 语言支持的身份运算符为 is 和 not is。其中，is 判断两个标识符是不是引用自一个对象；is not 判断两个标识符是不是引用自不同对象。

【例 2.11】使用身份运算符（源代码\ch02\2.11.py）。

```python
a ='苹果'
b ='苹果'
#使用 is 身份运算符
if ( a is b):
```

```
    print ("a和b有相同的标识")
else:
    print ("a和b没有相同的标识")
#使用 not is 身份运算符
if ( a not in b ) :
    print ("a和b没有相同的标识")
else:
    print ("a和b有相同的标识")
#修改变量a的值
a = '香蕉'
if ( a is b):
    print ("修改后的a和b有相同的标识")
else:
    print ("修改后的a和b没有相同的标识")
```

保存并运行程序，结果如图 2-11 所示。

```
================ RESTART: C:/Program Files/Python37/2.11.py
a和b有相同的标识
a和b有相同的标识
修改后的a和b没有相同的标识
```

图 2-11　例 2.11 的程序运行结果

2.5.8　运算符的优先级

下面是 Python 语言的运算符，以处理顺序的先后排列。

（1）()、[]、{}。

（2）object。

（3）object[i]、object[1:r]、object.attribute、function()。

"."符号用来存取对象的属性与方法。下面的案例调用对象 t 的 append()方法，在对象 t 的结尾添加一个字符"t"：

```
>>> t = ["P","a","r","r","o"]
>>> t.append("t")
>>> t
['P', 'a', 'r', 'r', 'o', 't']
```

（4）+x、-x、～x。

（5）x**y：x 的 y 次方。

（6）x * y、x / y、x％y：x 乘以 y、x 除以 y、x 除以 y 的余数。

（7）x + y、x - y：x 加 y、x 减 y。

（8）x << y、x >> y：x 左移 y 位、x 右移 y 位。例如：

```
>>> x = 4
>>> x << 2
16
```

（9）x & y：位 AND 运算符。

（10）x ^ y：位 XOR 运算符。

（11）x | y：位 OR 运算符。

（12）<、<=、>、>=、==、!=、<>、is、is not、in、not in。

in 与 not in 运算符应用于列表（list）。is 运算符用于检查两个变量是否属于相同的对象；is not 运算符则用于检查两个变量是否不属于相同的对象。

!=与<>运算符是相同功能的运算符，都用来测试两个变量是否不相等。Python 建议使用!=运算符，而不使用<>运算符。

（13）not。

（14）and。

（15）or、lambda args：expr。

使用运算符时需要注意以下事项：

（1）除法应用在整数时，其结果会是一个浮点数。例如，8/4 会等于 2.0，而不是 2。余数运算会将 x / y 所得的余数返回来，如 7%4 =3。

（2）如果将两个浮点数相除取余数，那么返回值也会是一个浮点数，计算方式是 x – int(x / y) * y。例如：

```
>>>7.0 % 4.0
3.0
```

（3）比较运算符可以连在一起处理，如 a < b < c < d，Python 会将这个式子解释成 a < b and b < c and c < d。像 x < y > z 也是有效的表达式。

（4）如果运算符（operator）两端的运算数（operand），其数据类型不相同，那么 Python 就会将其中一个运算数的数据类型转换为与另一个运算数一样的数据类型。转换顺序为：若有一个运算数是复数，则另一个运算数也会被转换为复数；若有一个运算数是浮点数，则另一个运算数也会被转换为浮点数。

（5）Python 有一个特殊的运算符——lambda。利用 lambda 运算符能够以表达式的方式创建一个匿名函数。lambda 运算符的语法如下：

```
lambda args : expression
```

args 是以逗号（,）隔开的参数列表 list，而 expression 则是对这些参数进行运算的表达式。例如：

```
>>>a=lambda x,y:x + y
>>>print (a(3,4))
7
```

x 与 y 是 a()函数的参数，而 a()函数的表达式是 x+y。lambda 运算符后只允许有一个表达式。如要达到相同的功能也可以使用函数来定义 a，如下所示：

```
>>> def a(x,y):          #定义一个函数
 return x + y            #返回参数的和
>>> print (a(3,4))
7
```

【例 2.12】运算符的优先级（源代码\ch02\2.12.py）。

```
a = 5
b = 8
c = 4
d = 2
e = 0
e = (a + b) * c / d        #(13 *4 ) / 2
print ("(a + b) * c / d 运算结果为: ", e)
e = ((a + b) * c) / d      #(13 *4 ) /2
print ("((a + b) * c) / d 运算结果为: ", e)
e = (a + b) * (c / d);     #(13)* (4/2)
print ("(a + b) * (c / d) 运算结果为: ", e)
e = a + (b * c) / d;       #5 + (32/2)
print ("a + (b * c) / d 运算结果为: ", e)
```

保存并运行程序，结果如图 2-12 所示。

```
======================= RESTART: D:/python/ch02/2.12.py
(a + b) * c / d 运算结果为：  26.0
((a + b) * c) / d 运算结果为：  26.0
(a + b) * (c / d) 运算结果为：  26.0
a + (b * c) / d 运算结果为：  21.0
```

图 2-12　例 2.12 的程序运行结果

2.6　Python 的输入和输出

微视频

Python 语言的内置函数 input()和 print()用于输入和输出数据。本节将讲述这两个函数的使用方法。

2.6.1　input()函数

Python 语言提供的 input() 函数从标准输入读入一行文本，默认的标准输入是键盘。input()函数的基本语法格式如下：

```
input([prompt])
```

其中，prompt 是可选参数，用来显示用户输入的提示信息字符串。用户输入程序所需要的数据时，就会以字符串的形式返回。

☆经验之谈☆

添加提示用户输入信息是比较友好的，对于编程时所需要的友好界面非常有帮助。

【例 2.13】使用 input()函数。

```
>>> a= input("请输入最喜欢的编程语言：")
请输入最喜欢的编程语言：Python
>>> print(a)
Python
```

上述代码用于提示用户输入最喜欢的编程语言的名称，然后将名称以字符串的形式返回并保存在 a 变量中，以后可以随时调用这个变量。

当运行此句代码时，会立即显示提示信息"请输入最喜欢的编程语言："，之后等待用户输入信息。当用户输入 Python 并按下 Enter 键时，程序就接收到用户的输入。最后调用 a 变量，就会显示变量所引用的对象——用户输入的编程语言名称。

☆大牛提醒☆

用户输入的数据全部以字符串形式返回，如果需要输入数值，就必须进行类型转换。

2.6.2　print ()函数

print()函数可以输出格式化的数据，与 C/C++语言的 printf()函数功能和格式相似。print()函数的基本语法格式如下：

```
print(value,…,sep=' ' ,end='\n')       #此处只说明了部分参数
```

上述参数的含义如下：

（1）value 是用户要输出的信息，后面的省略号表示可以有多个要输出的信息。

（2）sep 用于设置多个要输出信息之间的分隔符，其默认的分隔符为一个空格。

（3）end 是一个 print()函数中所有要输出的信息之后添加的符号，默认值为换行符。

【例 2.14】测试处理结果的输出（源代码\ch02\2.13.py）。

```
print("庄周梦蝴蝶","，",蝴蝶为庄周)              #输出测试的内容
print("庄周梦蝴蝶","，",蝴蝶为庄周,sep='*')      #将默认分隔符修改为'*'
print("庄周梦蝴蝶","，",蝴蝶为庄周,end='>')       #将默认的结束符修改为'>'
print("庄周梦蝴蝶","，",蝴蝶为庄周)              #再次输出测试的内容
```

保存并运行程序，结果如图 2-13 所示。这里调用了 4 次 print()函数。其中，第 1 次为默认输出，第 2 次将默认分隔符修改为'*'，第 3 次将默认的结束符修改为'>'，第 4 次再次调用默认的输出。

```
=================== RESTART: D:/python/ch02/2.13.py
庄周梦蝴蝶 ， 蝴蝶为庄周
庄周梦蝴蝶*，*蝴蝶为庄周
庄周梦蝴蝶 ， 蝴蝶为庄周>庄周梦蝴蝶 ， 蝴蝶为庄周
```

图 2-13 例 2.14 的程序运行结果

从运行结果可以看出，第一行为默认输出方式，数据之间用空格分开，结束后添加了一个换行符；第二行输出的数据项之间以'*'分开；第三行输出结束后添加了一个'>'，与第 4 条语句的输出放在了同一行中。

☆**大牛提醒**☆

从 Python 3.x 版本开始，将不再支持 print 输出语句，例如，print "Hello Python"，解释器将会报错。

如果输出的内容既包含字符串，又包含变量值，就需要将变量值格式化处理。

例如：

```
>>> x = 66
>>> print ("x = %d" % x)
x = 66
>>> print ("x = %d" , x)
x = %d 66
```

这里要将字符串与变量之间以%符号隔开。如果没有使用%符号将字符串与变量隔开，Python 就会输出字符串的完整内容，而不会输出格式化字符串。

【例 2.15】实现不换行输出（源代码\ch02\2.14.py）。

```
a="碧空溶溶月华静，"
b="月里愁人吊孤影。"
#换行输出
print( a )
print( b )

print('---------')
#不换行输出
print( a, end=" " )
print( b, end=" " )
print()
```

保存并运行程序，结果如图 2-14 所示。

```
=================== RESTART: D:/python/ch02/2.14.py
碧空溶溶月华静，
月里愁人吊孤影。
---------
碧空溶溶月华静，  月里愁人吊孤影。
```

图 2-14 例 2.15 的程序运行结果

本例中，通过在变量末尾添加 end=" "，可以实现不换行输出的效果。读者从结果可以看出换行和不换行的不同之处。

2.7　新手疑难问题解答

疑问 1：如何使用一条 print()语句输出多个内容，而且不换行？

解答：在 Python 语言编程中，默认情况下，一条 print()语句输出后会自动换行，如果想一次性输出多个内容，而且不换行，可以将要输出的内容使用英文半角逗号分隔。例如，下面的代码：

```
>>> x=1010
>>> y=2020
>>> z=3030
>>> print(x,y,z)
1010 2020 3030
```

疑问 2：input()函数在 Python 2.x 版本和 Python 3.x 版本中有什么不一样吗？

解答：在 Python 2.x 版本中，input()函数接收内容时，数值直接输入即可，并且接收后的内容作为数字类型。如果输入的类型是字符串，需要将对应的字符串使用括号括起来，否则会报错。

在 Python 3.x 版本中，输入的任何字符，都将作为字符串读取。如果想要转换为数值，需要将接收到的字符串进行类型转换。这里需要使用 int()函数与 float()函数进行转换。

例如，下面的代码：

```
>>> x= int(input("请输入整数："))
请输入整数：2020
>>> y = float(input("请输入浮点数："))
请输入浮点数：12.12
>>> x
2020
>>> y
12.12
```

2.8　实战训练

解题思路

实战 1：模拟银行的自助取款机。

编写 Python 程序，模拟银行的自助取款机。

（1）计算机输出信息：欢迎使用 XXX 取款机系统，请输入要取款的金额。

（2）用户输入：2000。

（3）计算机输出：取款成功，您本次取款金额为 2 000 元。

程序运行结果如图 2-15 所示。

```
===================== RESTART: D:/python/ch02/2.15.py
欢迎使用XXX取款机系统
请输入要取款的金额：2000
取款成功，您本次取款金额为2000元
```

图 2-15　实战 1 的程序运行结果

实战 2：根据体重和身高计算 BMI（身体质量指数）。

编写 Python 程序，实现根据体重和身高计算 BMI。BMI 的计算公式为：体重/身高的二次方。

（1）用户输入体重和身高。

（2）计算机输出 BMI。

（3）如果 BMI＜18.5，则输出“您的体重太轻了！”；如果 18.5≤BMI＜24.9，则输出“您的体重很完美！”；如果 24.9≤BMI＜29.9，则输出“您的体重偏高！”；如果 29.9≤BMI，则输出“您的体重太胖了！”。程序运行结果如图 2-16 所示。

实战 3：绘制 008 号坦克战车。

编写 Python 程序，使用键盘上的各种符号绘制一辆 008 号坦克战车，程序运行结果如图 2-17 所示。

```
====================== RESTART: D:/python/ch02/2.16.py
请输入您的体重：(千克)65
请输入您的身高：(米)1.73
您的BMI指数是：21.71806608974573
您的体重很完美！
```

图 2-16　实战 2 的程序运行结果

```
====================== RESTART: D:/python/ch02/2.17.py
                                            |
                                   \--      |
                                --     ---- --
|__|===============@@@@@[/#008______|
                         \_______|/
                    ____________
                   /___坦克战车_______|
                   \@@@@@@@@@@@@@@@@/
```

图 2-17　实战 3 的程序运行结果

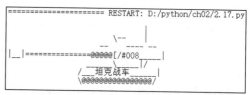

第3章
程序的控制结构

⏱ **本章内容提要**

　　Python 语言程序能够以某种顺序执行一系列动作，用于解决某个问题，主要是依靠程序的控制结构。本章重点讲解 Python 中控制语句的使用方法和技巧。

3.1　程序结构

微视频

　　语句是构造程序的基本单位，程序运行的过程就是执行程序语句的过程。程序语句执行的次序被称为流程控制（控制流程）。流程控制的结构有顺序结构、选择结构和循环结构 3 种。顺序结构是 Python 脚本程序中基本的结构，它按照语句出现的先后顺序依次执行，如图 3-1 所示。选择结构按照给定的逻辑条件来决定执行顺序，如图 3-2 所示。

　　循环结构即根据代码的逻辑条件来判断是否重复执行某一段程序，若逻辑条件为 True，则进入循环重复执行，否则结束循环。循环结构可分为条件循环和计数循环，如图 3-3 所示。

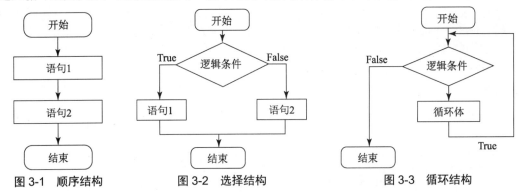

图 3-1　顺序结构　　　　图 3-2　选择结构　　　　图 3-3　循环结构

　　顺序结构非常容易理解。例如，定义两个变量，然后输出变量的值，代码如下：

```
aa="创建一个新农村"
bb="为人民服务！"
print(aa)
print(bb)
```

　　选择结构和循环结构的应用非常广泛。例如，求 1 至 100 之间，既能被 2 整除，又能被 3 整除的数。要解决这个问题，需要以下两个要素：

（1）需要满足的条件是一个数，不仅可以整除 2，而且还能整除 3。这就是条件判断，需要通过选择结构来实现。

（2）依此尝试 1 至 100 之间的数，这就需要循环执行，这里就要用到循环语句。

微视频

3.2　选择结构与语句

条件判断语句就是对语句中不同条件的值进行判断，进而根据不同的条件执行不同的语句。

3.2.1　最简单的 if 语句

选择结构也称为分支结构，用于处理在程序中出现两条或更多执行路径可供选择的情况。选择结构可以用分支语句来实现。分支语句主要为 if 语句。

if 语句的格式如下：

```
if 表达式 1:
    语句
```

【例 3.1】验证输入的数是否可以整除 2 又能整除 3（源代码\ch03\3.1.py）。

```
print("请输入既能整除 2 又能整除 3 的数")
num= int(input("请输入您认为符合条件的数： "))
if num%2==0 and num%2==0:
    print(num,"符合条件！")
```

程序运行结果如图 3-4 所示。

☆大牛提醒☆

在 if 语句后面必须加上冒号，否则会产生语法错误。例如下面的代码：

```
num=180
if num%2==0 and num%2==0
    print(num,"符合条件！")
```

程序运行后，产生的错误信息如图 3-5 所示。

☆经验之谈☆

使用 if 语句时，当满足条件后，还可以执行多个语句。例如以下代码：

```
num=180
if num%2==0 and num%2==0:
    print(num,"符合条件！")
    print("恭喜您答对了！")
```

```
======================== RESTART: D:/python/ch03/3.1.py
请输入既能整除2又能整除3的数
请输入您认为符合条件的数: 180
180 符合条件
```

图 3-4　例 3.1 的程序运行结果

```
>>> num=180
>>> if num%2==0 and num%2==0
    print(num,"符合条件！")

SyntaxError: invalid syntax
```

图 3-5　语法错误

3.2.2　if…else 语句

if 语句是使用非常普遍的条件选择语句，每一种编程语言都有一种或多种形式的 if 语句，在编程中它是经常被用到的。

if 语句的格式如下：

```
if 表达式 1:
```

```
    语句 1
elif 表达式 2:
  语句 2
…
else:
  语句 n
```

若表达式 1 为真，则 Python 运行语句 1，反之则向下运行。如果没有条件为真，就运行 else 内的语句。elif 与 else 语句都是可以省略的。可以在语句内使用 pass 语句，表示不运行任何动作。

☆**大牛提醒**☆

在使用 if…else 语句时，需要注意以下问题：

（1）每个条件后面要使用冒号（:），表示接下来是满足条件后要执行的语句块。

（2）使用缩进划分语句块，相同缩进数的语句在一起组成一个语句块。

（3）在 Python 中没有 switch…case 语句。

【**例 3.2**】计算输入的两个数的差值（源代码\ch03\3.2.py）。

这里首先要判断输入的两个数的大小，然后再去求差值。

```python
a= int(input("请输入第 1 个数: "))
b=int(input("请输入第 2 个数: "))
if a<=b:
    print("它们的差值: ",b-a)
elif a>b:
    print ("它们的差值: ",a-b)
```

程序运行结果如图 3-6 所示。

该程序是一个选择结构的程序，在执行过程中会按照键盘输入值的大小顺序选择不同的语句执行。若 a>b，则执行 print("它们的差值: ",b-a)；若 a<=b，则执行 print ("它们的差值: ",a-b)。

☆**大牛提醒**☆

elif 和 else 语句都不能单独使用，必须配合 if 语句一起使用。

【**例 3.3**】根据输入的销售额计算奖金（源代码\ch03\3.3.py）。

这里模拟销售奖金的发放过程。首先使用 if 语句实现多条件判断，然后使用 int()函数将输入的内容强制转换为整数类型。

```python
sales= int(input("请输入本季度销售额: "))
if sales <10000:
    print("本季度没有奖金! ")
elif 10000 <= sales <300000:
    print("本季度的奖金为 1 万元! ")
elif 300000 <= sales <1000000:
    print("本季度的奖金为 3 万元! ")
else:
    print("本季度的奖金为 5 万元! ")
```

程序运行结果如图 3-7 所示。

```
================= RESTART: D:\python\ch03\3.2.py
请输入第1个数: 2020
请输入第2个数: 2009
它们的差值: 11
```

图 3-6　例 3.2 的程序运行结果

```
================= RESTART: D:/python/ch03/3.3.py
请输入本季度销售额: 520000
本季度的奖金为3万元!
```

图 3-7　例 3.3 的程序运行结果

☆**大牛提醒**☆

使用 if 语句经常犯的错误包括以下两种。

（1）经常错把=和==混用，而且出现逻辑上的错误。"="是赋值运算符，"=="是关系运算符的"等于号"，两者是不同的，千万不能混淆。例如：

```
if aa=120000:
print ("本季度的奖金为 5 万元！")
```

（2）当使用布尔型的变量作为判断条件时，假设布尔型变量为 aa，比较规范的格式如下：

```
if aa          #表示为真
if not aa      #表示为假
```

不符合规范的格式如下：

```
if aa==True    #不符合规范
if aa==False   #不符合规范
```

3.2.3 if 嵌套

在嵌套 if 语句中，可以把 if…elif…else 结构放在另外一个 if…elif…else 结构中。该语法格式如下：

```
if 表达式 1:
    语句
    if 表达式 2:
        语句
    elif 表达式 3:
        语句
    else
        语句
elif 表达式 4:
    语句
else:
    语句
```

【例 3.4】判断输入的高考成绩是否过了本科线（源代码\ch03\3.4.py）。

```
print ("欢迎进入高考分数线查询系统")
num=int(input("请输入您的高考分数："))      #获取用户输入的分数，并转换为整数
if num<430:                              #分数小于 430，没有过本科分数线
    print ("很遗憾，您没有过本科线！")
else:
    if 430<=num<530:                    #分数大于或等于 430 而小于 530，过本科二批分数线
        print ("恭喜！您已经过本科二批分数线！")
    else:                               #530，过本科一批分数线
        print ("恭喜！您已经过本科一批分数线！")
```

程序运行结果如图 3-8 所示。

3.2.4 多重条件判断

```
============================ RESTART: D:/python/ch03/3.4.py
欢迎进入高考分数线查询系统
请输入您的高考分数：550
恭喜！您已经过本科一批分数线！
```

图 3-8 例 3.4 的程序运行结果

在 Python 编程中，经常会遇到多重条件比较的情况。在多重条件比较时，需要用到 and 或 or 运算符。其中，and 运算符用于多个条件同时满足的情况；or 运算符用于只有一个条件满足的情况。

【**例 3.5**】多重条件判断一个三角形（源代码\ch03\3.5.py）。

```python
a= int(input("请输入三角形的第一条边: "))
b= int(input("请输入三角形的第二条边: "))
c= int(input("请输入三角形的第三条边: "))
if a ==b and a ==c:
    print("等边三角形")
elif a==b or a==c or b==c:
    print("等腰三角形")
elif a==b or a==c or b==c:
    print("等腰三角形")
elif a*a+b*b==c*c or a*a+c*c==b*b or c*c+b*b==a*a :
    print("直角三角形")
else:
    print("一般三角形")
```

程序运行结果如图 3-9 所示。

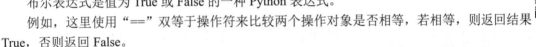

```
======================= RESTART: D:/python/ch03/3.5.py
请输入三角形的第一条边: 6
请输入三角形的第二条边: 6
请输入三角形的第三条边: 9
等腰三角形
```

图 3-9　例 3.5 的程序运行结果

3.3　布尔表达式

微视频

布尔表达式是值为 True 或 False 的一种 Python 表达式。

例如，这里使用"=="双等于操作符来比较两个操作对象是否相等，若相等，则返回结果 True，否则返回 False。

```
>>> True
True
>>> False
False
>>> True==1
True
>>> False==0
True
>>> False+True+100
101
```

从结果可以看出，True 和 1 是等价的，False 和 0 是等价的，True 和 False 可以和整数进行加减运算。

这里的真值（True）和假值（False）是 Python 基础数据类型中 bool 的两个特殊值，它们不是字符串。

读者可以使用 type()方法查看。例如：

```
>>> type(True)
<type 'bool'>
>>> type(False)
<type 'bool'>
```

使用 bool()函数可以将其他值转换为布尔类型。例如：

```
>>> bool(88)
True
>>> bool("人生苦短，我学Python")
True
>>> bool("")
False
>>> bool([888])
True
>>> bool([])
False
>>> bool()
False
```

由此可见，使用了关系操作符的表达式都是布尔表达式。下面通过一个综合示例进一步讲解常见布尔表达式的使用方法。

【例 3.6】布尔表达式的综合使用（源代码\ch03\3.6.py）。

```
#布尔表达式的值只有两个：True 和 False
x =2019.88
y =2020.66
print (x==y)          #符号'=='用于判断两个数是否相等，这条语句的result=False
x=2020.66
print (x == y)        #这条语句的result = True
print (x != y)        #符号'!='用于判断两个数是否不相等，这条语句的result=False
a =2628
b =8686
print (a >= b)        #符号'>='用于判断a是否大于或等于b，这条语句的result=False
print (a <= b)        #符号'<='用于判断a是否小于或等于b，这条语句的result=True
print (a > b)         #符号'>'用于判断a是否大于b，这条语句result=False
print (a < b)         #符号'<'用于判断a是否小于b，这条语句的result=True
a= 'abc'
b= 'cde'
print (a > b)         #也可以对两个字符串进行大小判断，这条语句的result=False
print (a < b)         #这条语句的result=True
#需要注意操作符"="和操作符"=="的区别，"="是将右边的值赋给左边的变量
#而"=="是判断左边的值和右边的值是否相等
```

程序运行结果如图 3-10 所示。

```
======================= RESTART: D:\python\ch03\3.6.py
False
True
False
False
True
False
False
True
```

图 3-10　例 3.6 的程序运行结果

3.4　循环控制语句

微视频

循环控制语句主要是在满足条件的情况下反复执行某一个操作。循环控制语句主要包括 while 语句和 for 语句。

3.4.1　while 语句

while 语句是循环语句，也是条件判断语句。

while 语句的语法格式如下：

```
while 判断条件:
    语句
```

这里同样需要注意冒号和缩进。

【例 3.7】使用 while 循环语句分析输入的 5 位数是不是回文数（源代码\ch03\3.7.py）。

一个 5 位数，判断它是不是回文数。例如，12321 是回文数，个位与万位相同，十位与千位相同。

```
n=input("请输入需要判断的 5 位数: ")
a=0
b=len(n)-1
flag=True
while a<b:
    if n[a]!=n[b]:
        print("您输入的数不是回文数")
        flag=False
        break
    a,b=a+1,b-1
if flag:
    print("您输入的数是回文数")
```

程序运行结果如图 3-11 所示。

```
======================= RESTART: D:/python/ch03/3.7.py
请输入需要判断的5位数: 36963
您输入的数是回文数
```

图 3-11　例 3.7 的程序运行结果

使用 while 循环语句时，如果没有特殊要求，尽量避免出现无限循环的情况。例如，下面的例子，求 1～100 的和，代码如下：

```
a = 100
sum = 0
b = 1
while b <= a:
    sum = sum + b
    b += 1
print("1 到 %d 之和为: %d" % (a,sum))
```

如果在这里遗漏代码行 b+= 1，程序就会进入无限循环中。因为变量 b 的初始值为 1，并且会发生变化，所以 b <= a 始终为 True，导致 while 循环不会停止。

☆经验之谈☆

要避免无限循环的问题，就必须对每个 while 循环进行测试，确保其会按预期的那样结束。如果希望程序在用户输入特定值时结束，那么可运行程序并输入这样的值；如果在这种情况下程序没有结束，那么请检查程序处理这个值的方式，确认程序至少有一个这样的地方能让循环条件变为 False，或者让 break 语句得以执行。

如果条件表达式一直为 True，while 循环就会进入无限循环中。无限循环应用也比较广泛，如在服务器上处理客户端的实时请求时就非常有用。

【例 3.8】while 无限循环的应用（源代码\ch03\3.8.py）。

```
ff = "水果"
while ff=="水果" :          #表达式永远为 True
   name =str (input("请输入需要购买水果的名称:"))
   print ("你输入的水果名称是: ", name)
print ("水果购买完毕!")
```

程序运行结果如图 3-12 所示。

如果用户想退出无限循环，可以按 Ctrl+C 组合键。

当 while 循环体中只有一条语句时，可以将该语句与 while 写在同一行中。例如：

```
ff = "水果"
while ff=="水果" : print ("我最喜欢吃的水果是葡萄")
print ("水果购买完毕!")
```

while 语句可以和 else 配合使用，表示当 while 语句的条件表达式为 False 时，执行 else 的语句块。

【例 3.9】while 语句和 else 配合使用（源代码\ch03\3.9.py）。

```
n =int (input("请输入一个整数:"))
x=1
while x <n:
   print (x, "小于n")
   x=x+1
else:
   print ("小于n的整数查找完毕! ")
```

程序运行结果如图 3-13 所示。

图 3-12 例 3.8 的程序运行结果　　　　图 3-13 例 3.9 的程序运行结果

3.4.2 for 语句

for 语句通常由条件控制和循环两部分组成。

for 语句的语法格式如下：

```
for <variable> in <sequence>:
   语句
else:
   语句
```

其中，<variable>是一个变量名称；<sequence>是一个列表。else 语句运行的时机是当 for 语句都没有运行，或者最后一个循环已经运行时。else 语句是可以省略的。

【例 3.10】分析数字 1、2 和 3，能组成多少个互不相同且无重复数字的 3 位数（源代码\ch03\3.10.py）。

这里使用 range() 函数遍历数字 1、2、3，然后使用 for 循环输出所有的组合数字，最重要的是要把重复的数字去掉。

```
tm=0
for i in range(1,4):                              #range()函数遍历数字 1、2、3
    for j in range(1,4):                          #使用 for 循环输出所有的组合数字
        for k in range(1,4):
            if ((i!=j)and(j!=k)and(k!=i)):        #把重复的数字去掉
                print(i,j,k)
                tm+=1
print('总共组合了',tm,'个数字')
```

程序运行结果如图 3-14 所示。

若想跳出循环，则可以使用 break 语句。该语句用于跳出当前循环体。

【例 3.11】for 语句和 break 语句的综合应用（源代码\ch03\3.11.py）。

下面的例子是实现快速搜索到人名为间谍的人，然后跳出循环。

```
name = ["小明", "张三","李四","王五","间谍","小雨"]
for n in name:
    if n == "间谍":
        print("找到名字为间谍的人啦!")
        break
    print(n)
else:
    print("没有发现名字为间谍的人!")
print("人名搜索完毕!")
```

程序运行结果如图 3-15 所示。从结果可以看出，当搜索到"间谍"时，会跳出当前循环，对应的循环 else 块将不执行。

图 3-14　例 3.10 的程序运行结果　　　　图 3-15　例 3.11 的程序运行结果

3.4.3　continue 语句和 else 语句

使用 continue 语句，Python 将跳过当前循环块中的剩余语句，继续进行下一轮循环。

【例 3.12】while 语句和 continue 语句的配合使用（源代码\ch03\3.12.py）。

此例主要输出以 10 开始递减的整数，并且递减间隔为 2，最小数为 0。

```
a = 10
while a >0:
    a=a-2
    if a==6:          #变量为 6 时跳过输出
        continue
    print (a, " 大于或等于 0")
```

程序运行结果如图 3-16 所示。从结果可以看出，当变量为 6 时，将跳出当前循环，进入下一个循环。

当 for 循环被执行完毕或 while 循环条件为 False 时，else 语句才会被执行。需要特别注意的是，如果循环被 break 语句终止，那么 else 语句不会被执行。

【例 3.13】for、break 和 else 语句的配合使用（源代码\ch03\3.13.py）。

```
a= "万树鸣蝉隔岸虹，乐游原上有西风。"
for b in a:                #包含 break 语句
  if b== '乐':             #文字为"乐"时跳过输出
     print ('当前文字是:', aa)
break
  else:
     print ('没有发现对应的文字')
```

程序运行结果如图 3-17 所示。从结果可以看出，当搜索到文字"乐"时，将通过 break 语句跳出循环。

```
=================== RESTART: D:/python/ch03/3.12.py
8  大于或等于0
4  大于或等于0
2  大于或等于0
0  大于或等于0
```

图 3-16　例 3.12 的程序运行结果

```
=================== RESTART: D:/python/ch03/3.13.py
没有发现对应的文字
没有发现对应的文字
没有发现对应的文字
没有发现对应的文字
没有发现对应的文字
没有发现对应的文字
没有发现对应的文字
没有发现对应的文字
当前文字是：乐
```

图 3-17　例 3.13 的程序运行结果

3.4.4　pass 语句

pass 是空语句，主要为了保持程序结构的完整性。pass 不做任何事情，一般用作占位语句。

【例 3.14】for 和 pass 语句的配合使用（源代码\ch03\3.14.py）。

```
for a in '羲和自趁虞泉宿，不放斜阳更向东。':
  if a == '不':
     pass
     print ('执行pass 语句')
  print ('当前文字:' a)
print ("搜索完毕!")
```

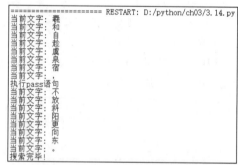

```
=================== RESTART: D:/python/ch03/3.14.py
当前文字：羲
当前文字：和
当前文字：自
当前文字：趁
当前文字：虞
当前文字：泉
当前文字：宿
当前文字：，
执行pass语句
当前文字：不
当前文字：放
当前文字：斜
当前文字：阳
当前文字：更
当前文字：向
当前文字：东
当前文字：。
搜索完毕!
```

图 3-18　例 3.14 的程序运行结果

程序运行结果如图 3-18 所示。从结果可以看出，当搜索到文字"不"时，先执行 print ('执行 pass 语句')，然后执行 print ('当前文字:', a)。

3.5　新手疑难问题解答

疑问 1：通过下面的代码求圆面积时报错怎么办？

```
>>> a=input("请输入半径: ")
请输入半径: 12.2
>>> b=3.1416*a*a
Traceback (most recent call last):
  File "<pyshell#17>", line 1, in <module>
    b=a*a
TypeError: can't multiply sequence by non-int of type 'str'
```

解答：因为 input()函数输入的是字符串格式，所以在键盘输入的浮点数并不是真正的浮点数，而是字符串形式。因为 radius 是字符串形式，不可以相乘，所以在执行语句 b=3.1416*a*a 时会报错。这里使用 float()函数强制将输入的半径值转换为浮点数。

修改代码如下即可解决问题。

```
>>> a= float(input("请输入半径: "))
```

疑问 2：如何使用 range()函数？

解答：range()函数可创建一个整数列表，一般用在 for 循环中。语法格式如下：

```
range(start, stop[, step])
```

各个参数的含义如下：

start：计数从 start 开始。默认是从 0 开始。例如，range(5)等价于 range(0, 5)。

stop：计数到 stop 结束，但不包括 stop。例如，range(0, 5)是[0, 1, 2, 3, 4]没有 5。

step：步长，默认为 1。例如，range(0, 5)等价于 range(0, 5, 1)。

☆**大牛提醒**☆

在使用 range()函数时，如果只有一个参数，那么表示指定的 stop；如果有两个参数，则表示指定的 start 和 stop；如果三个参数都存在时，最后一个参数是 step。

如果需要遍历数字序列，通常会用到 range()函数，结合循环控制语句，将起到事半功倍的作用。

使用 range()函数可以生成数列。例如：

```
>>> for a in range(5):
print (a)
1
2
3
4
```

使用 range()函数也可以指定区间的值。例如：

```
>>> for n in range(5,9):
print (n)
5
6
7
8
```

使用 range()函数还可以指定数字开始并指定不同的增量。例如：

```
>>> for n in range(0,10,2):
print (n)
0
2
4
6
8
```

从结果可以看出，增量为 2。增量也可以使用负值。例如：

```
>>>for n in range(0,-10,-2):
    print (n)
0
-2
-4
-6
-8
```

解题思路

3.6　实战训练

实战 1：实现数字猜谜游戏。

编写 Python 程序，实现数字猜谜游戏。在 if 语句中通过使用比较运算符，可以实现数字猜谜游戏。如使用 while 语句可以实现循环效果，使用 if⋯elif 语句可以实现多个条件的判断效果，最终实现数字猜谜游戏。程序运行结果如图 3-19 所示。

实战 2：根据不同的营业额，企业发放销售奖金。

编写 Python 程序，实现企业发放销售奖金的目的。企业销售部门奖金制度如下：

（1）营业额低于或者等于 100 万元，奖金可提 20%。

（2）营业额大于 100 万元低于或者等于 200 万元，高于 100 万元的部分，奖金可提 15%。

（3）营业额大于 200 万元低于或者等于 400 万元，高于 200 万元的部分，奖金可提 10%。

（4）营业额大于 400 万元低于或者等于 600 万元，高于 400 万元的部分，奖金可提 5%。

（5）营业额大于 600 万元低于或者等于 1 000 万元，高于 600 万元的部分，奖金可提 2%。

（6）营业额大于 1 000 万元，高于 1 000 万元的部分，奖金可提 1%。

年营业额从键盘输入，输出结果为企业发放奖金的具体金额。

程序运行结果如图 3-20 所示。

```
======================= RESTART: D:/python/ch03/3.15.py
数字猜谜游戏开始！
请输入你猜的数字：5
猜的数字小了
请输入你猜的数字：7
猜的数字小了
请输入你猜的数字：9
猜的数字大了
请输入你猜的数字：8
恭喜，你猜对了！
```

图 3-19　实战 1 的程序运行结果

```
======================= RESTART: D:/python/ch03/3.16.py
请输入本年度营业额：3500000
本年度销售部奖金为　500000.0
```

图 3-20　实战 2 的程序运行结果

实战 3：解决猴子分桃的问题。

海滩上有一堆桃子，5 只猴子来分。第 1 只猴子把这堆桃子平均分为 5 份，多了 1 个，这只猴子把多出的一个扔入海中，拿走了 1 份；第 2 只猴子把剩下的桃子又平均分成 5 份，又多出了 1 个，它同样把多出的一个扔入海中，并拿走了其中的 1 份；第 3 只、第 4 只、第 5 只猴子都是这样做的。请编写 Python 程序求海滩上原来最少有多少个桃子？

程序运行结果如图 3-21 所示。

实战 4：设计一个逢数字 8 鼓掌的游戏。

编写 Python 程序，模拟一个逢数字 8 鼓掌的游戏。从 1 开始数到 100，当数字的结尾是 8 或者 8 的倍数时，则不报该数，而是鼓掌一次。假设每个人都没有出错，请编写 Python 程序计算一共鼓掌多少次。

程序运行结果如图 3-22 所示。

```
======================= RESTART: D:/python/ch03/3.17.py
海滩上桃子的数量是：　3121
```

图 3-21　实战 3 的程序运行结果

```
======================= RESTART: D:/python/ch03/3.18.py
从1数到100共鼓掌　20　次
```

图 3-22　实战 4 的程序运行结果

第4章

序列的应用技能

本章内容提要

在程序设计中，序列是一种常用的数据存储方式。在 Python 语言中，序列是通过某种方式组织在一起的数据元素的集合，这些元素可以是数字或字符。Python 中内置了 5 个常用的序列，即集合、列表、元组、字典和字符串。本章讲述集合、列表、元组和字典的基本操作。

4.1 认识序列

微视频

在 Python 语言中，序列主要包括集合、列表、元组、字典和字符串。对于这些序列有以下几个通用操作。不过需要注意的是，集合和字典不支持索引、切片、相加和相乘操作。

4.1.1 索引

序列中的每个元素都有一个编号，也称为索引。这个索引是从 0 开始递增，也就是下标 0 表示第一个元素，下标 1 表示第 2 个元素，以此类推。

例如，访问下面列表中的元素。

```
>>>names = ['张三','王五', '张锋']
>>>names[0]          #访问从左边数第 1 个元素
张三
>>>names[1]          #访问从左边数第 2 个元素
王五
```

Python 支持索引为负数。负数表示从右往左计数，也就是从最后一个元素开始计数。

例如，访问下面列表中的元素。

```
>>>names = ['张三','王五', '张锋']
>>>names[-1]         #访问从右边数第 1 个元素
张锋
>>>names[-2]         #访问从右边数第 2 个元素
王五
```

☆大牛提醒☆

采用负数作为索引时，是从-1 开始的，也就是最右边的元素的下标为-1。

4.1.2 切片

访问序列中的元素还有一种方法，那就是切片。它可以访问一定范围内的元素。通过切片操作可以生成一个新的序列。语法格式如下：

```
sname[start : end : step]
```

各个参数的含义如下：

（1）sname 表示序列的名称。

（2）start 表示切片开始的位置（包含该位置），如果不指定，则默认为 0。

（3）end 表示切片结束的位置（不包含该位置），如果不指定，则默认为序列的长度。

（4）step 表示切片的步长，如果省略，则默认为 1。

下面进行举例说明：

```
>>>names = ['张三','王五', '张锋','马六','陈平']
>>>names[1:5]        #访问从左边数第 2 到第 5 个元素
['王五', '张锋', '马六', '陈平']
>>>names[0:5:2]
['张三', '张锋', '陈平']
```

4.1.3 序列相加

通过+操作符，可以将两个序列相加。注意集合和字典不支持相加。

+号操作符经常用于字符串和列表元素的组合。例如：

```
>>>x=[100,200,300]+ [400,500,600] + [700,800,900]
>>>x
[100, 200, 300, 400, 500, 600, 700, 800, 900]
>>>y=["数学","英语","语文"]
>>>z="我最喜欢的学科是"+y[1]
>>>print(z)
我最喜欢的学科是英语
```

4.1.4 序列相乘

*号运算符经常用于重复列表中的元素。

例如，将列表中的元素重复 3 次。

```
>>>x=["数学","英语","语文"]*3
>>>x
['数学', '英语', '语文', '数学', '英语', '语文', '数学', '英语', '语文']
```

4.1.5 检查序列中的成员

in 运算符用于判断一个元素是否存在于序列中。语法格式如下：

```
value in sequence
```

这里的 value 表示要检查的元素，sequence 表示指定的序列。

例如，下面的代码及运行结果：

```
>>>x=["数学","英语","语文"]
>>>y="数学"
```

```
>>>print(y in x)
True
>>>z="美术"
>>>print(z in x)
False
```

从结果可以看出，当元素是序列中的成员时，结果返回为 True，否则返回为 False。

☆**大牛提醒**☆

如果想要检查某个元素是否不在指定的序列中，可以使用 not in 运算符。

例如，下面的代码将返回为 True。

```
"美术" not in ["数学","英语","语文"]
```

4.2　集合类型

微视频

本节重点讲解集合类型的概念和基本操作。

4.2.1　认识集合类型

集合（Sets）是一个无序不重复元素的集。它的主要功能是自动清除重复的元素。创建集合时用大括号（{}）来包含其元素。

例如下面的代码运行结果：

```
>>>books = {'Python 入门很轻松', 'C 语言入门很轻松','Java 入门很轻松'}
>>>print(books)                              #输出集合的内容
{'Python 入门很轻松', 'Java 入门很轻松', 'C 语言入门很轻松'}
```

从结果可以看出，集合输出是无序的，并没有按赋值时的顺序输出。

如果集合中有重复的元素，就会自动将其删除。

例如下面的代码及运行结果：

```
>>>books = {'Python 入门很轻松', 'C 语言入门很轻松','Python 入门很轻松'}
>>>print(goods)                              #删除重复的
{'Python 入门很轻松','C 语言入门很轻松'}
```

☆**大牛提醒**☆

如果要创建一个空集合，必须使用 set() 函数。例如：

```
books = set()                                #正确创建空集合的方式
books = { }                                  #错误创建空集合的方式
```

4.2.2　集合类型的常见操作

集合类型的常见操作有添加元素、移除元素、计算集合元素个数、清空集合。

1. 添加元素

添加元素的语法格式如下：

```
s.add( x )
```

将元素 x 添加到集合 s 中，如果元素已存在，则不进行任何操作。

例如下面的代码及运行结果：

```
>>>fruits = {"苹果", "香蕉", "橘子"}
>>>fruits.add("荔枝")                         #添加新元素
>>>fruits
{'苹果', '香蕉', '荔枝', '橘子'}
>>>fruits.add("苹果")                         #添加集合中已经存在的元素
>>>fruits
{'苹果', '香蕉', '荔枝', '橘子'}
```

2. 移除元素

移除元素的语法格式如下：

```
s.remove( x )
```

将元素 x 从集合 s 中移除，如果元素不存在，则会发生错误。

例如下面的代码及运行结果：

```
>>>fruits = {"苹果", "香蕉", "橘子"}
>>>fruits.remove("苹果")                     #移除元素
>>>fruits
{'香蕉', '橘子'}
>>>fruits.remove("苹果")                     #移除不存在的元素，将会报错
Traceback (most recent call last):
  File "<pyshell#21>", line 1, in <module>
    fruits.remove("苹果")
KeyError: '苹果'
```

3. 计算集合元素个数

计算集合元素个数的语法格式如下：

```
len(s)
```

这里是计算集合 s 元素个数。

例如下面的代码及运行结果：

```
>>>fruits = {"苹果", "香蕉", "橘子"}
>>>len(fruits)
3
```

4. 清空集合

清空集合的语法格式如下：

```
s.clear()
```

这里是清空集合 s。

```
>>>fruits = {"苹果", "香蕉", "橘子"}
>>>fruits.clear()
>>>fruits
set()
```

【例 4.1】创建公司各部门的人员信息，并进行更改和运算（源代码\ch04\4.1.py）。

```
print ("欢迎进入企业人员查询系统")
sales = {"张锋", "张磊", "王天", "冯永"}        #报存营销部的人员
admini = {"王天", "冯永", "张淼", "蔡玲"}        #报存管理部的人员
print ("营销部的人员有: ", sales, "\n")          #输出营销部的人员
print ("管理部的人员有: ", admini, "\n")         #输出管理部的人员
print ("交集运算: ", sales&admini, "\n")         #输出既在营销部又在管理部的人员
print ("并集运算: ", sales|admini, "\n")         #输出营销部和管理部的所有人员
```

```
print ("差集运算: ", sales-admini, "\n")        #输出营销部但不在管理部的人员
sales.add("张小龙")                             #营销部添加新人
admini.remove("王天")                           #管理部有人离职
print ("最新营销部的人员有: ", sales, "\n")       #输出营销部更改后的人员
print ("最新管理部的人员有: ", admini, "\n")      #输出管理部更改后的人员
```

程序运行结果如图 4-1 所示。

```
========================= RESTART: D:/python/ch04/4.1.py =========
欢迎进入企业人员查询系统
营销部的人员有：   ['张锋', '张磊', '王天', '冯永']

管理部的人员有：   ['蔡玲', '冯永', '张淼', '王天']

交集运算：   {'冯永', '王天'}

并集运算：   {'蔡玲', '张锋', '冯永', '张磊', '王天', '张淼'}

差集运算：   {'张锋', '张磊'}

最新营销部的人员有：   ['张锋', '冯永', '张磊', '王天', '张小龙']

最新管理部的人员有：   ['蔡玲', '冯永', '张淼']
```

图 4-1　例 4.1 的程序运行结果

微视频

4.3　列表类型

列表（List）是 Python 中使用比较频繁的数据类型。列表可以完成大多数集合类的数据结构实现。列表中元素的类型可以不相同，支持数字、字符串，甚至可以包含列表（所谓嵌套）。

4.3.1　认识列表类型

列表是写在中括号（[]）之间、用逗号分隔开的元素表。要创建一个列表对象，使用中括号（[]）来包含其元素。例如：

```
>>>s = [1,2,3,4,5]
```

列表对象 s 共有 5 个元素，可以使用 s[0]来返回第 1 个元素、s[1]来返回第 2 个元素，以此类推。如果索引值超出范围，Python 就会抛出一个 IndexError 异常。

☆**大牛提醒**☆

在不知道列表长度的情况下，可以采用负数作为索引来访问。通过将索引指定为-1，可以让 Python 返回一个列表中最后的元素。例如：

```
>>>s = [1,2,3,4,5]
>>>s[-1]
5
```

列表对象属于序数对象，是一群有序对象的集合，并且可以使用数字来作索引。列表对象可以进行新增、修改和删除的操作。

列表的常见特性如下：

（1）列表对象中的元素可以是不同的类型，例如：

```
>>>a=[100," 野径云俱黑",8.99,4+2j]
```

（2）列表对象中的元素可以是另一个列表，例如：

```
>>>b = [100," 野径云俱黑",8.99,[ 100," 野径云俱黑",8.99,3.66]]
```

（3）访问列表中对象的方法比较简单，列表中的序号是从 0 开始的。例如，访问下面列表中的第 3 个元素。

```
>>>c =[100,"野径云俱黑",8.99,[ 100,"野径云俱黑",8.99,3.66]]
>>>c[3]
[100, '野径云俱黑', 8.99, 3.66]
```

（4）列表是可以嵌套的，如果要读取列表对象中嵌套的另一个列表，可使用另一个中括号（[]）来作索引。例如：

```
>>>c =[100," 野径云俱黑",8.99,[ 100,"野径云俱黑",8.99]]
>>>c[3][1]
'野径云俱黑'
```

4.3.2 列表的常见操作

列表创建完成后，还可以对其进行相关的操作。

1. 获取某个元素的返回值

使用列表对象的 index(c)方法（c 是元素的内容）来返回该元素的索引值。例如：

```
>>>x=[100,"野径云俱黑",8.99,[ 100,"野径云俱黑",8.99]]
>>>x.index("野径云俱黑")
1
>>> x.index(8.99)
2
```

2. 改变列表对象的元素值

列表中的元素值是可以改变的。例如，修改列表中的第 2 个元素。

```
>>>x =[100,"野径云俱黑",8.99,4+2j]
>>>x[1] = "江船火独明"
>>>x
[100, '江船火独明', 8.99, (4+2j)]
```

3. 删除列表中的元素

使用 del 语句可以删除列表对象中的元素。例如，删除列表中的第 3 个元素。

```
>>>x =[100,"野径云俱黑",8.99,4+2j]
>>>del x[2]
>>>x
[100, '野径云俱黑', (4+2j)]
```

如果想从列表中删除最后一个元素，可以使用序号-1。例如：

```
>>>x =[100,"野径云俱黑",8.99,4+2j]
>>>del x[-1]   #-1 表示从右侧数第一个元素
>>>x
[100, '野径云俱黑', 8.99]
```

☆**大牛提醒**☆

如果想一次清除所有的元素，可以使用 del 语句操作，命令如下：

```
del a[:]
```

4.3.3 列表的内置函数和方法

列表对象有许多的内置函数和方法。下面介绍这些函数和方法的使用技巧。

1. 列表的函数

列表内置的函数包括 len()、max()、min()和 list()。

（1）len()函数返回列表的长度。例如：

```
>>>x=[100, 200, 300, 400, 500, 600, 700, 800]
```

```
>>>len(x)
8
```

（2）max()函数返回列表元素中的最大值。例如，求取列表中的最大值：

```
>>>a=[100, 200, 300, 400, 500, 600, 700, 800]
>>>max(a)
800
>>>b=['a', 'b', 'c', 'd', 'e', 'f', 'g']
>>>max(b)
'g'
```

列表中的元素数据类型必须一致才能使用 max()函数，否则会出错。例如：

```
>>>a=[100, 200, 300, 400, '字符串变量']
>>>max(a)
Traceback (most recent call last):
  File "<pyshell#4>", line 1, in <module>
    max(a)
TypeError: '>' not supported between instances of 'str' and 'int'
```

（3）min()函数返回列表元素中的最小值。例如：

```
>>>a=[100, 200, 300, 400, 500, 600, 700, 800]
>>>min(a)
100
>>>b=['a', 'b', 'c', 'd', 'e', 'f', 'g']
>>>min(b)
'a'
```

2. 列表的方法

在 Python 解释器内输入 dir([])，可以查看内置的列表方法。

```
>>>dir([])
```

下面将挑选常用的方法进行介绍。

（1）append(object)

append()方法在列表对象的结尾，加上新对象 object。例如：

```
>>>x=[100,200,300,400]
>>>x.append(500)
>>>x
[100, 200, 300, 400, 500]
>>>x.append([600,700])
>>>x
[100, 200, 300, 400, 500, [600, 700]]
```

（2）clear()

clear()方法用于清空列表，类似于 del a[:]。例如：

```
>>>s =[100,200,300,400]
>>>s.clear()    #清空列表
>>>s
[]
```

（3）copy()

copy()方法用于复制列表。例如：

```
>>>a = [100,"野径云俱黑",8.99]
>>>b = a.copy()
```

```
>>>b
[100, '野径云俱黑', 8.99]
```

（4）count(value)

count(value)方法针对列表对象中的相同元素值 value 计算其数目。例如，计算出列表值为100 的元素个数。

```
>>>a= [100,100,200,100,300,400]
>>>a.count(100)
3
```

（5）extend(list)

extend(list)方法将参数 list 列表对象中的元素加到此列表中，成为此列表的新元素。例如：

```
>>>a=[1,2, 3, 4]
>>>a.extend([5,6,7,8])
>>>a
[1, 2, 3, 4, 5, 6, 7, 8]
```

（6）index(value)

index(value)方法将列表对象中元素值为 value 的索引值返回。例如：

```
>>>a= [1, 2, 3, 4, 5, 6, 7, 8]
>>>a.index（6）
5
```

（7）insert(index, object)

insert(index, object)方法将在列表对象中索引值为index 的元素之前插入新元素object。例如：

```
>>>x=[1, 2, 3, 4, 5, 6]
>>>x.insert(1,"新元素")
>>> x
[1, '新元素', 2, 3, 4, 5, 6]
```

（8）pop([index])

pop([index])方法将列表对象中索引值为 index 的元素删除。如果没有指定 index 的值，就将最后一个元素删除。例如，删除第 2 个元素和删除最后一个元素。

```
>>>x = [1,2,3,[4,5,6]]
>>>x.pop（1）    #删除第 2 个元素
>>>x
[1, 3, [4, 5, 6]]
>>>x.pop()       #删除第 2 个元素
[4, 5, 6]
>>>x
[1,3]
```

☆**大牛提醒**☆

如果列表为空或者索引值超出范围会报一个异常。

（9）remove(value)

remove(value)方法将列表对象中元素值为 value 的删除。例如，删除值为"英语"的元素。

```
>>>x = ["数学","语文","英语"]
>>>x.remove("英语")
>>>x
["数学","语文"]
```

（10）reverse()

reverse()方法将列表对象中的元素颠倒排列。例如：

```
>>>x = ["数学","语文","英语"]
>>>x.reverse()
>>>x
['英语', '语文', '数学']
```

（11）sort()

sort()方法将列表对象中的元素依照大小顺序排列。例如：

```
>>>x = [1,9,8,4,5,3,2,6]
>>>x.sort()
>>>x
[1, 2, 3, 4, 5, 6, 8, 9]
```

【例 4.2】 创建一个二维列表，输出不同版式的古诗（源代码\ch04\4.2.py）。

这里首先定义 4 个字符串，再定义一个二维列表，然后使用 for 循环将古诗输出，接着使用 reverse()函数将列表进行逆序排列，最后使用 for 循环将古诗以竖版形式输出。

```
gs1="牧童骑黄牛"
gs2="歌声振林樾"
gs3="意欲捕鸣蝉"
gs4="忽然闭口立"
vs=[list(gs1), list(gs2), list(gs3), list(gs4)] #创建一个二维列表
print ("下面输出横版古诗 \n")
for n in range(4):                            #循环输出古诗的每一行
    for m in range(5):                        #循环每一行的每一个字
        if m==4:                              #如果是一行中的最后一个字
            print (vs[n][m])                  #换行输出
        else:
            print (vs[n][m],end="")           #不换行输出

vs.reverse()                                  #对列表进行逆序排列
print ("下面输出竖版古诗 \n")
for n in range(5):                            #循环每一行的每个字
    for m in range(4):                        #循环新逆序排列后的第一行
        if m==3:                              #如果最后一行
            print (vs[m][n])                  #换行输出
        else:
            print (vs[m][n],end="")           #不换行输出
```

程序运行结果如图 4-2 所示。

```
======================= RESTART: D:\python\ch04\4.2.py
下面输出横版古诗

牧童骑黄牛
歌声振林樾
意欲捕鸣蝉
忽然闭口立
下面输出竖版古诗

忽意歌牧
然欲声童
闭捕振骑
口鸣林黄
立蝉樾牛
```

图 4-2　例 4.2 的程序运行结果

4.4 元组类型

微视频

与列表相比，元组对象不能修改，同时元组使用小括号、列表使用中括号。元组创建很简单，只需要在括号中添加元素并使用逗号隔开即可。

4.4.1 认识元组

元组（Tuple）对象属于序数对象，是一群有序对象的集合，并且可以使用数字来作索引。元组对象与列表对象类似，差别在于元组对象不可以新增、修改与删除。

要创建一个元组对象，可以使用小括号来包含其元素。其语法如下：

```
variable = (element1, element2, …)
```

下面创建一个元组对象，含有 4 个元素：1、2、3 和 4。

```
>>>a=(1,2,3,4)
>>>a            #查看元组的元素
(1, 2, 3, 4)
```

列表对象 a 共有 4 个元素，可以使用 a[0]来返回第 1 个元素、s[1]来返回第 2 个元素，以此类推。如果索引值超出范围，Python 就会抛出一个 IndexError 异常。

☆**大牛提醒**☆

列表赋值时可以省略小括号()，直接将元素列出。例如：

```
c = 1,2,3,4      #省略小括号
```

【例 4.3】使用 for 循环列出班级中的学生（源代码\ch04\4.3.py）。

这里首先定义一个包含 6 个元素的元组，内容为班级中学生的名字，然后使用 for 循环将每个元组的值输出，并且在后面加上"同学"二字。

```
sname=("张明","张敏","李明","刘辉","王磊","赵东")      #定义元组
print ("下面输出班级中的所有学生\n")
for name in sname:                              #遍历元组
    print (name+"同学",end=" ")
```

程序运行结果如图 4-3 所示。

```
========================= RESTART: D:/python/ch04/4.3.py
下面输出班级中的所有学生

张明同学 张敏同学 李明同学 刘辉同学 王磊同学 赵东同学
```

图 4-3 例 4.3 的程序运行结果

4.4.2 元组的常用操作

下面讲解元组的常用操作方法。

1. 创建只有一个元素的元组

如果创建的元组对象只有一个元素，就必须在元素之后加上逗号，否则 Python 会认为此元素是要设置给变量的值。

```
>>>x = ("二十年来万事同",)      #创建只有一个元素的元组
>>>x
('二十年来万事同',)
>>>y = ("二十年来万事同")        #为变量 y 赋值，输出结果不再是元组
>>>y
```

```
'二十年来万事同'
```

2. 元组的对象值不能修改

在元组中，不可以修改元组对象内的元素值，否则会提示错误。例如：

```
>>>x = (1,2,3,4)
#以下修改元组元素操作是非法的
>>>x[1] = 5
>>> x[1] = 5
Traceback (most recent call last):
  File "<pyshell#1>", line 1, in <module>
    x[1] = 5
TypeError: 'tuple' object does not support item assignment
```

3. 删除元组内的对象

虽然元组内的元素值不能修改和直接删除，但是可以通过重新赋值的方式，间接达到删除元组对象的效果。注意，这里不是真正意义上删除元素，因为元组对象是不可变的。

例如，在下面的例子中删除元组中的 a[3]：

```
>>>a = ("二十年来万事同",100,200,300)
>>>a = a[0],a[1],a[2]
>>>a
('二十年来万事同', 100, 200)
```

4. 删除整个元组

使用 del 语句可以删除整个元组。例如：

```
>>>a = (1,2,3,4)          #定义新元组 a
>>>a                      #输出元组 a
>>>del a                  #删除元组 a
>>>a                      #再次输出元组 a 时将报错
Traceback (most recent call last):
  File "<pyshell#3>", line 1, in <module>
    a
NameError: name 'a' is not defined
```

从报错信息可以看出，元组已经被删除，再次访问该元组时会提示错误信息。

4.4.3　元组的内置函数

元组的内置函数包括 len()、max()、min()和 sum()。下面分别讲述这 4 个内置函数的使用方法。

1. len()函数

len()函数返回元组的长度。例如：

```
>>>a = (1,2,3,4,5,6)
>>>len(a)
6
```

2. max()函数

max()函数返回元组或列表元素中的最大值。例如：

```
>>>a=(1,2,3,4,5,6)
>>>max(a)
6
>>>b=['a', 'c', 'd', 'e', 'f', 'g']
```

```
>>>max(b)
'g'
```

元组中的元素数据类型必须一致才能使用 max()函数，否则会出错。

3. min()函数

min()函数返回元组或列表元素中的最小值。例如：

```
>>>a=(1,2,3,4,5,6)
>>>min(a)
1
>>>b=['a', 'c', 'd', 'e', 'f']
>>>min(b)
'a'
```

元组中的元素数据类型必须一致才能使用 min()函数，否则会出错。

4. sum()函数

sum()函数返回元组中所有元素的和。例如：

```
>>>a=(1,2,3,4,5,6,7,8)
>>>sum(a)
36
```

4.5 字典类型

微视频

与列表和元组有所不同，字典是另一种可变容器模型，且可存储任意类型的对象。本节讲述字典的基本操作。

4.5.1 认识字典类型

字典（Dictionary）是 Python 内非常有用的数据类型。字典使用大括号（{}）将元素列出。元素由键值（key）与数值（value）组成，中间以冒号（:）隔开。键值必须是字符串、数字或元组，这些对象是不可变动的；数值则可以是任何数据类型。字典的元素排列没有一定的顺序，因为可以使用键值来取得该元素。

创建字典的语法格式如下：

```
字典变量={关键字1:值1,关键字2:值2，…}
```

☆大牛提醒☆

在同一个字典之内，关键字必须互不相同。

创建字典并访问字典中的元素。

```
>>>x={'一班':'张小明','二班':'李萌','三班':'张小明'}
>>>x ['一班']
'张小明'
>>>x ['二班']
'李萌'
>>>x ['三班']
'张小明'
```

从结果可以看出，字典中的关键字必须唯一，但是关键字对应的值可以相同。

☆**大牛提醒**☆

在获取字典中的元素值时，必须保证输入的键值在字典中是存在的，否则 Python 会产生一个 KeyError 错误。

4.5.2 字典的常用操作

字典的常用操作如下：

1. 修改字典中的元素值

字典中的元素值是可以修改的。例如：

```
>>>x={'一班':'张小明','二班':'李萌','三班':'张小明'}
>>>x['三班'] = '张昌隆'
>>>x
{'一班':'张小明', '二班':'李萌', '三班':'张昌隆'}
```

2. 删除字典中的元素

使用 del 语句可以删除字典中的元素。例如：

```
>>>x = {'一班':'张小明', '二班':'李萌', '三班':'张昌隆'}
>>>del x["三班"]
>>>x
{'一班':'张小明', '二班':'李萌'}
```

3. 定义字典键值时需要注意的问题

字典键值是不能随便定义的，需要注意以下两点：

（1）不允许同一个键值多次出现。创建时如果同一个键值被赋值多次，那么只有最后一个值有效，前面重复的值将会被自动删除。例如：

```
>>>x = {'一班':'张小明', '二班':'李萌', '一班':'张昌隆', '二班':'王明霞'}
>>>x
{'一班':'张昌隆', '二班':'王明霞'}
```

（2）因为字典键值必须不可变，所以可以用数字、字符串或元组充当，列表则不行。如果用列表做键值，将会报错。例如：

```
>>>x = {["名称"]:"冰箱", "产地":"北京", "价格":"6500"}
Traceback (most recent call last):
  File "<pyshell#33>", line 1, in <module>
    x = {["名称"]:"冰箱", "产地":"北京", "价格":"6500"}
TypeError: unhashable type: 'list'
```

4.5.3 字典的内置函数和方法

本节主要讲述字典的内置函数和方法。

1. 字典的内置函数

字典的内置函数包括 len()、str()和 type()。

（1）len(dict)：计算字典元素个数，即键值的总数。例如：

```
>>>x = {'一班':'张昌隆', '二班':'王明霞'}
>>>len(x)
2
```

（2）str(dict)：将字典的元素转换为可打印的字符串形式。例如：

```
>>>x = {'一班': '张昌隆', '二班': '王明霞'}
>>>str(x)
"{'一班': '张昌隆', '二班': '王明霞'}"
```

（3）type(variable)：返回输入的变量类型，如果变量是字典，就返回字典类型。例如：

```
>>>x = {'一班': '张昌隆', '二班': '王明霞'}
>>>type(x)
<class 'dict'>
```

2. 字典的内置方法

字典对象有许多内置方法，在 Python 解释器内输入 dir({})，就可以显示这些内置方法的名称。下面挑选常用的方法进行讲解。

（1）clear()：清除字典中的所有元素。例如：

```
>>>x = {'一班': '张昌隆', '二班': '王明霞'}
>>>x.clear()
>>>x
{}
```

（2）copy()：复制字典。例如：

```
>>>x = {'一班': '张昌隆', '二班': '王明霞'}
>>>y = x.copy()
>>>y
{'一班': '张昌隆', '二班': '王明霞'}
```

（3）get(k [, d])：k 是字典的索引值，d 是索引值的默认值。如果 k 存在，就返回其值，否则返回 d。例如：

```
>>>x = {'一班': '张昌隆', '二班': '王明霞'}
>>> x.get("一班")
'张昌隆'
>>> x.get("三班","不存在")
'不存在'
```

（4）items()：使用字典中的元素创建一个由元组对象组成的列表。例如：

```
>>>x = {'一班': '张昌隆', '二班': '王明霞'}
>>>x.items()
dict_items([('一班', '张昌隆'), ('二班', '王明霞')])
```

（5）keys()：使用字典中的键值创建一个列表对象。例如：

```
>>>x = {"名称":"西瓜", "产地":"吐鲁番", "价格":"6.26"}
>>>x.keys()
dict_keys(['名称', '产地', '价格'])
```

（6）popitem()：删除字典中的最后一个元素。例如：

```
>>>x = {"名称":"西瓜", "产地":"吐鲁番", "价格":"6.26"}
>>> x.popitem()
('价格', '6.26')
>>> x
{'名称': '西瓜', '产地': '吐鲁番'}
>>>x.popitem()
```

```
('产地', '吐鲁番')
>>> x
{'名称': '西瓜'}
```

【例 4.4】制作火车票查询系统（源代码\ch04\4.4.py）。

这里模拟火车票查询系统，输入车次编号，输出本次列车的出发站和终点站。

```
aa=["G15","C2065","Z95","G565"]                    #定义键的列表
bb=["北京南—上海","北京南—天津","北京西—重庆北","北京西—郑州东"]#定义值的列表
cc=dict(zip(aa,bb))                                #转换为字典
print ("欢迎进入火车票查询系统")
print (cc)
n=input("请输入需要查询的车次: ")
print (n+"次车的出发站和终点站是: ",cc.get(n))
```

程序运行结果如图 4-4 所示。

```
===================== RESTART: D:/python/ch04/4.4.py =====================
欢迎进入火车票查询系统
{'G15': '北京南—上海', 'C2065': '北京南—天津', 'Z95': '北京西—重庆北', 'G565': '北京西—郑州东'}
请输入需要查询的车次: G15
G15次车的出发站和终点站是:  北京南—上海
```

图 4-4 例 4.4 的程序运行结果

4.6 新手疑难问题解答

疑问 1：如何创建一个占有 3 个元素空间而又不包括任何内容的列表？

解答：空列表可以简单地通过中括号（[]）来表示，如果想创建 3 个元素空间而又不包括内容的列表，可以使用*号来实现，如[]*3，这样就生成了一个包含 3 个空元素的列表。然而，有时候可能需要一个值来代表空值，表示没有放置任何元素，可以使用 None。None 是 Python 的内建值，例如：

```
>>>a=[None]*3
>>>a
[None, None, None]
```

疑问 2：元组和列表之间如何相互转换？

解答：list()函数用于将元组转换为列表。元组与列表是非常类似的，区别在于元组的元素值不能修改，元组是放在小括号中的，列表是放在中括号中的。例如：

```
>>>x = (668, '苹果', '香蕉', '橙子')
>>>lx = list(x)
>>>print ("元组转换为列表: ",lx)
元组转换为列表:  [668, '苹果', '香蕉', '橙子']
```

tuple()函数用于将列表转换为元组。例如：

```
>>>x =[668, '苹果', '香蕉', '橙子']
>>>tx = tuple(x)
>>>print ("列表转换为元组:", t1)
(668, '苹果', '香蕉', '橙子')
```

解题思路

4.7 实战训练

实战 1：分列显示商品名称和价格。

编写 Python 程序，分列显示商品名称和价格。通过元组定义商品信息，然后使用 for 循环输出商品的名称和价格。程序运行结果如图 4-5 所示。

```
===================== RESTART: D:/python/ch04/4.5.py
下面输出商品的名称和价格！

名称            价格

洗衣机          3600

冰箱            5600

空调            8600
```

图 4-5 实战 1 的程序运行结果

实战 2：在有序列表中插入新元素并排序。

目前有一个已经排好序的数组[1,10,20,30,40,50]。现输入一个数，按原来的规律插入数组中。程序运行结果如图 4-6 所示。

```
===================== RESTART: D:/python/ch04/4.6.py
请输入需要插入的新元素: 35
[1, 10, 20, 30, 35, 40, 50]
```

图 4-6 实战 2 的程序行结果

实战 3：找出公司中年龄最大的员工。

编写 Python 程序，输出公司中所有员工的姓名和年龄，然后找出公司中年龄最大的员工信息。程序运行结果如图 4-7 所示。

```
===================== RESTART: D:/python/ch04/4.7.py
公司中所有的员工信息如下：
{'张明': 28, '李丽': 38, '张敏': 36, '王磊': 42}
公司中年龄最大的员工是:王磊,42
```

图 4-7 实战 3 的程序运行结果

实战 4：输出不同版式的古诗。

编写 Python 程序，输出不同版式的古诗。程序运行结果如图 4-8 所示。

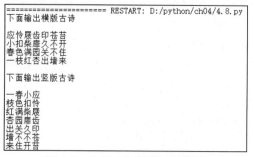

图 4-8 实战 4 的程序运行结果

第 5 章

字符串与正则表达式

⏱ **本章内容提要**

字符串是编程语言中使用频率最高的一种数据类型。大部分项目的运行结果，都需要以文本的形式展示给客户。可见，字符串在编程中的重要性。本章详细讲解字符串的操作和正则表达式的应用。

5.1 字符串的常用操作

微视频

前面章节中已经讲述了创建字符串的方法，本节开始讲解字符串的常用操作。

5.1.1 拼接字符串

使用加号（+）运算符可以将两个字符串连接起来，成为一个新的字符串。例如：

```
>>>x="昔去景风涉，今来姑洗至。"
>>>y="观此得咏歌，长时想精异。"
>>>z=x + y
>>>print(z)
昔去景风涉，今来姑洗至。观此得咏歌，长时想精异。
```

☆**大牛提醒**☆

如果字符串和其他类型的数据拼接，将会报错。例如，将字符串和浮点型数据拼接在一起，将会报错。

```
>>>s1="我今天购买的苹果价格是"
>>>num=8.6
>>>s2="元每千克。"
>>>print(s1+num+s2)
Traceback (most recent call last):
  File "<pyshell#7>", line 1, in <module>
    print(s1+num+s2)
TypeError: can only concatenate str (not "float") to str
```

如果想解决上面的问题，可以使用 srt()函数将浮点型数据转换成字符串即可。

```
>>>print(s1+str(num)+s2)
我今天购买的苹果价格是8.6元每千克。
```

5.1.2 计算字符串的长度

在计算字符串长度之前，用户需要理解每个字符所占的字节数。在 Python 语言中，数字、英文、小数点、下画线和空格各占 1 字节。汉字可能会占 2～4 字节，占几字节取决于采用的编码。由于 Python 语言默认采用 UTF-8 编码，所以汉字占有 3 字节。

☆大牛提醒☆

汉字在 GBK/GB 2312 编码中占 2 字节，在 UTF-8/Unicode 编码中一般占 3 字节或 4 字节。

Python 语言通过 len()函数计算字符串的长度，语法格式如下：

```
Len(string)
```

其中，string 是需要计算长度的字符串。例如下面的例子：

```
>>>s1="我今天需要参加 English 考试。"        #定义包含英文、中文和中文标点符号的字符串
>>>ls = len(s1)                           #计算字符串的长度
>>>ls
17
```

从结果可以看出，len()函数在计算字符串长度时，没有区分英文和中文，统统按一个字符计算。如果用户需要获取字符串实际所占的字节数，就需要指定编码，然后才能获取实际的长度。由于 Python 语言默认采用 UTF-8，可以通过 encode()方法进行编码后再进行获取。

例如，对上面的例子进行如下修改：

```
>>>s1="我今天需要参加 English 考试。"        #定义包含英文、中文和标点符号的字符串
>>>ls = len(s1.encode())                  #计算 UTF-8 编码的字符串的长度
>>>ls
37
```

结果输出为 37。字符串中有 9 个汉字和 1 个中文标点符号，占 30 字节，英文有 7 个，占 7 字节，所以结果为 37。

5.1.3 截取字符串

与列表的索引一样，字符串索引从 0 开始。例如，字符串 hello 在 Python 内部被视为 h、e、l、l、o 5 个字符的组合。因为第 1 个字符的索引值永远是 0，所以存取字符串 hello 的第 1 个字符 h 时使用"hello"[0]。例如：

```
>>> "hello"[0]
'h'
>>> "hello"[2]
'l'
```

字符串的索引值可以为负值。若索引值为负数，则表示由字符串的结尾向前数。字符串的最后一个字符其索引值是-1，字符串的倒数第二个字符其索引值是-2。例如：

```
>>>"hello"[-1]
'o'
>>>"hello"[-2]
'l'
```

Python 语言程序中访问子字符串变量，可以使用中括号（[]）和冒号（:）来截取字符串。使用方法如下：

```
a[x:y]
```

这里表示截取字符串 a，中括号（[]）内的第 1 个数字 x 是要截取字符串的开始索引值，第 2 个数字 y 则是要截取字符串的结尾索引值。

☆**大牛提醒**☆

这里截取的字符串只包含以第 1 个数字 x 为索引值的字符，而不包含以第 2 个数字 y 为索引值的字符。例如：

```
>>>s1="我今天需要参加 English 考试。"        #定义包含英文、中文和中文标点符号的字符串
>>>s1[0:6]                              #从左边开始截取 6 个字符
'我今天需要参'
>>>s1[:4]                               #从左边开始截取 4 个字符
'我今天需'
>>>s1[3:6]                              #截取第 4 个到第 6 个字符
'需要参'
>>>s1[1:]                               #截取第 2 个到最后一个字符
'今天需要参加 English 考试。'
>>>s1[:]                                #获取全部的字符
'我今天需要参加 English 考试。'
```

☆**大牛提醒**☆

截取字符串时，需要注意的问题如下：

如果省略开始索引值，截取字符串就由第一个字符到结尾索引值

如果省略结尾索引值，截取字符串就由开始索引值到最后一个字符。

如果同时省略开始索引值与结尾索引值，截取字符串由第一个字符到最后一个字符。

【例 5.1】根据输入的身份证号获取出生日期（源代码\ch05\5.1.py）。

```
print ("欢迎进入出生日期查询系统 \n")
num= input("请输入您的身份证号：")        #输入身份证号
y = num[6:10]                          #截取出生年份
m = num[10:12]                         #截取出生月份
d = num[12:14]                         #截取出生日期
print ("您的出生日期是："+y+"年"+m+"月"+d+"日")
```

程序运行结果如图 5-1 所示。

```
======================= RESTART: D:/python/ch05/5.1.py
欢迎进入出生日期查询系统

请输入您的身份证号：1234561992100886699
您的出生日期是：1992年10月08日
```

图 5-1 例 5.1 的程序运行结果

5.1.4 分割和合并字符串

1. 分割字符串

在 python 语言中，split()方法通过指定分隔符对字符串进行分割（切片）。该方法的语法格式如下：

```
str.split(str="", num=string.count(str))
```

其中，参数 str 用于指定分隔符，默认为所有的空字符，包括空格、换行（\n）、制表符（\t）等；num 为分割的次数。默认值为 -1，即分隔所有。该方法将返回分割后的字符串列表。

例如下面的例子。

```
>>>s2="Experience is the mother of wisdom"
>>>print (s2.split( ))                  #以空格为分隔符
['Experience', 'is', 'the', 'mother', 'of', 'wisdom']
```

```
>>>print (s2.split('i',2))              #以 i 为分隔符，分割两次
['Exper', 'ence ', 's the mother of wisdom']
>>>print (s2.split('m'))                #以 m 为分隔符
['Experience is the ', 'other of wisdo', '']
```

☆大牛提醒☆

在 solit()中，如果不指定参数，则默认采用空格符进行分割。如果出现各个空格或者空白符，都将作为一个分隔符进行分割。

【例 5.2】 输出被标星的好友（源代码\ch05\5.2.py）。

```
s1 = "*张三丰*李一真*陶渊明*李白"
ls= s1.split( )                         #以空格为分隔符
print ("您的标星好友是：")
for im in ls:
print(im[1:])                           #输出每个好友时，去掉*符号
```

程序运行结果如图 5-2 所示。

2．合并字符串

在 Python 语言中，join()方法用于将序列中的元素以指定的字符合并（连接）生成一个新的字符串。

```
========================== RESTART: D:/python/ch05/5.2.py
您的标星好友是：
张三丰
李一真
陶渊明
李白
```

图 5-2　例 5.2 的程序运行结果

join()方法的语法格式如下：

```
str.join(sequence)
```

其中，sequence 为要合并的元素序列。

例如：

```
>>>s1 =" "
>>>s2 ="*"
>>>s3 ="#"
#字符串序列
>>>e1=("黄", "沙", "百", "战", "穿", "金", "甲")
>>>e2=("不", "破", "楼", "兰", "终", "不", "还")
>>> print (s1.join( e1 ))
黄 沙 百 战 穿 金 甲
>>> print (s2.join( e2 ))
不*破*楼*兰*终*不*还
>>> print (s3.join( e2 ))
不#破#楼#兰#终#不#还
```

注意：被合并的元素必须是字符串，如果是其他的数据类型，运行时就会报错。

5.1.5　检索字符串

Python 提供了很多检索字符串的方法。下面挑选一些常用的方法进行讲解。

1．count()方法

count()方法用于统计字符串里某个字符出现的次数，可选参数为在字符串搜索的开始与结束位置。

count()方法的语法格式如下：

```
str.count(sub, start= 0,end=len(string))
```

其中，sub 为搜索的子字符串；start 为字符串开始搜索的位置，默认为第一个字符，第一个字符的索引值为 0；end 为字符串中结束搜索的位置，默认为字符串的最后一个位置。

例如：

```
>>>str="The best preparation for tomorrow is doing your best today"
>>>s='b'
>>> print ("字符 b 出现的次数为：", str.count(s))
字符 b 出现的次数为： 2
>>> s='best'
>>> print ("best 出现的次数为:", str.count(s,0,6))
best 出现的次数为: 0
>>> print ("best 出现的次数为:", str.count(s,0,40))
best 出现的次数为: 1
>>> print ("best 出现的次数为:", str.count(s,0,80))
best 出现的次数为: 2
```

2. find()方法

find()方法检测字符串中是否包含子字符串。如果包含子字符串，就返回开始的索引值；否则就返回-1。

find()方法的语法格式如下：

```
str.find(str, beg=0, end=len(string)
```

其中，str 为指定检索的字符串；beg 为开始索引，默认为 0；end 为结束索引，默认为字符串的长度。例如：

```
>>> str1 = "青海长云暗雪山，孤城遥望玉门关。"
>>> str2 = "玉门"
>>> print (str1.find(str2))
12
>>> print (str1.find(str2,10))
12
>>> print (str1.find(str2,13,15))
-1
```

3. index()方法

index()方法检测字符串中是否包含子字符串。如果包含子字符串，就返回开始的索引值，否则就会报一个异常。

index()方法的语法格式如下：

```
str.index(str, beg=0, end=len(string))
```

其中，str 为指定检索的字符串；beg 为开始索引，默认为 0；end 为结束索引，默认为字符串的长度。例如：

```
>>>str1 = "青海长云暗雪山，孤城遥望玉门关。"
>>>str2 = "玉门"
>>> print (str1.index(str2))
12
>>> print (str1.index (str2,10))
12
>>> print (str1.index(str2,13,15))
Traceback (most recent call last):
  File "<pyshell#32>", line 1, in <module>
    print (str1.index(str2,13,15))
ValueError: substring not found
```

可见，该方法与 find()方法一样，只不过如果 str 不在 string 中，就会报一个异常。

5.1.6 字母的大小写转换

low ()方法将字符串中的所有大写字母转换为小写字母。其语法格式如下：

```
str.lower()
```

其中，str 为指定需要转换的字符串，该方法没有参数。

例如：

```
>>>s1 ="A GREAT SHIP ASKS FOR DEEP WATERS"
>>>print('使用 low()方法后的效果: ',s1.lower())
使用 low()方法后的效果:  a great ship asks for deep waters
```

从结果可以看出，字符串中的大写字母全部转换为小写字母了。

【例 5.3】实现"不区分大小写"功能（源代码\ch05\5.3.py）。

在一个字符串中查找某个子字符串并忽略其大小写，这里需要使用 lower()方法。

```
s1 = "A great Ship asks for deep waters"
s2 = "sH"
print(s1.find(s2))                 #都不转换为小写，找不到匹配的字符串
print(s1.lower().find(s2))         #被查找字符串转换为小写，找不到匹配的字符串
print(s1.lower().find(s2.lower())) #全部转换为小写，找到匹配的字符串
```

程序运行结果如图 5-3 所示。

结果为-1，表示没有找到对应的字符串；结果为 8，表示从字符串的第 9 个位置找到对应的字符串。可见，字符串中的大写字母全部转换为小写字母后，即可匹配到对应的子字符串。

图 5-3　例 5.3 的程序运行结果

upper()方法将字符串中的所有小写字母转换为大写字母。

upper()方法的语法格式如下：

```
str.upper()
```

其中，str 为指定需要转换的字符串，该方法没有参数。

例如：

```
>>>s2 ="A great ship asks for deep waters"
>>>print('使用 upper()方法后的效果: ',s2.upper())    #全部转换为大写字母输出
使用 upper()方法后的效果: A GREAT SHIP ASKS FOR DEEP WATERS
```

5.1.7 删除字符串中的空格和特殊字符

在处理字符串时，经常需要删除多余的空格和特殊字符。在 Python 语言中，通过一些内置方法即可轻松处理字符串中的空格和特殊字符。下面将详细讲述这些方法。

1. strip()方法

strip()方法用于删除字符串头尾指定的字符或字符序列。注意：该方法只能删除开头或结尾的字符，不能删除中间部分的字符。

strip()方法的语法格式如下：

```
str.strip([chars])
```

参数 chars 是需要删除的字符序列，默认情况是空格。该方法的返回值为删除指定字符序列后生成的新字符串。

```
>>>str = "*****茅檐**低小**，溪上青青草。*****"
>>>print (str.strip( '*' ))                        #指定字符串 *
茅檐**低小**，溪上青青草。
```

从结果可以看出，strip()方法只删除了开头和结尾处的*号，并没有删除中间部分的*号。

```
>>>str = "    茅檐  低小  ，溪上青青草。    "
>>>str.strip()  #不指定删除的字符串
'茅檐  低小  ，溪上青青草。'
```

从结果可以看出，当不指定删除字符时，则默认删除开头和结尾处的空格。

2. lstrip()方法

lstrip()方法用于截掉字符串左边的空格或指定字符。lstrip()方法的语法格式如下：

```
str.lstrip([chars])
```

参数 chars 是需要删除的字符序列，默认情况是空格。该方法的返回值为截掉字符串左边的空格或指定字符后生成的新字符串。

```
>>>str = "*****茅檐**低小**，溪上青青草。*****"
>>>print (str.lstrip( '*' )) #指定字符串 *
茅檐**低小**，溪上青青草。*****
```

从结果可以看出，lstrip()方法删除了开头处的*号，并没有删除中间和结尾部分的*号。

```
>>>str = "    茅檐  低小  ，溪上青青草。    "
>>>str.lstrip() #不指定删除的字符串
'茅檐  低小  ，溪上青青草。    '
```

从结果可以看出，当不指定删除字符时，则默认删除开头处的空格。

3. rstrip()方法

rstrip()方法删除字符串末尾的指定字符（默认为空格）。rstrip()方法的语法格式如下：

```
str.rstrip([chars])
```

参数 chars 是需要删除的字符序列，默认情况是空格。该方法的返回值为截掉字符串右边的空格或指定字符后生成的新字符串。

```
>>>str = "*****茅檐**低小**，溪上青青草。*****"
>>>print (str.rstrip( '*' )) #指定字符串 *
*****茅檐**低小**，溪上青青草。
```

从结果可以看出，rstrip()方法删除了结尾处的*号，并没有删除中间和开头部分的*号。

```
>>>str = "    茅檐  低小  ，溪上青青草。    "
>>>str.rstrip() #不指定删除的字符串
'    茅檐  低小  ，溪上青青草。'
```

从结果可以看出，当不指定删除字符时，则默认删除结尾处的空格。

5.1.8　使用 Python 的转义字符

有时候需要在字符串内设置单引号、双引号、换行符等，可使用转义字符。Python 的转义字符是由一个反斜杠（\）与一个字符组成，如表 5-1 所示。

表 5-1　Python 的转义字符

转 义 字 符	含 义
\ （在行尾时）	续行符
\\	反斜杠
\'	单引号（'）
\"	双引号（"）
\a	响铃
\b	退格（Backspace）
\e	转义
\n	换行
\v	纵向制表符
\r	回车
\t	横向制表符
\f	换页
\000	空
\ooo	ooo 是八进制 ASCII 码
\xyy	十六进制数，yy 代表字符

下面挑选几个常用的转义字符进行讲解。

1. 换行字符（\n）

下面的案例是在字符串内使用换行字符：

```
>>>a="千载长天起大云，中唐俊伟有刘黄。\n孤鸿铩羽悲鸣镝，万马齐喑叫一声。"
>>>print(a)
千载长天起大云，中唐俊伟有刘黄。
孤鸿铩羽悲鸣镝，万马齐喑叫一声。
```

2. 双引号（\"）

下面的案例是在字符串内使用双引号：

```
>>>a="高尔基说：\"读的书愈多，就愈亲近世界，愈明了生活的意义，愈觉得生活的重要。\""
>>>print (a)
高尔基说："读的书愈多，就愈亲近世界，愈明了生活的意义，愈觉得生活的重要。"
```

3. 各进制的 ASCII 码

下面的案例是显示十六进制数值是 55 的 ASCII 码：

```
>>> a="\x55"
>>> a
'U'
```

下面的案例是显示八进制数值是 106 的 ASCII 码：

```
>>> a= "\106"
>>> a
'F'
```

4. 加入反斜杠字符（\\）

如果需要在字符串内加上反斜杠字符，可以在反斜杠符号前多加一个反斜杠符号，例如：下面的案例中字符串包含反斜杠字符。

```
>>> print ("\\d")
```

```
\d
>>> print (R"\e,\f,\e")
\e,\f,\e
```

5.2　字符串的编码转换

微视频

在 Python 3.x 中，默认采用的编码格式为 UTF-8。采用这种编码有效地解决了中文乱码的问题。UTF-8 是国际通用编码，采用 1 字节表示英文字符，3 字节表示中文。

在 Python 中，有两种常用的字符串类型，分别为 str 和 bytes。其中，str 表示 Unicode 字符；bytes 表示二进制数据。这两种类型的字符串不能拼接在一起使用。str 在内存中以 Unicode 表示，一个字符对应若干字节。如果在网络上传输或者保存在磁盘上，就需要把 str 转换成 bytes 类型，既字节类型。

☆**大牛提醒**☆

bytes 类型的数据是带有 b 前缀的字符串。例如，b'\xe4\xba\xba\xe7\x94\x9f\xe8 就是 bytes 类型的数据。

str 类型和 bytes 类型之间可以通过 encode() 和 decode() 方法进行转换，这两个方法是互逆的过程。encode() 方法以指定的编码格式编码字符串。语法格式如下：

```
str.encode(encoding='UTF-8',errors='strict')
```

参数 encoding 为要使用的编码方式，默认值为 UTF-8；参数 errors 可以指定不同的错误处理方案。该方法返回编码后的字符串。

☆**大牛提醒**☆

encode() 方法只是修改了字符串的编码方式，并不会修改字符串的内容。

decode() 方法以指定的编码格式解码 bytes 对象。语法格式如下：

```
bytes.decode(encoding="utf-8", errors="strict")
```

参数 encoding 为要使用的编码方式，默认值为 UTF-8；参数 errors 可以指定不同的错误处理方案。该方法返回解码后的字符串。

【例 5.4】字符串的编码和解码（源代码\ch05\5.4.py）。

```
str = "人生苦短我学 Python";
str_utf8 = str.encode("UTF-8")
str_gb2312 = str.encode("GB2312")
print(str)
print("UTF-8 编码: ", str_utf8)
print("GB2312 编码: ", str_gb2312)
print("UTF-8 解码: ", str_utf8.decode('UTF-8','strict'))
print("GB2312 解码: ", str_gb2312.decode('GB2312','strict'))
```

程序运行结果如图 5-4 所示。

```
======================= RESTART: D:/python/ch05/5.4.py =======================
人生苦短我学Python
UTF-8 编码: b'\xe4\xba\xba\xe7\x94\x9f\xe8\x8b\xa6\xe7\x9f\xad\xe6\x88\x91\xe5\xad\xa6Python'
GB2312编码: b'\xc8\xcb\xc9\xfa\xbf\xe0\xb6\xcc\xce\xd2\xd1\xa7Python'
UTF-8 解码: 人生苦短我学Python
GB2312 解码: 人生苦短我学Python
```

图 5-4　例 5.4 的程序运行结果

微视频

5.3　正则表达式和 re 模块

正则表达式是字符串，它包含文本和特殊字符。re 模块可以执行正则表达式的功能。利用文字与特定字符的混合，可以定义复杂的字符串匹配与取代类型。

5.3.1　正则表达式的特定字符

正则表达式所用的特定字符如表 5-2 所示。

表 5-2　正则表达式所用的特定字符

特 定 字 符	说　　　明
\w	匹配字母与数字的字符，包含下画线 "_" 符号
\W	匹配非字母或数字的字符
\s	匹配 white space 字符，包含 tab、newline、form feed 及换行字符
\S	匹配非 white space 字符
\d	匹配数字
\D	匹配非数字
[\b]	匹配 backspace 字符
.	匹配 newline 以外的任何字符
[···]	匹配中括号[]内的任何字符
[^···]	匹配不在中括号[]内的任何字符
[x-y]	匹配 x 到 y 之间的任何字符
[^x-y]	匹配不在 x 到 y 之间的任何字符
{x,y}	匹配上一个搜索目标的次数至少 x 次，但是不可以超过 y 次
{x,}	匹配上一个搜索目标的次数至少 x 次
{x}	匹配上一个搜索目标的次数正好 x 次
?	匹配上一个搜索目标的次数只有一次或没有符合
+	匹配上一个搜索目标的次数至少一次
*	匹配上一个搜索目标的次数是任何次数或没有符合
|	匹配|符号左边或右边的搜索字符
(···)	将小括号()内的所有搜索字符集合成一个新的搜索字符
\x	匹配 x 集合的相同搜索字符
^	匹配字符串的开头，或者在多行模式中匹配每一行的开头
$	匹配字符串的结尾，或者在多行模式中匹配每一行的结尾
\b	匹配字母、数字的字符，以及非字母、数字的字符之间的字符
\B	不匹配字母、数字的字符，以及非字母、数字的字符之间的字符

如果用户要在正则表达式内使用?、*、+或换行等符号，就必须使用表 5-3 所示的字符。

表 5-3　正则表达式内的特殊字符

特 殊 字 符	说　　　明
\f	Form feed
\n	Newline
\r	换行

续表

特 殊 字 符	说　　明
\t	Tab
\v	Vertical tab
\/	/符号
\\	\符号
\.	.符号
*	*符号
\+	+符号
\?	?符号
|	|符号
\(	(符号，小括号的左边
\)	)符号，小括号的右边
\[	[符号，中括号的左边
\]	]符号，中括号的右边
\{	{符号，大括号的左边
\}	}符号，大括号的右边
\XXX	八进制数字 XXX 所代表的 ASCII 字符
\xHH	十六进制数字 HH 所代表的 ASCII 字符
\cX	X 所代表的控制字符

5.3.2　re 模块的方法

re 模块的主要功能是通过正则表达式来操作字符串。在使用 re 模块时，需要先使用 import
语句引入，语法格式如下：

```
import re
```

下面讲述 re 模块中常见的操作字符串的方法。

1. 匹配字符串

通过 re 模块中的 match()、search()和 findall()方法可以匹配字符串。

（1）match()。match()方法用于从字符串的开始处进行匹配，如果在起始位置匹配成功，则
返回 Match 对象；如果不是在起始位置匹配成功，则返回 None。

match()方法的语法格式如下：

```
re.match(pattern, string, flags=0)
```

其中，参数 pattern 用于匹配的正则表达式；参数 string 用于要匹配的字符串；参数 flags 用于控
制正则表达式的匹配方式，如是否区分大小写、多行匹配等。如果匹配成功，match()方法返回
一个匹配的对象，否则返回 None。

【例 5.5】验证输入的手机号是否为中国移动的号码（源代码\ch05\5.5.py）。

这里首先需要导入 re 模块，然后定义一个验证手机号码的模式字符串，最后使用 match()
方法验证输入的手机号是否和模式字符串匹配。

```
import re                                    #导入 Python 的 re 模块
print("欢迎进入中国移动电话号码验证系统")
s1 = r'(13[4-9]\d{8})$|(15[01289]\d{8}$)'
```

```
s2 = input("请输入需要验证的电话号码: ")        #输入需要验证的电话号码
match = re.match(s1,s2)                      #进行模式匹配
if match==None:                              #判断是否为 None，为真表示匹配失败
    print("您输入的号码不是中国移动的电话")
else:
    print("您输入的号码是中国移动的电话")
```

程序运行结果如图 5-5 所示。

```
================= RESTART: D:\python\ch05\5.5.py
欢迎进入中国移动电话号码验证系统
请输入需要验证的电话号码: 13612345678
您输入的号码是中国移动的电话
```

图 5-5　例 5.5 的程序运行结果

（2）search()。search()方法用于扫描整个字符串并返回第一个成功的匹配。语法格式如下：

```
re.search(pattern, string, flags=0)
```

其中，参数 pattern 用于匹配的正则表达式；参数 string 用于要匹配的字符串；参数 flags 用于控制正则表达式的匹配方式，如是否区分大小写、多行匹配等。如果匹配成功，match()方法返回一个匹配的对象，否则返回 None。

与 match()方法不同的是，search()方法既可以在起始位置匹配，也可以不在起始位置匹配。例如下面的代码：

```
import re
print(re.search('www', 'www.bczj123.com').span())      #在起始位置匹配
print(re.search('123', 'www.bczj123.com').span())      #不在起始位置匹配
```

运行结果如下：

```
(0, 3)
(8, 11)
```

【例 5.6】 敏感字过滤系统（源代码\ch05\5.6.py）。

假设敏感字为渗透、攻击、脚本，如果输入的字符串中含有敏感字中的任意一个，将会有警告提示，否则安全通过。

```
import re                                    #导入 Python 的 re 模块
print("欢迎进入敏感字过滤系统")
s1 = r'(渗透)|(攻击)|(脚本)'                   #模式字符串
s2 = input("请输入需要验证的文字: ")            #输入需要验证的字符串
match = re.search(s1,s2)                      #进行模式匹配
if match==None:                              #判断是否为 None，为真表示匹配失败
    print("您输入的文字安全通过！！")
else:
    print("警告！您输入的文字存在敏感字，请重新整理后输入！")
```

程序运行结果如图 5-6 所示。

```
================= RESTART: D:/python/ch05/5.6.py =========
欢迎进入敏感字过滤系统
请输入需要验证的文字: 我最近在研究渗透技术，这是一种攻击方式！！
警告！您输入的文字存在敏感字，请重新整理后输入！
```

图 5-6　例 5.6 的程序运行结果

☆**大牛提醒**☆

match()方法只匹配字符串的开始，如果字符串开始不符合正则表达式，则匹配失败，函数返回 None；而 search()方法匹配整个字符串，直到找到一个匹配项。

（3）findall()。findall()方法用于在字符串中找到正则表达式所匹配的所有子串，并返回一个列表，如果没有找到匹配项，则返回空列表。

☆**大牛提醒**☆

match()和 search()方法是匹配一次，而 findall()方法匹配所有。

findall()的语法格式如下：

```
findall(string[, pos[, endpos]])
```

其中，参数 string 是待匹配的字符串；pos 为可选参数，指定字符串的起始位置，默认为 0；endpos 为可选参数，指定字符串的结束位置，默认为字符串的长度。

【例 5.7】数字挑选系统（源代码\ch05\5.7.py）。

对输入的字符串进行挑选，如果发现数字，挑选出来。

```
import re                              #导入 Python 的 re 模块
print("欢迎进入数字挑选系统")
s1 = re.compile(r'\d+')               #查找数字
s2 = input("请输入需要挑选的字符串: ")    #输入需要挑选的字符串
result = s1.findall(s2)
print(result)
```

程序运行结果如图 5-7 所示。

2. 替换字符串

通过 re 模块中的 sub()方法可以替换字符串中的匹配项。语法格式如下：

```
re.sub(pattern, repl, string, count=0, flags=0)
```

其中，参数 pattern 是正则表达式中的模式字符串；repl 是要替换的字符串，也可为一个函数；参数 string 要被查找替换的原始字符串；参数 count 是模式匹配后替换的最大次数，默认为 0，表示替换所有的匹配项。

【例 5.8】替换字符串中的非数字和特殊符号（源代码\ch05\5.8.py）。

```
import re
numb = "0408-1111-1189 #这是一个学生的编号"
#删除字符串中的 Python 注释
nums = re.sub(r'#.*$', "", numb)
print ("学生的编号是: ", nums)
#删除非数字(-)的字符串
numd = re.sub(r'\D', "", numb)
print ("学生的新编号是: ", numd)
```

程序运行结果如图 5-8 所示。

```
========================= RESTART: D:/python/ch05/5.7.py
欢迎进入数字挑选系统
请输入需要挑选的字符串: www.bczj123.com
['123']
```

图 5-7　例 5.7 的程序运行结果

```
========================= RESTART: D:/python/ch05/5.8.py
学生的编号是:  0408-1111-1189
学生的新编号是:  040811111189
```

图 5-8　例 5.8 的程序运行结果

3. 分割字符串

通过 re 模块中的 split()方法可以分割字符串。split()方法按照能够匹配的子串将字符串分割后返回列表。语法格式如下：

```
re.split(pattern, string[, maxsplit=0, flags=0])
```

其中，参数 pattern 是正则表达式中的模式字符串；参数 string 为要被分割的字符串；参数 maxsplit 是分隔次数，maxsplit=1 表示分隔一次，默认为 0，不限制次数；参数 flags 用于控制正则表达式的匹配方式，如是否区分大小写、多行匹配等。

【例 5.9】使用正则表达式输出被标星的好友（源代码\ch05\5.9.py）。

```
import re
s1 = "*张三丰*李一真*陶渊明*李白"
pattern = r'\*'
ls= re.split(pattern,s1)              #以*分隔字符串
print ("您的标星好友是: ")
for im in ls:
    if im != " ":                     #输出不为空的元素
        print(im)                     #输出每个好友时，去掉*符号
```

程序运行结果如图 5-9 所示。

```
========================= RESTART: D:/python/ch05/5.9.py
您的标星好友是:

张三丰
李一真
陶渊明
李白
```

图 5-9　例 5.9 的程序运行结果

5.4　格式化字符串

微视频

Python 语言支持格式化字符串的输出。字符串格式化使用字符串操作符百分号（%）来实现。在百分号的左侧放置一个字符串（格式化字符串），右侧放置希望被格式化的值。可以使用一个值，如一个字符串或数字，也可以使用多个值的元组或字典。例如：

```
>>>x = "我这次%s的考试成绩为%d分。"
>>>y = ('数学',98)
>>>z= x % y
>>>print (z)
我这次数学的考试成绩为 98 分。
```

%左边放置了一个待格式化的字符串，右边放置的是希望格式化的值。格式化的值可以是一个字符串或数字。

上述%s 和%d 为字符串格式化符号，标记了需要放置转换值的位置。其中，s 表示百分号右侧的值会被格式化为字符串，d 表示百分号右侧的值会被格式化为整数。

Python 语言中字符串格式化符号如表 5-4 所示。

这里特别指出，若格式化浮点数，则可以提供所需要的精度，即一个句点加上需要保留的小数点位数。因为格式化字符总是以类型的字符结束，所以精度应该放在类型字符前面。例如：

```
>>> x = "我这次数学的考试成绩为%.1f分。"
>>> y =98.5
>>> z= x % y
>>> print (z)
我这次数学的考试成绩为 98.5 分。
```

如果不指定精度，默认情况下就会显示 6 位小数。例如：

表 5-4 Python 语言中字符串格式化符号

字符串格式化符号	含　义
%c	格式化字符及其 ASCII 码
%s	格式化字符串
%d	格式化整数
%u	格式化无符号整型
%o	格式化无符号八进制数
%x	格式化无符号十六进制数
%f	格式化浮点数字，可指定小数点后的精度
%e	用科学记数法格式化浮点数
%p	用十六进制数格式化变量的地址

```
>>> x = "我这次数学的考试成绩为%f 分。"
>>> y =98.5
>>> z= x % y
>>> print (z)
我这次数学的考试成绩为 98.500000 分。
```

如果要在格式化字符串中包含百分号，就必须使用%%，这样 Python 才不会将百分号误认为格式化符号。例如：

```
>>>x = "今年销售额比去年提升了: %.1f%%"
>>>y =18.6
>>>z=x % y
>>>print (z)
今年销售额比去年提升了: 18.6%
```

5.5　新手疑难问题解答

疑问 1：如何获取字符串中的字符数目？

解答：使用 len 关键词可以得到字符串中的字符数目。例如：

```
>>> len("hello")
5
```

疑问 2：如何对字符串中的大小写字母进行快速转换？

解答：swapcase()方法用于对字符串的大小写字母进行转换，即将字符串中小写字母转换为大写字母、大写字母转换为小写字母。

swapcase()方法的语法格式如下：

```
str.swapcase ()
```

其中，str 为指定需要查找的字符串，该方法没有参数。返回结果为大小写字母转换后生成的新字符串。例如：

```
>>> s1 =" Constant dropping wears the stone"
>>> print ('原始的字符串: ',s1)
原始的字符串:  Constant dropping wears the stone
>>> print('转换后的字符串: ',s1.swapcase())
转换后的字符串:  CONSTANT DROPPING WEARS THE STONE
```

疑问 3：能对字符串进行比较大小吗？

解答：使用大于（>）、等于（==）和小于（<）逻辑运算符比较两个字符串的大小。例如：

```
>>>a="hello"
>>>b="world"
>>> a>b
False
>>> a==b
False
>>> a<b
True
```

5.6 实战训练

解题思路

实战 1：反向输出一个正整数。

编写 Python 程序，输入一个正整数，再求其是几位数，然后按逆向输出各个数字。程序运行结果如图 5-10 所示。

```
======================= RESTART: D:/python/ch05/5.10.py
输入一个正整数：123456
6位数
654321
```

图 5-10 实战 1 的程序运行结果

实战 2：判断输入的内容是否是回文串。

编写 Python 程序，判断输入的字符串是否是回文串。回文串是正读和反读都一样的字符串。例如 "12321" 和 "abcba" 都是回文串。程序运行结果如图 5-11 所示。

```
======================= RESTART: D:/python/ch05/5.11.py
请输入需要判断的字符串：123454321
您输入的是回文串
```

图 5-11 实战 2 的程序运行结果

实战 3：设计敏感字符替换系统。

假设敏感字为 "渗透" 和 "攻击"，如果输入的字符串中含有敏感字，将被替换为对应的新字符：##。程序运行结果如图 5-12 所示。

```
=========== RESTART: D:/python/ch05/5.12.py ==========
欢迎进入敏感字替换系统
请输入需要替换的文字：我最近在研究渗透技术，这是一种新的攻击方式！
我最近在研究##技术，这是一种新的##方式！
```

图 5-12 实战 3 的程序运行结果

实战 4：验证注册会员名是否唯一，不区分大小写。

在注册系统会员时，要求会员名必须是唯一的，并且不区分大小写。例如，TIM 和 tim 是重名的。程序运行结果如图 5-13 所示。

```
======================= RESTART: D:/python/ch05/5.13.py
请输入要注册的会员名称：11xiao
这个会员名称已经被注册，请重新换个新名字吧！
```

图 5-13 实战 4 的程序运行结果

第6章

精通函数

在实际的开发过程中，有些代码块可能会被重复使用，如果每次使用时都去复制，势必影响开发效率。为此，可以将这些代码块设计成函数，下次使用时直接调用函数名称即可。本章重点讲解 Python 语言中函数的使用方法和技巧。

6.1　创建和调用函数

微视频

根据实际工作的需求，用户可以自己创建和调用函数，从而提高工作效率。

6.1.1　创建函数

在 Python 语言中，创建函数需要使用 def 关键字，其语法格式如下：

```
def 函数名称(参数1, 参数2, …):
    "文件字符串"
    <语句>
```

"文件字符串"是可省略的，用来作为描述此函数的字符串。如果"文件字符串"存在，那么必须是函数的第一条语句。

☆**大牛提醒**☆

在创建函数的过程中，参数不是必须的，但即使没有参数，也不能省略()，否则会报错。

定义一个函数的规则如下：

（1）函数代码块以 def 关键字开头，后接函数标识符名称和小括号 ()。

（2）任何传入参数和自变量必须放在小括号中间，小括号之间可以用于定义参数。

（3）函数的第一行语句可以选择性地使用文档字符串，用于存放函数说明。

（4）函数内容以冒号起始，并且缩进。

（5）return [表达式] 结束函数，选择性地返回一个值给调用方。不带表达式的 return 相当于返回 None。

下面创建一个函数 sum(x, y)：

```
def sum(x,y):
    "计算两个数的和"
```

```
return x + y
```

☆**大牛提醒**☆

这里的注释和函数体的内容必须和 def 关键字保持一定的缩进，否则会报错。如果需要创建一个空函数，可以使用 pass 语句作为占位符。

下面定义一个过滤敏感字的函数，代码如下：

```
def savestring(s):
import re                        #导入 Python 的 re 模块
print("欢迎进入敏感字过滤系统")
s1 = r'(渗透)|(攻击)|(脚本)'       #模式字符串
match = re.match(s1,s)           #进行模式匹配
if match==None:                  #判断是否为 None，为真表示匹配失败
    print("您输入的文字安全通过！！")
else:
    print("警告！您输入的文字存在敏感字，请重新整理后输入！")
```

运行上述代码，并不会有任何内容显示，这里只是创建了函数，但还没有调用函数。

6.1.2 调用函数

函数创建完成后，只有调用该函数，才能执行函数体的内容。

例如，调用上一节的函数 savestring(s)，代码如下：

```
savestring("我正在研究渗透技术！")
```

运行结果如下：

```
欢迎进入敏感字过滤系统
警告！您输入的文字存在敏感字，请重新整理后输入！
```

☆**经验之谈**☆

在 Python 语言中，读者可以先将函数名称设置为变量，然后使用该变量运行函数的功能。例如：

```
>>>x = int
>>>x(3.1415926)
3
```

从结果可以看出，int()函数是 Python 语言程序的内置函数，这里直接将函数名称设置为变量 x，通过变量 x 即可运行该函数。

6.2 参数传递

微视频

Python 语言中，函数的参数传递都是使用传址调用的方式。传址调用就是将该参数的内存地址传过去，若参数在函数内被更改，则会影响原有的参数。调用函数时可使用的参数类型包括形参和实参、必需参数、关键字参数、默认参数、可变参数。下面分别介绍它们的使用方法和技巧。

6.2.1 形参和实参

函数的参数分为形参和实参两种。形参出现在函数定义中，在整个函数体内都可以使用，离开该函数则不能使用。实参在调用函数时传入。

1. 形参与实参的概念

形式参数：在函数定义中出现的参数，可以被看作一个占位符，它没有数据，只能等到函数被调用时接收传递进来的数据，所以称为形式参数，简称形参。

实际参数：函数被调用时给出的参数，包含实实在在的数据，会被函数内部的代码使用，所以称为实际参数，简称实参。

2. 参数的功能

形参和实参的功能是数据传送，发生函数调用时，实参的值会传送给形参。

3. 形参和实参的特点

（1）形参变量只有在函数被调用时才会分配内存，调用结束后立刻释放内存，所以形参变量只有在函数内部有效，不能在函数外部使用。

（2）实参可以是常量、变量、表达式、函数等，无论实参是何种类型的数据，在进行函数调用时，都必须有确定的值，以便把这些值传送给形参，所以应该提前用赋值、输入等办法使实参获得确定值。

（3）实参和形参在数量上、类型上、顺序上必须严格一致，否则会发生"类型不匹配"的错误。

☆**大牛提醒**☆

函数调用中发生的数据传送是单向的，即只能把实参的值传送给形参，而不能把形参的值反向地传送给实参。因此在函数调用过程中，形参值发生改变时，实参的值不会承受之变化。

【例 6.1】形参和实参的应用（源代码\ch06\6.1.py）。

```
def sfilm(name1,name2):          #定义函数时，函数的参数就是形参
    "导演为剧本选角色"
    print ("导演选择的主角是: ", name1)
    print ("导演选择的配角是: ", name2)
    return

sfilm ("刘备", "孙尚香")          #调用函数时，将实参赋值给形参 name1 和 name2
```

程序运行结果如图 6-1 所示。

```
========================= RESTART: D:/python/ch06/6.1.py
导演选择的主角是:  刘备
导演选择的配角是:  孙尚香
```

图 6-1　例 6.1 的程序运行结果

☆**大牛提醒**☆

在定义函数时，函数的参数就是形参，形参即形式上的参数，它代表参数，但是不知道具体代表的是什么参数。实参就是调用函数时的参数，即具体的、已经知道的参数。

在 Python 语言中，根据实参类型的不同，可以分为将实参的值传递给形参和将实参的引用传递给形参两种情况。当实参为不可变对象时，进行值传递；当实参为可变对象时，进行引用传递。它们之间的区别是，进行值传递后，如果改变形式参数的值，实参的值不变；进行引用传递后，如果改变形参的值，实参的值也一同改变。

例如，字符串类型的变量为不可变对象，而列表类型的变量为可变对象。下面通过案例来讲解什么时候会进行值传递，什么时候会进行引用传递。

【例 6.2】值传递和引用传递的应用（源代码\ch06\6.2.py）。

```
def passon(x):
    print("原始值是: ",x)
    x+=x
```

```
print("下面进行值传递！")
a = "富贵非所愿，与人驻颜光。"                    #这里的字符串是不可变对象
print("函数调用前: ",a)
passon(a)
print("函数调用后: ",a)

print("下面进行引用传递！")
b = ["苹果", "香蕉", "西瓜", "荔枝"]              #这里的列表是可变对象
print("函数调用前: ",b)
passon(b)
print("函数调用后: ",b)
```

程序运行结果如图 6-2 所示。

```
======================== RESTART: D:/python/ch06/6.2.py ========================
下面进行值传递！
函数调用前: 富贵非所愿，与人驻颜光。
原始值是: 富贵非所愿，与人驻颜光。
函数调用后: 富贵非所愿，与人驻颜光。
下面进行引用传递！
函数调用前: ['苹果','香蕉','西瓜','荔枝']
原始值是: ['苹果','香蕉','西瓜','荔枝']
函数调用后: ['苹果','香蕉','西瓜','荔枝','苹果','香蕉','西瓜','荔枝']
```

图 6-2　例 6.2 的程序运行结果

6.2.2　必需参数

必需参数要求用户必须以正确的顺序传入函数。调用时的数量必须和声明时的一样，设置函数的参数时，须依照它们的位置排列顺序。例如：

```
>>>def fruits(x, y):
print("今日"+x+"的价格是: ",y)
>>> fruits("苹果", 12.6)
今日苹果的价格是: 12.6
```

从结果可以看出，调用函数 fruits ("苹果", 12.6)时，x 参数等于"苹果"，y 参数等于 12.6，因为 Python 程序会根据参数排列的顺序来取值。

如果调用 fruits ()函数时没有传入参数或传入参数与声明不同，就会出现语法错误。例如：

```
>>> fruits()                    #不输入参数
Traceback (most recent call last):
  File "<pyshell#21>", line 1, in <module>
    fruits()
TypeError: fruits() missing 2 required positional arguments: 'x' and 'y'
>>> fruits ("香蕉",18.9,6.8)    #输入超过两个参数
Traceback (most recent call last):
  File "<pyshell#22>", line 1, in <module>
    fruits ("香蕉",18.9,6.8)
TypeError: fruits() takes 2 positional arguments but 3 were given
```

从结果可以看出，无论是不传入参数还是传入的参数多于两个，都会提示报错信息。第一个错误信息表示需要传入 x 和 y 的值；第二个错误信息表示传入的参数为三个，多于规定的两个参数。由此可见，对于包含必需参数的函数，在传递参数时需要保证参数的个数正确无误。

☆大牛提醒☆

函数调用参数时，传递的实参的位置和形参的位置不一致时，不一定都会抛出异常。例如，

当两个参数的类型相同时，不按顺序传入参数也不会报错，但是结果会和预期不同。所以在调用函数时，一定要确定好顺序。

6.2.3　关键字参数

用户可以直接设置参数的名称及其默认值，这种类型的参数属于关键字参数。

在设置函数的参数时，可以不依照它们的位置排列顺序，因为 Python 解释器能够用参数名匹配参数值。

例如，调用上一节中的函数，可以使用以下 3 种方法：

```
fruits("苹果", 12.6)              #按参数顺序传入参数
fruits(x="苹果",y=12.6)          #按参数顺序传入参数，并指定参数名
fruits(y=12.6,x="苹果")          #不按参数顺序传入参数，并指定参数名
```

用户可以将必需参数与关键字参数混合使用，但必须将必需参数放在关键字参数之前。例如下面的调用方式：

```
fruits("苹果",y=12.6)            #必需参数与关键字参数混合使用
```

6.2.4　默认参数

调用函数时，若没有传递参数，则会抛出异常。为了解决这个问题，可以为参数设置默认值。例如下面的代码：

```
def ns( name, score=660 ):        #设置 score 参数的默认值为 660
    print ("姓名: ", name)
    print ("高考总分: ", score)
    return

ns(name="王鹏飞", score=586 )     #传递参数，不使用默认参数值
ns(name="朱莉" )                  #没有传递 score 参数值，使用默认参数值
```

程序运行结果如下：

```
姓名: 王鹏飞
高考总分: 586
姓名: 朱莉
高考总分: 660
```

在本例中，首先定义一个函数 ns (name, score=660)，这里变量 score 的默认值为 660。当第一次调用该函数时，因为指定了变量 score 的值为 586，所以输出值也为 586；第二次调用该函数时，因为没有指定变量 score 的值，所以结果将会输出变量 score 的默认值（660）。

当使用默认参数时，参数的位置排列顺序可以任意改变。若每个参数值都定义了默认参数，则调用函数时可以不设置参数，使用函数定义时的参数默认值。

```
>>> def sm(x=100, y=200 ):
    return x+y

>>> sm()     #没有传递参数，使用默认参数值
300
```

☆**大牛提醒**☆

定义函数时，为参数设置默认值时，需要特别注意，该参数必须指向不可变对象。

6.2.5 可变参数

如果用户在声明参数时不能确定需要使用多少个参数，就使用可变参数。可变参数不用命名，其基本语法如下：

```
def functionname([formal_args,] *var_args_tuple ):
   "函数_文档字符串"
   function_suite
   return [expression]
```

加了星号（*）的变量名会存放所有未命名的变量参数。如果在函数调用时没有指定参数，它就是一个空元组。用户也可以不向函数传递未命名的变量。

【例6.3】可变参数的综合应用（源代码\ch06\6.3.py）。

```
def goods(x,*args):
   print(x)
   for y in args:
       print("可变参数为: ",y)
   return


print("不带可变参数")
goods("冰箱")
print("带两个可变参数")
goods("冰箱","洗衣机",3866)
print("带 6 个可变参数")
goods("冰箱","洗衣机",3866,"空调",7800,"电视机",8600)
```

程序运行结果如图 6-3 所示。

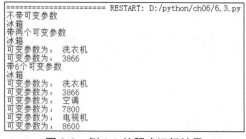

图6-3　例6.3的程序运行结果

从结果可以看出，用户无法预定参数的数目时，可以使用*arg 类型的参数，*arg 代表一个元组对象。在定义函数时，只定义两个参数，调用时可以传入两个以上的参数，这就是可变参数的优势。

用户也可以使用**arg 类型的参数，**arg 代表一个字典对象。

【例6.4】**arg 类型的应用（源代码\ch06\6.4.py）。

```
def goods(**args):
   print ("名称 = ")
   for a in args.keys():
      print (a)
   print ("价格 = ")
   for b in args.values():
      print (b)
```

```
goods(冰箱= 4600, 空调= 6800, 洗衣机 = 3800)
```

保存并运行程序，结果如图 6-4 所示。

```
====================== RESTART: D:/python/ch06/6.4.py
名称 =
冰箱
空调
洗衣机
价格 =
4600
6800
3800
```

图 6-4　例 6.4 的程序运行结果

6.3　返回值

微视频

return 语句用于退出函数，有选择性地向调用方返回一个表达式。不带参数值的 return 语句返回 None。

下面通过示例来讲解 return 语句返回数值的方法。

【例 6.5】有返回值的函数（源代码\ch06\6.5.py）。

```
def sum(x, y ):
    tm = x + y
    print ("求两个数的和：", tm)
    return tm

sum( 188.5, 86.4 )
```

程序运行结果如图 6-5 所示。

```
====================== RESTART: D:/python/ch06/6.5.py
求两个数的和： 274.9
```

图 6-5　例 6.5 的程序运行结果

函数的返回值可以是一个表达式。例如：

```
>>>def number(x, y):
return (x+5) * (y +4)

>>> number (15, 20)
480
```

函数的返回值可以是多个，此时返回值以元组对象的类型返回。例如：

```
>>> def swapxy(x, y):
    z=x
    x=y
    y=z
    return x, y

>>> a,b=swapxy(144,266)
>>> print(a,b)
266 144
```

若函数没有返回值，则返回 None。例如：

```
>>> def ft ():
        return
```

```
>>> rt = ft()
>>> print (rt)
None
```

☆**大牛提醒**☆

如果没有 return 语句，那么函数执行完毕也会返回结果，只是结果为 None。

微视频

6.4 变量作用域

Python 语言程序中，变量并不是在哪个位置都可以访问。变量的访问权限决定了这个变量在哪里赋值，而变量的作用域决定了该变量在哪一部分程序可以访问哪个特定的变量名称。

变量作用域包括全局变量和局部变量。其中，定义在函数内部的变量拥有一个局部作用域，定义在函数外的变量拥有全局作用域。

在函数之外定义的变量属于全局变量，用户可以在函数内使用全局变量。例如：

```
>>> x = 1
>>> def get (y = x+1):return y
```

在本例子中，x 就是一个全局变量。在函数 get(y = x+100)中将变量 x 的值加 100 后赋给变量 y。

当用户在函数内定义的变量名称与全局变量名称相同时，函数内定义的变量不会改变全局变量的值。因为函数内定义的变量属于局部命名空间，而全局变量则属于全局命名空间。

☆**大牛提醒**☆

尽管 Python 语言允许全局变量和局部变量同名，但是在实际开发的过程中，不建议这样做，因为容易让代码混乱，很难分清哪些是全局变量，哪些是局部变量。

例如下面的例子：

```
>>>x = 1
>>> def chx():
      x = 2
      return x
>>> x
1
>>> chx()
2
```

在本例子中，第一次调用的 x 为全局变量，第二次调用的 x 为局部变量。

如果要在函数内改变全局变量的值，就必须使用 global 关键字。

例如下面的例子：

```
>>>x = 1
>>>def chax():
    global x
    x = 2
    return x
>>> chax()
2
>>> x
2
```

在本例子中，首先定义一个全局变量 x，然后定义函数 chax()，该函数通过使用 global 关键字，将 x 的值修改为 2。

6.5　匿名函数

微视频

所谓匿名，即不再使用 def 语句这样的标准形式定义一个函数。Python 语言程序中，使用 lambda 创建一个匿名函数。

下面定义一个返回参数之差的函数。

```
def f(x,y):
return x-y
```

用户的函数只有一个表达式，可以使用 lambda 运算符来定义这个函数。

```
f = lambda x, y: x - y
```

那么，lambda 表达式有什么用处呢？很多人提出了质疑，lambda 与普通的函数相比，就是省去了函数名称而已，同时这样的匿名函数又不能共享在别的地方调用。

其实，lambda 还是有很多优点的，主要包含如下：

（1）在 Python 语言程序中写一些执行脚本时，使用 lambda 可以省去定义函数的过程，让代码更加精简。

（2）对于一些抽象的、不会在其他地方再重复使用的函数，取名字也是一个难题，而使用 lambda 则不需要考虑命名问题。

（3）在某些时候，使用 lambda 会让代码更容易理解。

当然，匿名函数也有一些规则需要谨记，如：

（1）若只有一个表达式，则必须有返回值。

（2）可以没有参数，也可以有一个或多个参数。

（3）不能有 return。

lambda 语句中，冒号前是参数（可以有多个），用逗号隔开冒号右边的返回值。lambda 语句构建的其实是一个函数对象。

例如，定义一个计算圆面积的匿名函数。

```
import math                              #导入 math 模块
r = float(input("请输入圆的半径："))        #输入圆的半径
area = lambda r:math.pi*r*r              #计算圆面积的 lambda 表达式
print(area(r))
```

程序运行结果如下：

```
请输入圆的半径：12.5
490.8738521234052
```

6.6　新手疑难问题解答

疑问 1：为什么默认参数必须指向不可变对象？

解答：如果使用可变对象作为函数参数的默认值，多次调用可能会导致意料之外的情况。

下面通过案例来讲解。

```
def dd(bb=[]):                          #定义函数并为参数bb指定默认值为空列表
    print("bb 的值是: ",bb)
bb.append(10)
```

下面连续两次调用 dd() 函数，并且都不指定实参，代码如下：

```
dd()                                    #调用 dd() 函数
dd()                                    #再次调用 dd() 函数
```

运行结果如下：

```
>>> dd()
bb 的值是:  []
>>> dd()
bb 的值是:  [10]
```

从结果可以看出，默认值发生了意外，并不是我们想要的结果。

疑问 2：如何查看函数参数的默认值？

解答：在 Python 语言程序中，可以使用函数名.__defaults__ 来查看函数的默认值参数的当前值，其结果是一个元组。例如下面的函数：

```
def nss( name, price=8.66 ):            #设置 price 参数的默认值为 8.66
    print ("名称: ", name)
    print ("价格: ", price)
    return
```

下面查看默认值参数 price 的当前值，代码如下：

```
nss.__defaults__
```

查看结果如下：

```
(8.66,)
```

解题思路

6.7　实战训练

实战 1：模拟超市的促销活动。

编写 Python 语言程序，模拟超市的促销活动，实现以下效果：

（1）消费满 100 元可享受 9.5 折优惠。

（2）消费满 500 元可享受 9 折优惠。

（3）消费满 1 000 元可享受 8.5 折优惠。

（4）消费满 2 000 元可享受 8 折优惠。

程序运行结果如图 6-6 所示。

```
==================== RESTART: D:/python/ch06/6.6.py
进入超市结算系统！
请输入商品的金额（输入0表示输入完毕）: 450
请输入商品的金额（输入0表示输入完毕）: 88.6
请输入商品的金额（输入0表示输入完毕）: 350
请输入商品的金额（输入0表示输入完毕）: 560
请输入商品的金额（输入0表示输入完毕）: 128
请输入商品的金额（输入0表示输入完毕）: 0
本次消费总金额: 1576.6 本次应付总金额: 1340.11
```

图 6-6　实战 1 的程序运行结果

实战 2：利用函数解决汉诺塔问题。

汉诺塔问题源于印度一个古老的传说：有三根柱子，首先在第一根柱子从下向上按照大小顺序摆放 64 片圆盘；然后将圆盘从下开始同样按照大小顺序摆放到另一根柱子上，并且规定小圆盘上不能摆放大圆盘，在三根柱子之间每次只能移动一个圆盘；最后移动的结果是将所有圆盘通过其中一根柱子全部移动到另一根柱子上，并且摆放顺序不变。

以移动三个圆盘为例，汉诺塔的移动过程如图 6-7 所示。

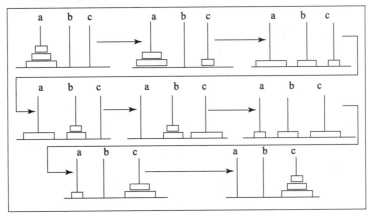

图 6-7　汉诺塔的移动过程

编写 Python 程序，解决汉诺塔问题，程序运行结果如图 6-8 所示。

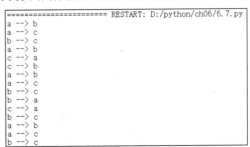

```
========================= RESTART: D:/python/ch06/6.7.py
a --> b
a --> c
b --> c
a --> b
c --> a
c --> b
a --> b
a --> c
b --> c
b --> a
c --> a
b --> c
a --> b
a --> c
b --> c
```

图 6-8　实战 2 的程序运行结果

实战 3：利用函数判断输入的日期是一年中的第几天。

编写 Python 程序，判断输入的日期是一年中的第几天。注意，这里需要考虑闰年时 2 月多加 1 天。程序运行结果如图 6-9 所示。

实战 4：报数游戏。

编写 Python 程序，实现报数游戏。有 n 个人围成一圈，顺序排号。从第一个人开始报数（从 1 到 3 报数），凡报到 3 的人退出圈子，问最后退出游戏的人是第几号人。程序运行结果如图 6-10 所示。

```
========================= RESTART: D:/python/ch06/6.8.py
请输入年份：2020
请输入月份：4
请输入日期：15
一年中的第 106 天
```

图 6-9　实战 3 的程序运行结果

```
========================= RESTART: D:/python/ch06/6.9.py
请输入玩游戏的总人数:106
最后退出游戏的人是第 4 号
```

图 6-10　实战 4 的程序运行结果

第7章

面向对象程序设计

面向对象程序设计是在面向过程程序设计的基础上发展而来的，它比面向过程编程具有更强的灵活性和扩展性。Python 是一种面向对象的语言，它可以创建类和对象，并且具有封装性、继承性和多态性。本章将对面向对象程序设计进行详细讲解。

7.1　认识面向对象

微视频

面向对象编程（OOP）是一种程序设计方法，它的核心就是将现实世界中的概念、过程和事务抽象成 C++ 中的模型，使用这些模型来进行程序的设计和构建。

7.1.1　什么是对象

对象（object）是面向对象技术的核心。可以把我们生活的真实世界看成是由许多大小不同的对象所组成。对象是指现实世界中的对象在计算机中的抽象表示，即仿照现实对象而建立的。

例如，人和汽车，都可以分别看成两个不同的对象，如图 7-1 所示。

对象是类的例化。对象分为静态特征和动态特征两种。静态特征指对象的外观、性质、属性等；动态特征指对象具有的功能、行为等。客观事物是错综复杂的，人们总是习惯从某一目的出发，运用抽象分析

图 7-1　人和汽车

的能力从众多特征中抽取具有代表性、能反映对象本质的若干特征加以详细研究。

人们将对象的静态特征抽象为属性，用数据来描述，在 Python 语言中称之为变量。将对象的动态特征抽象为行为，用一组代码来表示，完成对数据的操作，在 Python 语言中称之为方法。一个对象由一组属性和一系列对属性进行操作的方法构成。

在计算机语言中也存在对象，可以定义为相关变量和方法的软件集。对象主要由下面两部分组成：

（1）一组包含各种类型数据的属性；

（2）对属性中的数据进行操作的相关方法。

☆大牛提醒☆

由于 Python 语言是面向对象的语言，所以在 Python 语言程序中，一切都是对象，包括字符串、函数等也都是对象。

面向对象中常用的技术术语及其含义如下。

（1）类（class）：用来描述具有相同属性和方法的对象的集合。它定义了该集合中每个对象所共有的属性和方法。对象是类的例。

（2）类变量：类变量在整个例化的对象中是公用的。类变量定义在类中且在函数体之外。类变量通常不作为例变量使用。

（3）数据成员：类变量或例变量用于处理类及其例对象的相关数据。

（4）方法重写：如果从父类继承的方法不能满足子类的需求，那么可以对其进行改写，这个过程叫方法的覆盖（override），也称为方法的重写。

（5）例变量：定义在方法中的变量只作用于当前例的类。

（6）继承：即一个派生类（derived class）继承基类（base class）的字段和方法。继承也允许把一个派生类的对象作为一个基类对象对待。

（7）例化：创建一个类的例，类的具体对象。

（8）方法：类中定义的函数。

（9）对象：通过类定义的数据结构例。对象包括两个数据成员（类变量和例变量）和方法。

7.1.2　面向对象的特点

面向对象方法（object-oriented method）是一种把面向对象的思想应用于软件开发过程中，指导开发活动的系统方法，简称 OO（object-oriented）方法。object oriented 是建立在"对象"概念基础上的方法学。对象是由数据和容许的操作组成的封装体，与客观实体有着直接对应的关系。一个对象类定义了具有相似性质的一组对象，而继承性是对具有层次关系的类的属性和操作进行共享的一种方式。所谓面向对象就是基于对象概念，以对象为中心，以类和继承为构造机制，来认识、理解、刻画客观世界与设计、构建相应的软件系统。

面向对象方法作为一种新型的、独具优越性的方法正引起全世界越来越广泛的关注和高度重视，其被誉为"研究高技术的好方法"，更是当前计算机界关心的重点。

所有面向对象的编程设计语言都有三个特性，即封装性、继承性和多态性。

Python 语言有完整的面向对象（object-oriented programming，OOP）特性，面向对象程序设计提升了数据的抽象度、信息的隐藏、封装及模块化。

下面是面向对象程序的主要特性。

（1）封装性（encapsulation）：数据仅能通过一组接口函数来存取，经过封装的数据能够确保信息的隐秘性。

（2）继承性（inheritance）：通过继承的特性，衍生类（derived class）继承了其基础类（base class）的成员变量（data member）与类方法（class method）。衍生类也叫作次类（subclass）或子类（child class），基础类也叫作父类（parent class）。

（3）多态性（polymorphism）：多态允许一个函数有多种不同的接口。依照调用函数时使用的参数，类知道使用哪一种接口。Python 使用动态类型（dynamic typing）与后期绑定（late binding）实现多态功能。

7.1.3　什么是类

将具有相同属性及相同行为的一组对象称为类。广义地讲，具有共同性质的事物的集合称为类。在面向对象程序设计中，类是一个独立的单位，它有一个类名，其内部包括成员变量和成员方法，分别用于描述对象的属性和行为。

类是一个抽象的概念，要利用类的方式来解决问题，必须先用类创建一个例化的对象，然后通过对象访问类的成员变量及调用类的成员方法，来实现程序的功能。就如同"手机"本身是一个抽象的概念，只有使用了一个具体的手机，才能感受到手机的功能。

类是由使用封装的数据及操作这些数据的接口函数组成的一群对象的集合。类可以说是创建对象时所使用的模板。

7.2　定义类

微视频

类是一个用户定义类型，与大多数计算机语言一样。Python 语言程序使用关键字 class 来定义类，其语法格式如下：

```
class <ClassName>:
    '类的帮助信息'        #类文档字符串
class_suite            #类体
```

其中，ClassName 为类的名称；类的帮助信息可以通过 ClassName.__doc__ 查看；class_suite 由类成员、方法、数据属性组成。

下面是创建一个简单的类 Students：

```
class Students:
    "这是一个定义学生类的例子"
    name = "张三丰"
    def disStudents():
        print ("这个学生的名字是: "+name)
```

代码分析如下：

（1）类名称为 Students。name 是一个类变量，它的值将在这个类的所有例之间共享。用户可以在内部类或外部类使用 Students.name 访问。

（2）disStudents 是此类的方法，属于方法对象。

7.3　类的构造方法和内置属性

微视频

构造方法（constructor）是指创建对象时其本身所运行的函数。Python 语言程序使用 __init__()函数作为对象的构造方法。当用户要在对象内指向对象本身时，可以使用 self 关键字。Python 语言程序的 self 关键字与 C++语言程序的 this 关键字一样，都是代表对象本身。

例如：

```
class Goods
"这是一个商品类的例子"
  count = 0
```

```
    def __init__(self, name, price):
    self.name = name
    self.price = price
    Goods.count += 1

    def disGoods(self):
        print ("名称 : ", self.name, ", 价格: ", self.price)
```

def __init__(self)语句定义 Goods 类的构造方法，self 是必要的参数且为第一个参数。用户可以在__init__()构造方法内加入许多参数，在创建类时同时设置类的属性值。

【例 7.1】创建类的构造方法（源代码\ch07\7.1.py）。

```
#类定义
class Goods:
    #定义基本属性
    name = ' '
    factory= ' '
    #定义私有属性，私有属性在类外部无法直接进行访问
    __price= 0
    #定义构造方法
    def __init__(self,n,f,p):
        self.name = n
        self.factory = f
        self.__price = p
    def disGoods (self):
        print("%s 生产的%s 质量不错。最新款的价格是%s 元。" %( self. factory,self.name,
self.__price))

#例化类
g = Goods ('洗衣机','云尚科技',4660)
g.disGoods()
```

程序运行结果如图 7-2 所示。

```
======================= RESTART: D:/python/ch07/7.1.py
云尚科技生产的洗衣机质量不错。最新款的价格是4660元。
```

图 7-2　例 7.1 的程序运行结果

所有 Python 的类都具有下面内置属性。

（1）classname.__dict__：类内的属性是以字典对象的方式存储的。__dict__属性为该字典对象的值。例如：

```
>>>class Ss:
    "这是一个定义类的例子"
    x = 1000

>>> Ss.__dict__
mappingproxy({'__module__': '__main__', '__doc__': '这是一个定义类的例子', 'x': 1000,
'__dict__': <attribute '__dict__' of 'SS' objects>, '__weakref__': <attribute
'__weakref__' of 'SS' objects>})
```

（2）classname.__doc__：__doc__属性返回此类的文件字符串。例如：

```
>>> Ss.__doc__
'这是一个定义类的例子'
```

（3）classname.__name__：__name__属性返回此类的名称。例如：

```
>>> Ss.__name__
'Ss'
```

（4）classname.__module__：__module__属性返回包含此类的模块名称。例如：

```
>>> Ss.__module__
'__main__'
```

7.4 类例

微视频

类例（class instance）是一个 Python 对象，它是使用类所创建的对象。每一个 Python 对象都包含识别码（identity）、对象类型（object type）、属性（attribute）、方法（method）、数值（value）等属性。

7.4.1 创建类例

要创建一个类例，只需指定变量与类名称即可。例如：

```
>>>s = Ss()
```

s 是一个类例变量，注意类名称之后须加上小括号。

（1）使用 id()内置函数，可以返回类的识别码。例如：

```
>>>id(s)
2389060423184
```

（2）使用 type()内置函数，可以返回类的对象类型。例如：

```
>>> type(Ss)
<type 'class'>
>>> type(s)
<class '__main__.SS'>
```

对象的属性也叫作数据成员（data member）。当用户要指向某个对象的属性时，可以使用 object.attribute 的格式。object 是对象名称，attribute 是属性名称，所有该类的例都会拥有该类的属性。

【例 7.2】创建一个简单类，并设置类的三个属性（name、factory、price）创建类的构造方法（源代码\ch07\7.2.py）。

```
class Goods:
    def __init__(self, name=None, factory =None, price= None):
        self.name = name
        self.factory = factory
        self.price = price


#创建一个类的例变量
g = Goods ("洗衣机", "云尚科技", 4860)
print(g.name, g. factory, g.price)
d = Goods("电视机", "创维科技", 8600)
print(d.name, d.factory, d.price)
```

程序运行结果如图 7-3 所示。

```
===================== RESTART: D:/python/ch07/7.2.py
洗衣机 云尚科技 4860
电视机 创维科技 8600
```

图 7-3　例 7.2 的程序运行结果

在这个类的构造方法中，设置 name、factory 与 price 的默认值均为 None。

在创建类的时候，可以不必声明属性。等到创建类的例后，再动态创建类的属性。例如：

```
>>> class myGoods:
    pass

>>> x = myGoods()
>>> x.name = "洗衣机"
```

如果想测试一个类例 y 是否是类 x 的例，可以使用内置函数 isinstance(instance_object, class_object)。其中，instance_object 是一个类的例对象；class_object 是一个类对象。该函数可以测试 instance_object 是否是 class_object 的例，如果是，就返回 True，否则返回 False。

```
>>> class x:
    pass

>>> y = x()
>>>isinstance(y, x)
True
```

从结果可以看出，类例 y 是类 x 的例。

用户可以在类内定义类变量，同时这些类变量可以被所有该类的例变量所共享。

下面创建一个类，并定义一个类变量 default_price：

```
>>>class Vegetables:
    default_price = 3.66                    #类变量
    def __init__(self):
        self. price = Vegetables.default_price    #例变量的变量

>>> Vegetables.default_price
3.66
>>>v = Vegetables()
>>>v.price, v.default_price
(3.66, 3.66)
```

在 Vegetables 类的构造方法中，设置类例 v 的 price 属性值是类变量 default_price 的值。default_price 是一个类变量，因为 Vegetables 类有 default_price 属性，所以类例 v 也会有 default_price 属性。price 是一个例的变量，Vegetables 类不会有 price 属性，只有类例 v 有 price 属性。

☆**大牛提醒**☆

引用 default_price 类变量时，必须使用 Vegetables.default_price，不能只使用 default_price。因为类内函数的全域名称空间是定义该函数所在的模块，而不是该类，如果只使用 default_price，Python 就会找不到 default_price 的定义所在。

如果将例变量的名称设置成与类变量的名称相同，Python 语言程序就会使用例变量的名称。

【例 7.3】创建一个类变量名称和例变量名称相同的例子（源代码\ch07\7.3.py）。

```
class Goods:
    default_price = 2200                    #类变量
    def __init__(self, price):
        self.default_price = price          #例变量
```

```
print(Goods.default_price)
g = Goods(3600)
print(g.default_price, g.default_price)
```

程序运行结果如图 7-4 所示。

```
======================== RESTART: D:/python/ch07/7.3.py
2200
3600 3600
```

图 7-4　例 7.3 的程序运行结果

注意，例有两个属性，其名称都是 default_price。由于 Python 会先搜索例变量的名称，然后才搜索类变量的名称，因此 default_price 的值是 3600，而不是 2200。

7.4.2　类例的内置属性

所有 Python 语言程序的类例都具有下面内置属性。

（1）obj.__dict__：类例内的属性是以字典对象的方式存储的。__dict__ 属性为该字典对象的值。

（2）obj.__class__：__class__ 属性返回创建此类例所用的类名称。例如：

```
>>>class Goods:
    def __init__(self, name=None, city=None, price= None):
        self.name = name
        self.city = city
        self.price = price


>>>g = Goods()
>>>g.__dict__
{'name': None, 'city': None, 'price': None}
>>> g.__class__
<class '__main__.Goods'>
```

7.5　类的继承

微视频

类的继承就是新类继承旧类的属性与方法，这种行为称为派生子类。继承的新类称为派生类，被继承的旧类则称为基类。当用户创建派生类后，就可以在派生类内新增或改写基类的任何方法。

派生类的语法如下：

```
class <类名称> [(基类1,基类2, …)]:
  ["文件字符串"]
<语句>
```

一个衍生类可以同时继承自多个基类，基类之间以逗号（,）隔开。

下面是一个基类 A 与一个基类 B。

```
>>> class A:
    pass
```

```
>>> class B:
    pass
```

下面是一个派生类 C 继承自一个基类 A。

```
>>> class C(A):
    pass
```

下面是一个派生类 D 继承自两个基类 A 与 B。

```
>>> class D(A, B):
    pass
```

【例 7.4】派生类的构造方法（源代码\ch07\7.4.py）。

下面是一个基类的定义。

```
class Cars:
    def __init__(self, name, price, city):
        self.name = name
        self.price = price
        self.city = city
    def printData(self):
     print ("名称: ", self.name)
        print ("价格: ", self.price)
        print ("产地: ", self. city)
```

这个基类 Cars 有 3 个成员变量，即 name（名称）、price（价格）及 city（产地），并且定义两个函数。

（1）__init__()函数：Cars 类的构造方法。

（2）printData()函数：用来打印成员变量的数据。

下面创建一个 Cars 类的派生类。

```
class bk(Cars):
    def __init__(self,name,price,city):       #派生类的构造方法
    Cars.__init__(self, name, price, city)    #调用基类的构造方法
```

派生类的构造方法必须调用基础类的构造方法，并使用完整的基类名称。Cars.__init__(self, name, sex, phone)中的 self 参数，用来告诉基类现在调用的是哪一个派生类。

下面是创建一个派生类 bk 的例变量，并且调用基类 Cars 的函数 printData()打印出数据。

```
>>>b = bk("别克", 128000, "上海")
>>>b.printData()
```

程序运行结果如图 7-5 所示。

```
===================== RESTART: D:/python/ch07/7.4.py
名称: 别克
价格: 128000
产地: 上海
```

图 7-5　例 7.4 的程序运行结果

当用户在类内编写函数时，要记得类函数名称空间的搜索顺序是类的例→类→基类。

下面定义三个类：A、B 和 C。B 继承自 A，C 继承自 B。A、B、C 三个类都有一个相同名称的函数，即 printName()。

【例 7.5】创建 A、B、C 三个类的例，并调用 printName()函数（源代码\ch07\7.5.py）。

```python
class A:
  def __init__(self, name):
    self.name = name
  def printName(self):
    print ("这是类 A 的 printName()函数, name = %s" % self.name)

class B(A):
  def __init__(self, name):
    A.__init__(self, name)
  def printName(self):
    print ("这是类 B 的 printName()函数, name = %s" % self.name)

class C(B):
  def __init__(self, name):
    B.__init__(self, name)
  def printName(self):
    print ("这是类 C 的 printName()函数, name = %s" % self.name)

print(A("苹果").printName())
print(B("香蕉").printName())
print(C("橘子").printName())
```

案例中代码分析如下：

（1）print(A("苹果").printName())调用 A 类的 printName()函数。

（2）print(B("香蕉").printName())会先调用 B 类的 printName()函数，因为已经找到一个 printName()函数，所以不会继续往 A 类查找。

（3）print(C("橘子").printName())会先调用 C 类的 printName()函数，因为已经找到一个 printName()函数，所以不会继续往 B 与 A 类查找。

程序运行结果如图 7-6 所示。

```
========================= RESTART: D:/python/ch07/7.5.py
这是类A的printName()函数, name = 苹果
None
这是类B的printName()函数, name = 香蕉
None
这是类C的printName()函数, name = 橘子
None
```

图 7-6 例 7.5 的程序运行结果

Python 语言同样有限地支持多继承形式。

【例 7.6】类的多继承（源代码\ch07\7.6.py）。

```python
#类定义
class people:
  #定义基本属性
  name = ''
  age = 0
  #定义私有属性,私有属性在类外部无法直接进行访问
  __weight = 0
  #定义构造方法
  def __init__(self,n,a,w):
    self.name = n
    self.age = a
    self.__weight = w
```

```
    def speak(self):
        print("%s 说：我 %d 岁。" %(self.name,self.age))


#单继承
class student(people):
    grade = ''
    def __init__(self,n,a,w,g):
        #调用父类的构函
        people.__init__(self,n,a,w)
        self.grade = g
    #覆写父类的方法
    def speak(self):
        print("%s 说：我 %d 岁了，我在读 %d 年级"%(self.name,self.age,self.grade))

#定义类 speaer
class speaker():
    topic = ''
    name = ''
    def __init__(self,n,t):
        self.name = n
        self.topic = t
    def speak(self):
        print("我是%s，我是一名新来的学生，我想学的技术是：%s"%(self.name,self.topic))

#多重继承
class sample(speaker,student):
    a =''
    def __init__(self,n,a,w,g,t):
        student.__init__(self,n,a,w,g)
        speaker.__init__(self,n,t)


test = sample("李元",20,59,6,"大数据分析")
test.speak()    #方法名同，默认调用的是在括号中排前的父类的方法
```

程序运行结果如图 7-7 所示。

```
======================= RESTART: D:\python\ch07\7.6.py ==
我是李元，我是一名新来的学生，我想学的技术是：大数据分析
```

图 7-7　例 7.6 的程序运行结果

7.6　类的多态

微视频

　　所谓类的多态，就是指类可以有多个名称相同、参数类型却不同的函数。Python 并没有明显的多态特性，因为 Python 函数的参数不必声明数据类型。但是 Python 利用动态数据类型（dynamic typing）仍然可以处理对象的多态。

　　因为使用动态数据类型，所以 Python 必须等到运行该函数时才能知道该函数的类型，这种特性称为运行期绑定（runtime binding）。

　　C++将多态称为方法重载（method overloading），允许类内有多个名称相同、参数却不同的函数存在。

　　但是 Python 语言程序却不允许这样做，如果用户在 Python 的类内声明多个名称相同、参数却不同的函数，那么 Python 语言程序会使用类内最后一个声明的函数。例如：

```
>>>class myClass:
    def __init__(self):
        pass
    def handle(self):
        print ("3 arguments")
    def handle(self, x):
        print ("1 arguments")
    def handle(self, x, y):
        print ("2 arguments")
    def handle(self, x, y, z):
        print ("3 arguments")

>>> x = myClass()
>>> x.handle(1, 2, 3)
3 arguments
>>> x.handle（1）
Traceback (most recent call last):
  File "<pyshell#3>", line 1, in <module>
    x.handle（1）
TypeError: handle() missing 2 required positional arguments: 'y' and 'z'
```

　　在上面的示例中，当调用 myClass 类中的 handle()函数时，Python 语言程序会使用有三个参数的函数 handle(self, x, y, z)。因此，当只提供一个参数时，Python 语言程序会输出一个 TypeError 的例外。

　　要解决这个问题，必须使用下面的方法。虽然在 myClass 类中声明的函数名称都不相同，但是可以利用 handle()函数的参数数目，来决定要调用类中的哪一个函数。

```
>>> class myClass:
    def __init__(self):
        pass
    def handle(self, *arg):
        if len(arg) == 1:
            self.handle1(*arg)
        elif len(arg) == 2:
            self.handle2(*arg)
        elif len(arg) == 3:
            self.handle3(*arg)
        else:
            print ("Wrong arguments")
    def handle1(self, x):
        print ("1 arguments")
    def handle2(self, x, y):
        print ("2 arguments")
    def handle3(self, x, y, z):
        print ("3 arguments")

>>> x = myClass()
>>> x.handle()
Wrong arguments
>>> x.handle（1）
```

```
1 arguments
>>> x.handle(1, 2)
2 arguments
>>> x.handle(1, 2, 3)
3 arguments
>>> x.handle(1, 2, 3, 4)
Wrong arguments
```

7.7　类的封装

微视频

类的封装是指类将其属性（变量与方法）封装在该类内，只有该类中的成员，才可以使用该类中的其他成员。这种被封装的变量与方法，称为该类的私有变量（private variable）与私有方法（private method）。

Python 语言程序类中的所有变量与方法都是公用的。只要知道该类的名称与该变量或方法的名称，任何外部对象都可以直接存取类中的属性与方法。

例如，v 是 Vegetables 类的例变量，name 是 Vegetables 类的变量，利用 v.name 就可以存取 Vegetables 类中的 name 变量。

```
>>> class Vegetables:
      def __init__(self):
        self.name = None

>>> v = Vegetables()
>>> v.name = "西红柿"
>>> x = v.name
>>> print (x)
西红柿
```

要做到类的封装，必须遵循以下两个原则：

（1）如果属性名称的第一个字符是单下画线，那么该属性视为类的内部变量，外面的变量不可以引用该属性。

（2）如果属性名称的前两个字符都是单下画线，那么在编译时属性名称 attributeName 会被改成_className_attributeName，className 是该类的名称。由于属性名称之前加上了类的名称，因此与类中原有的属性名称有差异。

以上两个原则只是作为参考，Python 语言程序类中的所有属性仍然都是公用的。只要知道类与属性的名称，就可以存取类中的所有属性。例如：

```
>>>class Vegetables:
   def __init__(self, value):
      self._n = value          #变量_n 的第一个字符是单下画线
   self.__n = value             #变量__n 的前两个字符都是单下画线
   def __func(self):            #函数的__func()前两个字符都是单下画线
print (self._n + 1)

>>>v = Vegetables(6.66)
>>>v._n                         #第一个字符是单下画线的变量_n，可以任意存取
6.66
>>>v.__n                        #错误，因为__n 已经被改名为_Vegetables__n
```

```
Traceback (most recent call last):
  File "<pyshell#28>", line 1, in <module>
    v.__n
AttributeError: 'Vegetables' object has no attribute '__n'
>>> v._Vegetables__n
6.66


>>>v._Vegetables__n                #正确
6.66
>>>v.__func()                      #错误，因为__func()已经被改名为_Vegetables__func()
Traceback (most recent call last):
  File "<pyshell#30>", line 1, in <module>
    v.__func()
AttributeError: 'Vegetables' object has no attribute '__func'
>>>v._Vegetables__func()           #正确
7.66
```

类中的所有属性都存储在该类的名称空间（namespace）内。如果在类中存储了一个全域变量的值，此值就会被放置在该类的名称空间内。即使以后此全域变量的值被改变，类内的该值仍然保持不变。

例如，设置一个全域变量 x = 66，在类中使用 storeVar()函数存储该值，当全域变量 x 的值改变时，Vegetables 类中的值仍然保持不变。

```
>>>class Vegetables:
    x = 66
  def storeVar(self, y = x):
            return y

>>> v = Vegetables ()
>>> v.storeVar()
>>> x = 88
>>> v.storeVar()
66
```

从结果可以看出，即使 x 值被修改为 88，Vegetables 类中变量 x 的值仍是 66。

7.8 Python 的优势——垃圾回收机制

微视频

Python 使用了引用计数这一简单技术来跟踪和回收垃圾。在 Python 内部有一个跟踪变量，记录着所有使用中的对象各有多少引用，称为一个引用计数器。

当对象被创建时，就同时创建了一个引用计数。当这个对象不再需要，其引用计数变为 0 时，就被垃圾回收。但回收不是"立即"的，而是由解释器在适当的时机将垃圾对象占用的内存空间回收。

```
x =100       #创建对象 <100>
y = x        #增加引用 <100> 的计数
z = [y]      #增加引用 <100> 的计数


del x        #减少引用 <100> 的计数
y = 200      #减少引用 <100> 的计数
```

```
z[0] = 150      #减少引用 <100> 的计数
```

垃圾回收机制不仅针对引用计数为 0 的对象，也可以处理循环引用的情况。所谓循环引用，是指两个对象相互引用，但是没有其他变量引用它们。这种情况下，仅使用引用计数是不够的。Python 的垃圾收集器实际上是一个引用计数器和一个循环垃圾收集器。作为引用计数的补充，垃圾收集器也会留意被分配的总量很大（未通过引用计数销毁）的对象。此时，解释器会暂停下来，试图清理所有未引用的循环。

当对象不再需要时，Python 语言程序将会调用__del__方法销毁对象。

【例 7.7】类的垃圾回收（源代码\ch07\7.7.py）。

```
class Vegetables:
    def __init__( self, name="西红四", price=6.88):
        self.name = name
        self. price = price
    def __del__(self):
        class_name = self.__class__.__name__
        print (class_name, "销毁对象")

v= Vegetables ()
g = v
s= v
print (id(v), id(g), id(s))      #打印对象的 id
del v
del g
del s
```

程序运行结果如图 7-8 所示。

```
====================== RESTART: D:/python/ch07/7.7.py
1838495355848 1838495355848 1838495355848
Vegetables 销毁对象
```

图 7-8　例 7.7 的程序运行结果

7.9　新手疑难问题解答

疑问 1：方法可以重写吗？

解答：当父类中方法的功能不能满足项目的需求时，可以在子类中重写父类的方法。

【例 7.8】方法的重写（源代码\ch07\7.8.py）。

```
class Ss:            #定义父类
    def myMethod(self):
        print ('父类方法输出的内容！')

class Gs(Ss): #定义子类
    def myMethod(self):
        print ('子类重写了父类的方法')

s =Gs()              #子类例
s.myMethod()         #子类调用重写方法
```

程序运行结果如图 7-9 所示。

```
===================== RESTART: D:/python/ch07/7.8.py
子类重写了父类的方法
>>>
```

图 7-9　例 7.8 的程序运行结果

7.10　实战训练

解题思路

实战 1：创建老虎类并定义捕猎的方法。

编写 Python 程序，创建老虎类 Tiger，并定义一个构造方法，然后再定义一个例方法 catch()，该方法有两个参数，一个是 self，另一个用于指定捕猎状态，最后创建老虎类的例，并调用例方法 catch()。程序运行结果如图 7-10 所示。

```
===================== RESTART: D:/python/ch07/7.9.py =====================
我是老虎类！我有以下特征：
头圆，吻宽，眼大，嘴边长着白色间有黑色的硬须，长达15 cm 左右。
嘴上长有长而硬的虎须，全身底色橙黄，腹面及四肢内侧为白色，背面有双行的黑色纵纹，尾
上约有10个黑环。
眼上方有一个白色区，故有"吊睛白额虎"之称，前额的黑纹颇似汉字中的"王"字，更显得
异常威武。
老虎的猎食方式主要有三种特征：第一是猛追，第二是伏擒，第三是跟踪。
```

图 7-10　实战 1 的程序运行结果

实战 2：通过类属性统计类的例个数。

编写 Python 程序，创建老虎类 Tiger，并定义 3 个类属性，前两个用于记录老虎类的特征，第 3 个用于记录例的编号，然后定义一个构造方法，在该构造方法中将记录例编号的类属性进行加 1 操作，并输出 3 个类属性的值，最后通过 for 循环创建 3 个老虎类的例。程序运行结果如图 7-11 所示。

```
===================== RESTART: D:/python/ch07/7.10.py =====================
我是第1只老虎！我有以下特征：
头圆，吻宽，眼大，嘴边长着白色间有黑色的硬须，长达15 cm 左右。
眼上方有一个白色区，故有"吊睛白额虎"之称，前额的黑纹颇似汉字中的"王"字，更显得异常威武。

我是第2只老虎！我有以下特征：
头圆，吻宽，眼大，嘴边长着白色间有黑色的硬须，长达15 cm 左右。
眼上方有一个白色区，故有"吊睛白额虎"之称，前额的黑纹颇似汉字中的"王"字，更显得异常威武。

我是第3只老虎！我有以下特征：
头圆，吻宽，眼大，嘴边长着白色间有黑色的硬须，长达15 cm 左右。
眼上方有一个白色区，故有"吊睛白额虎"之称，前额的黑纹颇似汉字中的"王"字，更显得异常威武。
总共有，3只老虎！
```

图 7-11　实战 2 的程序运行结果

实战 3：模拟咖啡厅点餐功能。

编写 Python 程序，创建咖啡类 Coffeeshow，并定义一个类属性，用于保存咖啡列表；然后在__init__()方法中定义一个私有的例属性，再将该属性转换为可读性、可修改的属性；最后创建类的例，并获取和修改属性值。程序运行结果如图 7-12 所示。

```
===================== RESTART: D:/python/ch07/7.11.py =====================
正在准备上餐的咖啡是：〔蓝山 〕系列！
您可以从〔'蓝山','摩卡','麝香猫','卡布奇诺','曼特宁'〕系列中选择喜欢的咖啡！
您选择的系列咖啡不存在！
```

图 7-12　实战 3 的程序运行结果

第8章

模块和包

本章内容提要

Python 语言的一个强大的功能就是支持模块，不仅可以调用 Python 标准库中包含的大量模块，还可以调用第三方模块，另外开发者自己也可以开发自定义模块。随着项目复杂度的增加，使用模块方式组织代码不仅可以极大地提高开发效率，还便于管理和维护项目代码。本章将重点学习模块的操作方法和技巧。

8.1　模块概述

微视频

在 Python 中，模块是一个扩展名为.py 的文件。例如，下面代码的功能是检查敏感字，将代码保存为 savestring.py，该文件就是一个模块。

```python
def savestring(s):
import re                        #导入 Python 的 re 模块
print("欢迎进入敏感字过滤系统")
s1 = r'(渗透)|(攻击)|(脚本)'       #模式字符串
match = re.match(s1,s)           #进行模式匹配
if match==None:                  #判断是否为 None, 为真表示匹配失败
    print("您输入的文字安全通过！！")
else:
    print("警告！您输入文字存在敏感字，请重新整理后输入！")
```

将实现某一特定功能的代码放置在一个文件中可以作为一个模块，从而方便其他程序直接调用。同时，使用模块还可以避免函数名和变量名冲突的问题。

8.2　自定义模块

微视频

自定义模块不仅可以规范代码，还可以方便其他程序直接调用，从而提高开发效率。下面重点学习创建模块和导入模块的方法和技巧。

8.2.1　创建模块

将模块中的代码编写在一个单独的文件中，然后将其命名为模块名.py 即可。

模块名不能和标准模块重名，如果出现重名的问题，在导入标准模块时就会把这些定义的文件当成模板来加载，通常会引发错误。

下面创建一个模块文件，根据企业营业额计算部门的奖金。企业销售部门奖金制度如下：

（1）营业额低于或者等于 100 万元，奖金可提 20%。

（2）营业额大于 100 万元低于或者等于 200 万元，高于 100 万元的部分，奖金可提 15%。

（3）营业额大于 200 万元低于或者等于 400 万元，高于 200 万元的部分，奖金可提 10%。

（4）营业额大于 400 万元低于或者等于 600 万元，高于 400 万元的部分，奖金可提 5%。

（5）营业额大于 600 万元低于或者等于 1 000 万元，高于 600 万元的部分，奖金可提 2%。

（6）营业额大于 1 000 万元，高于 1 000 万元的部分，奖金可提 1%。

将下面的代码保存为 bonus.py，该文件就是一个模块。

```python
def fun_bonus(smm):                              #定义企业发放奖金的函数
    reward=0
    turnover=[1000000,1000000,2000000,2000000,4000000]
    rates=[0.2,0.15,0.1,0.02,0.02,0.01]
    for i in range(len(turnover)):               #根据营业额计算奖金
        if smm<=turnover[i]:
            reward+=smm*rates[i]
            smm=0
            break
        else:
            reward+= turnover[i]*rates[i]
            smm-= turnover[i]
    reward+=smm*rates[-1]
    print('本年度销售部奖金为' ,reward)
```

8.2.2　使用 import 语句导入模块

模块创建完成后，就可以在其他程序中使用该模块了。导入模块可以通过 import 语句来实现，基本语法格式如下：

```
import modulename [as alias]
```

其中，modulename 为要导入的模块名称；[as alias]为给模块起的别名，通过该别名也可以使用模块。

在 bonus.py 文件的同目录下创建新的文件 main.py，导入 bonus 模块，并执行 fun_bonus() 函数，代码如下：

```python
import bonus                                      #导入 bonus 模块
bonus.fun_bonus(264500)                           #执行 bonus 模块中的函数 fun_bonus()
```

当解释器遇到 import 语句时，会在当前路径下搜索该模块文件。

在调用模块中的变量、函数或类时，需要在变量名、函数名或者类的前面添加模块名称作为前缀。例如，这里的 bonus.fun_bonus(264500)，表示调用 bonus 模块中的函数 fun_bonus()。

运行 main.py 文件，结果如图 8-1 所示。

当模块名称比较长或者不容易记时，可以使用 as 关键字为模块设置一个别名，然后通过别名来调用这个模块中的变量、函数或类即可。例如，上面 mian.py 的代码可以修改如下：

```
import bonus as b              #导入 bonus 模块并设置别名为 b
b.fun_bonus(264500)           #执行 bonus 模块中的函数 fun_bonus()
```

☆大牛提醒☆

使用一个 import 语句可以一次加载多个模块，模块名称之间以逗号隔开。例如，一次性加载 3 个模块 bonus.py、bbs.py 和 sbb.py。代码如下：

```
======================== RESTART: D:\python\ch08\main.py
本年度销售部奖金为 52900.0
```

图 8-1　运行 main.py 文件后的程序运行结果

```
import bonus, sys, types
```

8.2.3　模块搜索目录

不管用户执行了多少次 import，一个模块只会被导入一次，这样可以防止导入模块被一遍又一遍地执行。

当用户执行 import 语句时，Python 解释器是怎样找到对应文件的呢？那就是利用 Python 的搜索路径。搜索路径是由一系列目录名组成的，Python 解释器依次从这些目录中寻找所引入的模块。搜索顺序如下：

（1）解释器在当前目录中搜索模块的文件。

（2）到 PYTHONPATH（环境变量）下的每个目录下查找模块的文件。

（3）在 Python 默认安装路径中搜索模块的文件。

以上各个目录的具体位置保存在标准模块 sys 的 sys.path 变量中。sys.path 变量的初始值如下：

```
>>>import sys           #导入标准模块 sys
>>>sys.path            #输出具体目录
['D:\\python\\ch08', 'C:\\Program Files\\Python37\\python37.zip', 'C:\\Program Files\\
Python37\\DLLs', 'C:\\Program Files\\Python37\\lib', 'C:\\Program Files\\Python37', 'C:\\
Program Files\\Python37\\lib\\site-packages']
>>>
```

如果需要将模块的目录添加到 sys.path 变量中，可以使用以下 3 种方法之一。

1. 使用 append()方法添加

使用 append()方法可以临时将模块的目录导入 sys.path 中。例如，将 D:\python 目录添加到 sys.path 中，代码如下：

```
import sys
sys.path.append('D:/python')
```

执行上述代码后，再次查看 sys.path 的值，结果如下：

```
>>>sys.path            #输出具体目录
['D:\\python\\ch08', 'C:\\Program Files\\Python37\\python37.zip', 'C:\\Program Files\\
Python37\\DLLs', 'C:\\Program Files\\Python37\\lib', 'C:\\Program Files\\Python37', 'C:\\
Program Files\\Python37\\lib\\site-packages', 'D:/python']
```

☆大牛提醒☆

通过该方法添加的目录只在当前文件的窗口中有效，一旦窗口关闭，则立即失效。

2. 增加.pth 文件

在 Python 安装目录下的 Lib\site-packages 子目录下，创建一个扩展名为.pth 的文件，文件名任意，然后将需要导入模块的目录添加到该文件中。例如，模块 bonus 的目录添加到.pth 文件中，代码如下：

```
D:\python\ch08
```

3. 在 PYTHONPATH 环境变量中添加

下面以将 D:\python 添加到 PYTHONPATH 环境变量中为例进行讲解。具体的操作步骤如下：

步骤 1：在桌面上右击"此电脑"图标，在弹出的快捷菜单中选择"属性"菜单命令，如图 8-2 所示。

步骤 2：打开"系统"窗口，单击"高级系统设置"链接，如图 8-3 所示。

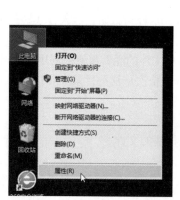

图 8-2 选择"属性"菜单命令

图 8-3 "系统"窗口

步骤 3：打开"系统属性"对话框，选择"高级"选项卡，然后单击"环境变量"按钮，如图 8-4 所示。

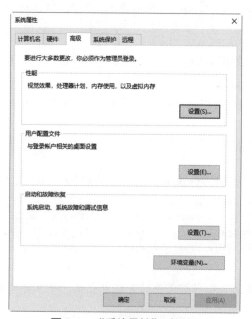

图 8-4 "系统属性"对话框

步骤 4：打开"环境变量"对话框，在系统变量列表下单击"新建"按钮，如图 8-5 所示。

图 8-5　"环境变量"对话框

步骤 5：打开"新建系统变量"对话框，在"变量名"文本框中输入 PYTHONPATH，用分号将其与其他路径分隔开，如图 8-6 所示。

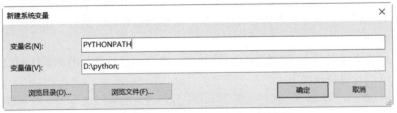

图 8-6　"新建系统变量"对话框

添加完成之后，单击"确定"按钮，这样就完成了配置 PYTHONPATH 变量的操作。

☆**大牛提醒**☆

通过该方法添加的目录可以在不同版本的 Python 中共享，不过添加模块目录后，需要重新打开要执行的导入模块的 Python 文件，否则新添加的目录不起作用。

☆**经验之谈**☆

由于 Python 语言是区分大小写字母的，所以大小写字母不同的模块名是不同的模块。如果导入的模块搜索不到，将会显示异常。例如，导入不存在的模块 Bonus，显示如下：

```
>>> import Bonus
```

```
Traceback (most recent call last):
  File "<pyshell#2>", line 1, in <module>
    import Bonus
ModuleNotFoundError: No module named 'Bonus'
```

8.3　以主程序的形式执行

微视频

下面先举个例子。创建一个模块，名称为 poetry，代码如下：

```
name = '一剪梅·雨打梨花深闭门'          #定义一个全局变量
def fun_poetry():                      #定义函数
    name = '雨打梨花深闭门，孤负青春，虚负青春。'  #定义局部变量
    print(name)
print('经典古诗欣赏')
fun_poetry()
print('赏心乐事共谁论？花下销魂，月下销魂。')
print('愁聚眉峰尽日颦，千点啼痕，万点啼痕。')
print('晓看天色暮看云，行也思君，坐也思君。')
```

在模块 poetry.py 文件的同目录下创建 mm.py 文件，在该文件中导入 poetry 模块，然后调用该模块中的全局变量 name 的值，代码如下：

```
import poetry              #导入 poetry 模块
print(poetry.name)
```

运行 mm.py 文件，结果如图 8-7 所示。

从结果可以看出，导入模块后，不仅输出了全局变量的值，还输出了模块中测试的内容。如何才能输出全局变量的值呢？

```
======================= RESTART: D:/python/ch08/mm.py
经典古诗欣赏
雨打梨花深闭门，孤负青春，虚负青春。
赏心乐事共谁论？花下销魂，月下销魂。
愁聚眉峰尽日颦，千点啼痕，万点啼痕。
晓看天色暮看云，行也思君，坐也思君。
一剪梅·雨打梨花深闭门
```

图 8-7　运行 mm.py 文件后的程序运行结果 1

由于在每个模块的定义中都包括一个记录模块名称的变量__name__，程序可以检查该变量，以确定他们在哪个模块中执行。如果一个模块不是被导入到其他程序中执行，那么它可能在解释器的顶级模块中执行。顶级模块的__name__变量的值为__main__。

下面就来解决上述问题。可以在 poetry 模块中，将原本直接执行的测试代码放到一个 if 语句中。poetry.py 的代码修改如下：

```
name = '一剪梅·雨打梨花深闭门'          #定义一个全局变量
def fun_poetry():                      #定义函数
    name = '雨打梨花深闭门，忘了青春，误了青春。'  #定义局部变量
    print(name)
if __name__ == '__main__':
    print('经典古诗欣赏')
    fun_poetry()
    print('赏心乐事共谁论？花下销魂，月下销魂。')
    print('愁聚眉峰尽日颦，千点啼痕，万点啼痕。')
    print('晓看天色暮看云，行也思君，坐也思君。')
```

再次运行 mm.py 文件，结果如图 8-8 所示。

```
======================= RESTART: D:/python/ch08/mm.py
一剪梅·雨打梨花深闭门
```

图 8-8　运行 mm.py 文件后的程序运行结果 2

运行 mm.py 文件，结果如图 8-9 所示。

```
================================ RESTART: D:/python/ch08/poetry.py
经典古诗欣赏
雨打梨花深闭门，孤负青春，虚负青春。
赏心乐事共谁论？花下销魂，月下销魂。
愁聚眉峰尽日颦，千点啼痕，万点啼痕。
晓看天色暮看云，行也思君，坐也思君。
```

图 8-9　运行 mm.py 文件后的程序运行结果 3

8.4　Python 中的包

微视频

在开发项目的过程中，如果遇到模块名重复了怎么办？在 Python 中，可以通过包（Package）来解决。包是一个分层次的目录结构，它将一组功能相近的模块组织在一个目录下。这样做的好处是，不仅可以规范代码，还可以避免模块重名的问题。

包可以简单地理解成一个文件夹，但是在该文件夹下必须存在一个名称为__init__.py 的文件。

8.4.1　Python 程序的包结构

包在开发项目中非常实用，通常用于存放不同类的文件。例如，开发一个游戏时，可以创建如图 8-10 所示的包结构。

```
================================ RESTART: D:\log.py
用户名是：xiaoming
密码是：ps123456
```

图 8-10　运行 log.py 的程序运行结果 1

```
game                                    #项目名称
  admin                                 #管理员登录系统
      __init__.py
      log.py
  home                                  #玩家登录系统
      __init__.py
      log.py
      manage.py
  index.py                              #入口程序
```

这里虽然各个包中都包含 log 模块，但是属于不同的包，这里不冲突。

8.4.2　创建包

创建包非常简单，就是创建一个文件夹，并在文件夹中创建一个名称为__init__.py 的文件。在该文件中可以不写任何代码，也可以根据实际情况输入一些 Python 代码。这里需要注意的是，一旦在__init__.py 中输入了代码，该代码会在导入包时自动执行。下面以创建包 admin 为例进行讲解。

在 D 盘根目录下创建一个 admin 文件夹，然后在 IDLE 中创建一个名称为__init__.py 的文件，该文件不写任何内容，并将其保存在 admin 文件夹中。至此，完成 admin 包的创建过程。

8.4.3　使用包

包创建完成后，就可以在包中创建相应的模块。

下面在 admin 包中创建一个名称为 person 的模块，定义了两个变量，代码如下：

```
name = 'xiaoming'                           #用户名
password = 'ps123456'                       #密码
```

从包中加载模块的方法有以下 3 种：

1. 通过"import+完整包名+模块名"形式加载模块

例如，加载 admin 包中的 person 模块，然后调用 name 和 password 变量，代码如下：

```
import admin.person                         #导入 admin 包下的 person 模块
print('用户名是: ',admin.person.name)
print('密码是: ', admin.person.password)
```

将上述代码命名为 log.py，并保存在 admin 包所在的目录下，这里也就是 D 盘根目录下。
运行 log.py，结果如图 8-10 所示。

2. 通过"from+完整包名+import +模块名"形式加载模块

通过"from+完整包名+import +模块名"形式加载模块时，在使用时不再需要加包的前缀。

下面仍然以导入模块 person 为例进行讲解，调用 name 和 password 变量。将 log.py 的代码
修改如下：

```
from admin import person                    #导入 admin 包下的 person 模块
print('用户名是: ',person.name)
print('密码是: ', person.password)
```

运行 log.py，结果如图 8-11 所示。

```
=========================== RESTART: D:\log.py
用户名是： xiaoming
密码是： ps123456
```

图 8-11 运行 log.py 的程序运行结果 1

3. 通过"from+完整包名+模块名+import+定义名"形式加载模块

通过"from+完整包名+模块名+import+定义名"形式加载模块时，在使用时不再需要加包
和模块的前缀。

☆**大牛提醒**☆

如果定义名比较多，不容易记忆，可以使用*代替定义名，表示加载该模块下的全部定义。
例如，加载 person 模块中的所有定义名，代码如下：

```
from admin.person import *
```

下面仍然以导入模块 person 为例进行讲解，调用 name 和 password 变量。将 log.py 的代码
修改如下：

```
from admin.person import name,password      #导入 admin 包下的 person 模块
print('用户名是: ',name)
print('密码是: ', password)
```

运行 log.py，结果如图 8-12 所示。

```
=========================== RESTART: D:\log.py
用户名是： xiaoming
密码是： ps123456
```

图 8-12 运行 log.py 的程序运行结果 2

8.5 引用其他模块

微视频

用户除了可以定义模块外，还可以引用标准模块和第三方模块。

8.5.1　导入和使用标准模块

在 Python 安装目录下的 Lib 文件夹中，可以找到这些标准模块的.py 文件，例如，os 模块的对应文件为 os.py，如图 8-13 所示。

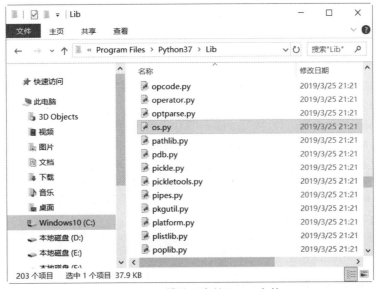

图 8-13　os 模块所在的 os.py 文件

Python 语言提供了 200 多个内置的标准模块，包含了 Python 运行时服务、文字模式匹配、操作系统接口、数学运算、对象保存、网络和 Internet 脚本和 GUI 构造等方面。

Python 语言常见的内置标准如下。

（1）sys 模块：用来存取跟 Python 解释器有关联的系统相关参数，包括变量与函数。

（2）types 模块：包含 Python 内置类型的名称。用户可以使用 Python 解释器的 type(obj)内置函数，得到 obj 对象的内置类型。

（3）time 模块：提供和时间相关的各种函数的标准库。

（4）os 模块：提供了访问操作系统服务功能的标准库。

（5）calendar 模块：提供与日期相关的各种函数的标准库。

（6）urllib 模块：用于读取来自服务器上的数据的标准库。

（7）json 模块：用于使用 JSON 序列化和发序列化对象。

（8）re 模块：用于在字符串中执行正则表达式匹配和替换。

（9）math 模块：提供算术运算函数的标准库。

（10）decimal 模块：用于进行精准控制运算精度，有效数位和四舍五入操作的十进制运算。

（11）shutil 模块：用于进行高级文件操作，例如，复制、移动和重命名等。

（12）loggin 模块：提供了灵活地记录事件、错误、警告和调试信息等日志信息的功能。

（13）tkinter 模块：使用 Python 语言进行 GUI 编程的标准库。

对于标准模块，可以直接使用 import 语句导入 Python 文件中。例如，导入 time 模块，可以使用下面的代码：

```
import time                    #导入标准模块 time
```

在 Python 语言中，时间通常用时间戳来表示。时间戳是指格林尼治时间 1970 年 1 月 1 日 00 时 00 分 00 秒，即北京时间 1970 年 1 月 1 日 08 时 00 分 00 秒起至现在的总秒数。

Python 的 time 模块下有很多函数可以转换常见日期格式。例如，函数 time.time()用于获取当前时间戳。

```
>>>import time
>>>time.time()
1562840918.6071541
```

从结果可以看出，时间戳是以秒为单位的浮点小数，从 1970 年开始算起。

导入标准模块时，可以使用 as 关键字为其指定别名。通常情况下，如果模块名比较长，则可以为其设置别名。

下面以 random 模块为例进行讲解。random 模块中的 randint()函数可以在指定范围内生成随机数。例如，生成 10～100（包括 10 和 100）的随机整数，代码如下：

```
import random as rm            #导入标准模块 random，并命名别名为 rm
print(rm.randint(10,100))      #输出 10~100 的随机数
print(rm.randint(10,100))      #再次输出 10~100 的随机数
```

执行结果如下：

```
38
69
```

8.5.2　下载和安装第三方模块

由于第三方模块并没有附在 Python 3.7 的安装程序内，因此需要用户自行下载并安装第三方模块，然后才能使用它。

下面以下载和安装第三方模块 Pillow 为例进行讲解。该模块是强大的图形处理模块。

Pillow 的下载网址为 https://pypi.python.org/pypi/Pillow/，在该界面中，用户可以看到 Pillow 当前的最新版本是 Pillow 6.0.0，单击 Download 链接，如图 8-14 所示。

进入 Pillow 下载程序列表页面，根据系统的版本和安装 Python 的版本选择最终的软件版本，这里选择 Pillow-6.0.0 win-amd64-py3.7.exe 版本，如图 8-15 所示。

图 8-14　Pillow 下载界面

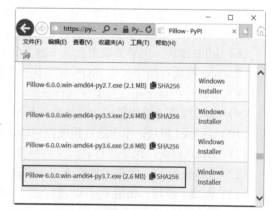

图 8-15　选择合适的 Pillow 版本

Pillow 下载完成后，即可进行安装操作。具体步骤如下：

步骤 1：双击 Pillow-56.10.0 win-amd6432-py3.67.exe 安装文件，进入 Pillow 模块介绍界面，单击"下一步"按钮，如图 8-16 所示。

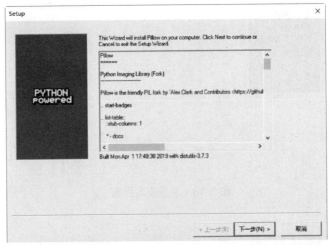

图 8-16　Pillow 模块介绍界面

步骤 2：进入 Python 版本选择界面，Pillow 会自动查询系统中已经安装的 Python 软件的安装路径，直接单击"下一步"按钮，如图 8-17 所示。

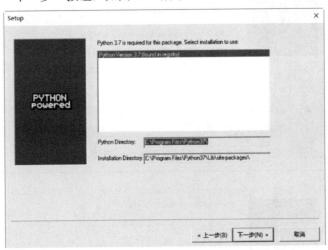

图 8-17　Python 版本选择界面

步骤 3：进入准备安装界面，单击"下一步"按钮，如图 8-18 所示。

步骤 4：开始自动安装 Pillow 模块，并显示安装的进度，如图 8-19 所示。

步骤 5：安装完成后，单击"完成"按钮即可完成 Pillow 模块的安装工作，如图 8-20 所示。

☆经验之谈☆

在导入多个模块时，一般建议的顺序为先导入标准模块，再导入第三方模块，最后导入自定义模块。

第三方模块安装完成后，可以使用以下命令查看是否已经正确安装：

```
help('modules')
```

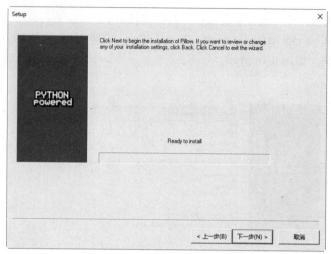

图 8-18 准备安装界面

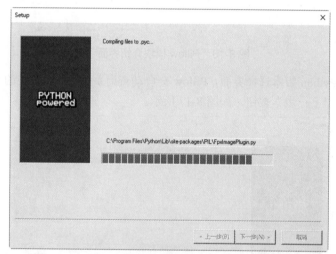

图 8-19 开始安装 Pillow 模块

图 8-20 Pillow 模块安装完成

8.6 将模块制作成安装包

微视频

如果想使用一个存放在其他目录的 Python 程序，或者是其他系统的 Python 程序，就可以将这些 Python 程序制作成一个安装包，然后安装到本地，安装的位置可以选择 sys.path 文件中的任意一个目录。这样用户就可以在任何想要使用该 Python 程序的地方直接使用 import 导入了。

假设需要打包的模块的文件名是 gushi.py，代码如下：

```
def gushi_func():
    print ("山有木兮木有枝，心悦君兮君不知。")
    return
gushi_func()
```

在 gushi.py 文件的同目录下新建一个 setup.py 文件，代码如下：

```
from distutils.core import setup
setup(
    name = 'gushi',
    version='1.0',
    author='gushi',
    author_email='feifei0408110@qq.com',
    url='',
    license='No License',
    platforms='python 3.7',
    py_modules=['gushi'],
    )
```

以管理员的身份运行"命令提示符"，进入 gushi.py 文件的目录，执行下面的命令即可打包 gushi.py 模块：

```
python setup.py sdist
```

执行结果如图 8-21 所示。

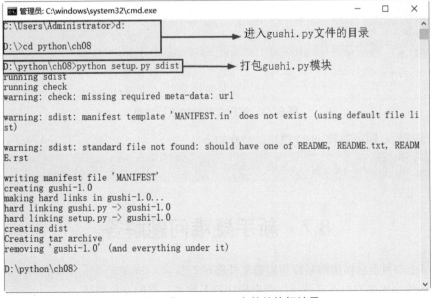

图 8-21 进入 gushi.py 文件的执行结果

运行后在 gushi.py 文件的目录中多出一个 dist 文件夹，进入该文件夹，会发现一个 gushi-1.0.tar.gz 压缩文件，如图 8-22 所示。

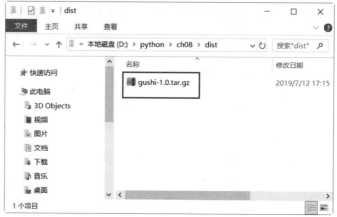

图 8-22　查看 gushi-1.0.tar.gz 压缩文件

在需要加载 gushi 模块的机器上将 gushi-1.0.tar.gz 压缩文件解压，以管理员的身份运行"命令提示符"，进入解压的目录，执行下面的命令即可自动安装 gushi 模块：

```
python setup.py install
```

执行结果如图 8-23 所示。

```
管理员: C:\windows\system32\cmd.exe                              —    □    ×
D:\python\ch08>python setup.py install
running install
running build
running build_py
creating build
creating build\lib
copying gushi.py -> build\lib
running install_lib
copying build\lib\gushi.py -> C:\Program Files\Python37\Lib\site-packages
byte-compiling C:\Program Files\Python37\Lib\site-packages\gushi.py to gushi.cpython-
37.pyc
running install_egg_info
Writing C:\Program Files\Python37\Lib\site-packages\gushi-1.0-py3.7.egg-info

D:\python\ch08>
```

图 8-23　解压文件后的执行结果

安装完成后，即可加载 gushi 模块，命令如下：

```
>>> import gushi
山有木兮木有枝，心悦君兮君不知。
```

8.7　新手疑难问题解答

疑问 1： 如何查看模块的名称和完整文件路径？

解答： 使用模块的内置方法可以查看模块的名称和完整的文件路径。

例如，查看 os 模块的名称和完整文件路径时，代码如下：

```
>>>import os
>>>os.__name__      #显示模块的名称
'os'
>>>os.__file__      #显示模块的完整文件路径。
'C:\\Program Files\\Python37\\lib\\os.py'
```

疑问 2： 有没有性能测试模块？

解答： 解决同一问题往往有多种方法，哪种方法性能更好呢？通过 Python 提供的度量工具 timeit 可以解决上述问题。

例如，使用元组封装和拆封来交换元素和普通的方法哪个更有效，下面做一个测试即可知道：

```
>>> from timeit import Timer
>>> Timer('a=x; x=y; y=a', 'x=100; y=200').timeit()
0.08395686735756323
>>> Timer('x,y = y,x', 'x=100; y=200').timeit()
0.05039464905515523
```

由此可知，通过元组封装和拆封来交换元素的时间更少、效率更高。

8.8　实战训练

实战 1： 生成由数字、字母组成的 6 位验证码。

创建 Python 文件，导入标准模块 random 模块，然后定义一个保存验证码的变量，使用 for 语句实现一个重复 6 次的循环。在该循环中，调用 random 模块提供的 randrange()和 randint()方法生成符合要求的验证码，最后输出生成的验证码，结果如图 8-24 所示。

```
======================= RESTART: D:/python/ch08/8.1.py
生成的验证码是：   oehdg9
```

图 8-24　实战 1 的程序运行结果

实战 2： 模拟微信抢红包。

目前流行微信抢红包活动。下面创建 Python 文件，模拟微信抢红包的过程。根据红包金额和红包个数，随机生成抢到红包的金额，结果如图 8-25 所示。

```
======================= RESTART: D:/python/ch08/8.2.py =======================
请输入红包的金额：500
请输入红包的个数：10
抢红包开始啦！
[18.64, 14.71, 49.22, 28.71, 34.65, 25.63, 31.12, 38.55, 19.7, 239.07]
```

图 8-25　实战 2 的程序运行结果

实战 3： 每隔一秒输出当前时间。

创建 Python 文件，使用 time 模块，实现每隔一秒输出当前时间，同时要格式化当前的时间，这里输出 4 次当前时间，结果如图 8-26 所示。

```
======================= RESTART: D:/python/ch08/8.3.py
2019-07-12 17:48:54
2019-07-12 17:48:55
2019-07-12 17:48:56
2019-07-12 17:48:57
```

图 8-26　实战 3 的程序运行结果

实战 4：输出 1000 以内的斐波那契数列。

创建 Python 文件，自定义模块 fibo，用于计算斐波那契数列，然后加载模块 fibo，输出 1000 以内的斐波那契数列。斐波那契数列从第 3 项开始，每一项都等于前两项之和。它是这样一个数列：1, 1, 2, 3, 5, 8, 13, 21, 34, 55, 89, 144, 233, 377, 610, 987, 1597, 2584, 4181, 6765, 10946, 17711, 28657, 46368……结果如图 8-27 所示。

```
======================= RESTART: D:/python/ch08/8.4.py
下面开始计算1000以内的斐波那契数列!
1 1 2 3 5 8 13 21 34 55 89 144 233 377 610 987
```

图 8-27　实战 4 的程序运行结果

第9章

异常处理和程序调试

本章内容提要

异常是 Python 语言中重要的概念。编写程序的过程中出现错误也是十分常见的，无论多少资深的程序员，也无法保证一次编写成功。在程序开发过程中，总会发生一些不可预期的事情，Python 只有程序运行后才会执行语法检查，掌握一定的异常处理语句和程序调试方法是十分必要的。本章将详细介绍异常的概念、捕获处理和抛出异常，最后介绍如何自定义异常类与程序调试。

9.1　异常概述

微视频

在程序运行过程中，经常会遇到各种各样的错误，这些错误统称为异常。有的错误是程序编写有问题造成的，如本该输出字符串，结果却输出整数，这种错误通常称之为 bug，bug 是必须修复的。有的错误是用户输入造成的，如让用户输入 E-mail 地址，结果却得到一个空字符串，这种错误可以通过检查用户输入来做出相应处理。还有一种错误是完全无法在程序运行过程中预测的，如写入文件时磁盘满了，或者从网络抓取数据时网络突然断，这种错误也称为异常，在程序中是必须要处理的，否则程序会因为各种问题终止并退出。

【例 9.1】模拟计算学生的平均分（源代码\ch09\9.1.py）。

```python
def avgsum():
    "计算学生的平均分"
    print ("开始计算学生的平均分！")
    sum = int(input("请输入本次考试的总分："))     #输入考试的总分数
    num = int(input("请输入考试科目的数量："))     #输入考试科目的数量
    result = sum//num                            #计算考试的平均分
    print ("本次考试的平均分是：", result)
avgsum()                                         #调用计算平均分的函数
```

程序运行结果如图 9-1 所示。

```
==================== RESTART: D:/python/ch09/9.1.py
开始计算学生的平均分！
请输入本次考试的总分：360
请输入考试科目的数量：4
本次考试的平均分是： 90
```

图 9-1　例 9.1 的程序运行结果

如果在输入考试科目的数量时，不小心把数量输入成了 0，结果如图 9-2 所示。

```
======================= RESTART: D:/python/ch09/9.1.py =======================
开始计算学生的平均分！
请输入本次考试的总分：360
请输入考试科目的数量：0
Traceback (most recent call last):
  File "D:/python/ch09/9.1.py", line 8, in <module>
    avgsum()                                              #调用计算平均分的函数
  File "D:/python/ch09/9.1.py", line 6, in avgsum
    result = sum//num                                     #计算考试的平均分
ZeroDivisionError: integer division or modulo by zero
```

图 9-2　提示 ZeroDivisionError 异常

从结果可以看出，遇到除以 0 的情况，Python 解释器会输出一个异常（exception），它会停止程序的运行，然后显示一个追踪（traceback）信息。其中，括号内的 most recent call last 表示异常发生在最近一次调用的表达式；line 6 表示发生错误的行数，ZeroDivisionError 是内置异常的名称，其后的字符串是对此异常的描述。

如果在输入考试科目的数量时，不小心把数量输入为小数，结果如图 9-3 所示。

```
======================= RESTART: D:/python/ch09/9.1.py =======================
开始计算学生的平均分！
请输入本次考试的总分：360
请输入考试科目的数量：3.6
Traceback (most recent call last):
  File "D:/python/ch09/9.1.py", line 8, in <module>
    avgsum()                                              #调用计算平均分的函数
  File "D:/python/ch09/9.1.py", line 5, in avgsum
    num = int(input("请输入考试科目的数量："))          #输入考试科目的数量
ValueError: invalid literal for int() with base 10: '3.6'
```

图 9-3　提示 ValueError 异常

结果提示 ValueError 异常，表示传入值错误。

☆**大牛提醒**☆

当程序代码中发生错误或事件时，程序流程就会被中断，然后跳至运行该异常的程序代码处。Python 语言有许多内置异常，并且这些异常已内置于 Python 语言中。

在 Python 语言中，常见的异常如下。

（1）NameError：尝试访问一个没有声明的变量引发的错误。

（2）IndexError：索引超出序列范围引发的错误。

（3）IndentationError：缩进错误。

（4）ValueError：传入的值错误。

（5）KeyError：请求一个不存在的字典关键字引发的错误。

（6）IOError：输入输出错误。

（7）ImportError：当 import 语句无法找到模块或 from 无法在模块中找到相应的名称时引发的错误。

（8）AttributeError：尝试访问未知的对象属性引发的错误。

（9）TypeError：类型不合适引发的错误。

（10）MemoryError：内存不足。

（11）ZeroDivisionError：除数为引发的错误。

9.2　使用语句处理异常

微视频

在例 9.1 中，如果输入的数据符合程序的要求，则程序运行正常，否则将抛出异常并停止运行。通过 Python 语言提供的语句可以处理这些异常情况。本节将介绍处理异常的语句。

9.2.1　try…except 语句

通过 try…except 语句可以捕获并处理异常。其语法格式如下：

```
try:
    <语句>
except [<异常的名称> [, <异常类的例变量名称>]]:
    <异常的处理语句>
[else:
    <没有异常产生时的处理语句>]
```

在中括号（[]）内的语法，表示是可以省略的。使用 try…except 语句的工作原理如下：

（1）执行 try 子句，在关键字 try 和关键字 except 之间的语句。

（2）如果没有异常发生，就忽略 except 子句，try 子句执行后结束。

（3）如果在执行 try 子句的过程中发生了异常，那么 try 子句余下的部分将被忽略。如果异常的类型和 except 之后的名称相符，那么对应的 except 子句将被执行。

（4）如果一个异常没有与任何的 except 匹配，那么这个异常将会传递到上层的 try 中。

☆大牛提醒☆

异常的名称可以是空白的，表示此 except 语句处理所有类型的异常。异常的名称也可以是一个或多个。可以使用不同的 except 语句处理不同的异常。else 语句之内的语句是没有异常发生时的处理程序。

下面以如何捕获并处理除数为 0 的异常进行讲解。

【例 9.2】捕获并处理除数为 0 的异常（源代码\ch09\9.2.py）。

```
def avgsum():
    "计算学生的平均分"
    print ("开始计算学生的平均分！")
    sum = int(input("请输入本次考试的总分："))      #输入考试的总分数
    num = int(input("请输入考试科目的数量："))      #输入考试科目的数量
    result = sum//num                              #计算考试的平均分
    print ("本次考试的平均分是：", result)
try:                                               #捕获异常
avgsum()                                           #调用计算平均分的函数
except ZeroDivisionError:                          #处理异常
    print ("注意！出错了，考试科目的数量不能为 0！")
```

程序运行结果如图 9-4 所示。

例 9.2 只处理了除数为 0 的情况，如果输入的考试科目的数量为小数或者不是数字，还是会抛出 ValueError 的问题。下面再添加一个 except 语句，用于处理 ValueError 异常的问题。

【例 9.3】捕获并处理除数为 0 和传入值错误的异常（源代码\ch09\9.3.py）。

```
def avgsum():
    "计算学生的平均分"
    print ("开始计算学生的平均分！")
    sum = int(input("请输入本次考试的总分："))      #输入考试的总分数
    num = int(input("请输入考试科目的数量："))      #输入考试科目的数量
    result = sum//num                              #计算考试的平均分
    print ("本次考试的平均分是：", result)
try:                                               #捕获异常
avgsum()                                           #调用计算平均分的函数
```

```
except ZeroDivisionError:                         #处理除数为 0 的异常
    print ("注意! 出错了，考试科目的数量不能为 0! ")
except ValueError:                                #处理数据类型不符的异常
    print ("注意! 出错了，输入的数据类型不对，请仔细检查输入的数据! ")
```

程序运行结果如图 9-5 所示。

```
========================= RESTART: D:/python/ch09/9.2.py
开始计算学生的平均分!
请输入本次考试的总分: 360
请输入考试科目的数量: 0
注意! 出错了，考试科目的数量不能为0!
```

图 9-4　例 9.2 的程序运行结果

```
======================== RESTART: D:/python/ch09/9.3.py ===
开始计算学生的平均分!
请输入本次考试的总分: 360
请输入考试科目的数量: 4.6
注意! 出错了，输入的数据类型不对，请仔细检查输入的数据!
```

图 9-5　例 9.3 的程序运行结果

☆经验之谈☆

如果用户想一次性处理多个异常，可以在 except 语句后面使用一对小括号将可能出现的异常名称括起来，多个名称之间用逗号分隔，然后通过 as 指定一个别名，最后输出出错的原因即可。

例如，例 9.3 的异常处理部分，可以修改如下：

```
try:                                              #捕获异常
    avgsum()                                      #调用计算平均分的函数
except (ZeroDivisionError, ValueError) as zv:     #处理多个异常
    print ("注意! 出错，错误是: ",zv)
```

9.2.2　try…except…else 语句

下面使用 else 语句处理没有异常时的情况。注意，使用 else 语句时，一定要有 except 语句才行。

【例 9.4】处理没有异常的情况（源代码\ch09\9.4.py）。

```
def avgsum():
    "计算学生的平均分"
    print ("开始计算学生的平均分! ")
    sum = int(input("请输入本次考试的总分: "))    #输入考试的总分数
    num = int(input("请输入考试科目的数量: "))    #输入考试科目的数量
    result = sum//num                             #计算考试的平均分
    print ("本次考试的平均分是: ", result)
try:                                              #捕获异常
    avgsum()                                      #调用计算平均分的函数
except ZeroDivisionError:                         #处理除数为 0 的异常
    print ("注意! 出错了，考试科目的数量不能为 0! ")
except ValueError:                                #处理数据类型不符的异常
    print ("注意! 出错了，输入的数据类型不对，请仔细检查输入的数据! ")
else:                                             #处理没有异常的情况
    print ("计算平均分完成了! ")
```

程序运行结果如图 9-6 所示。

从运行结果可以看出，没有发生异常时，会执行 else 子句的流程。由此可见，当程序没有发送异常时，通过添加一个 else 子句，可以帮助读者更好地判断程序的执行情况。

```
======================== RESTART: D:/python/ch09/9.4.py
开始计算学生的平均分!
请输入本次考试的总分: 360
请输入考试科目的数量: 4
本次考试的平均分是: 90
计算平均分完成了!
```

图 9-6　例 9.4 的程序运行结果

9.2.3　try…except…finally 语句

try…except…finally 语句可以当作清除异常使用。不管 try 语句内是否运行失败，finally 语句一定会被运行。其语法格式如下：

```
try:
    <语句>
except [<异常的名称> [, <异常类的例变量名称>]]:
    <异常的处理语句>
finally:
    <必须执行的处理语句>
```

如果程序中有一些在任何情况下都必须执行的代码，可以将它们放在 finally 代码块中。

【例 9.5】加入 finally 语句（源代码\ch09\9.5.py）。

```
def avgsum():
    "计算学生的平均分"
    print ("开始计算学生的平均分！")
    sum = int(input("请输入本次考试的总分："))          #输入考试的总分数
    num = int(input("请输入考试科目的数量："))          #输入考试科目的数量
    result = sum//num                                   #计算考试的平均分
    print ("本次考试的平均分是: ", result)
try:                                                    #捕获异常
    avgsum()                                            #调用计算平均分的函数
except ZeroDivisionError:                               #处理除数为 0 的异常
    print ("注意！出错了，考试科目的数量不能为 0！")
except ValueError:                                      #处理数据类型不符的异常
    print ("注意！出错了，输入的数据类型不对，请仔细检查输入的数据！")
else:                                                   #处理没有异常的情况
    print ("计算平均分完成了！")
finally:                                                #任何情况下都必须执行的代码
    print ("本次考试成绩的平均分已经公布，加油！")
```

程序运行结果如图 9-7 所示。

```
======================== RESTART: D:/python/ch09/9.5.py
开始计算学生的平均分！
请输入本次考试的总分：360
请输入考试科目的数量：0
注意！出错了，考试科目的数量不能为0！
本次考试成绩已经公布，加油！
```

图 9-7　例 9.5 的程序运行结果

从结果可以看出，无论是否发生异常，finally 语句中的代码都会被执行。

9.2.4　使用 raise 语句抛出异常

Python 使用 raise 语句抛出一个指定的异常。其语法格式如下：

```
raise[Exceptionname[(reason)]]
```

这里的 Exceptionname(reason)为可选参数，用于指定抛出异常的名称和异常的信息。如果省略，则会把当前的错误信息抛出。例如：

```
raise NameError('这里使用 raise 抛出一个异常')
```

☆**大牛提醒**☆

如果用户只想判断是否会抛出一个异常，而不想去处理它，那么此时使用 raise 语句是最佳的选择。

用户也可以直接输出异常的类名称。例如：

```
raise IndexError()                                          #输出异常的类名称
```

修改例 9.5，加入限制输入的总分数必须小于或等于 400 分。

【例 9.6】限制总分数必须小于或等于 400 分（源代码\ch09\9.6.py）。

```
def avgsum():
    "计算学生的平均分"
    print ("开始计算学生的平均分！")
    sum = int(input("请输入本次考试的总分："))          #输入考试的总分数
    if sum >400:
        raise ValueError("注意，考试的总分不能超过400分！")
    num = int(input("请输入考试科目的数量："))          #输入考试科目的数量
    result = sum//num                                    #计算考试的平均分
    print ("本次考试的平均分是：", result)
try:                                                     #捕获异常
    avgsum()                                             #调用计算平均分的函数
except ZeroDivisionError:                                #处理除数为 0 的异常
    print ("注意！出错了，考试科目的数量不能为 0！")
except ValueError as ve:                                 #处理数据类型不符的异常
    print ("注意！出错了！",ve)
```

程序运行结果如图 9-8 所示。

```
================== RESTART: D:/python/ch09/9.6.py
开始计算学生的平均分！
请输入本次考试的总分：460
注意！出错了！ 考试的总分不能超过400分！
```

图 9-8   例 9.6 的程序运行结果

9.2.5   使用 pass 语句忽略异常

用户可以在 except 语句内使用 pass 语句来忽略所发生的异常。

【例 9.7】忽略所有的异常（源代码\ch09\9.7.py）。

```
def avgsum():
    "计算学生的平均分"
    print ("开始计算学生的平均分！")
    sum = int(input("请输入本次考试的总分："))          #输入考试的总分数
    num = int(input("请输入考试科目的数量："))          #输入考试科目的数量
    result = sum//num                                    #计算考试的平均分
    print ("本次考试的平均分是：", result)
try:                                                     #捕获异常
    avgsum()                                             #调用计算平均分的函数
except:                                                  #忽略所有的异常
    print ("注意，这里的异常被忽略了！")
```

程序运行结果如图 9-9 所示。

```
================== RESTART: D:\python\ch09\9.7.py
开始计算学生的平均分！
请输入本次考试的总分：460
请输入考试科目的数量：0
注意，这里的异常被忽略了！
```

图 9-9   例 9.7 的程序运行结果

9.3 raise 语句的高级应用

微视频

raise 语句不仅可以抛出异常，还可以结束解释器的运行和离开循环体。

9.3.1 结束解释器的运行

用户可以通过输出 SystemExit 异常强制结束 Python 解释器的运行，代码如下：

```
raise SystemExit
```

程序运行结果如图 9-10 所示。

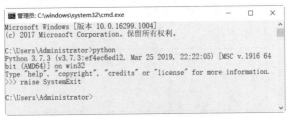

图 9-10 强制结束 Python 解释器的运行结果

使用 sys.exit()函数会输出一个 SystemExit 异常，sys.exit()函数会结束线程。

下面例子中利用 sys.exit()函数输出一个 SystemExit 异常，然后在异常处理过程中显示一个字符串。

```
>>>import sys
>>>try:
    sys.exit()
except SystemExit:
    print ("目前还不能结束解释器的运行")


目前还不能结束解释器的运行
```

如果想正常结束 Python 解释器的运行，那么最好使用 os 模块的_exit()函数，代码如下：

```
>>> import os
>>> os._exit(0)
```

程序运行结果如图 9-11 所示。

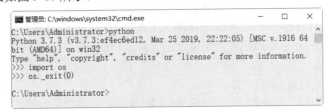

图 9-11 使用 os 模块的_exit()函数正常结束 Python 解释器的运行结果

9.3.2 跳出嵌套循环

如果想离开循环，一般使用 break 语句。但是如果在一个嵌套循环之内，break 语句只能离开最内层的循环，而不能离开嵌套循环，此时就可以使用 raise 语句跳出嵌套循环。

【例 9.8】使用 raise 语句离开嵌套循环（源代码\ch09\9.8.py）。

```
class ExitLoop(Exception):              #自定义异常
    pass

try:                                    #捕获异常
    i = 1
    while i < 10:
        for j in range(1, 10):
            print (i, j)
            if (i == 5) and (j == 5):
                raise (ExitLoop)        #抛出异常
            i+=1
except ExitLoop:                        #处理异常
    print ("当 i = 5 j = 5 时离开嵌套循环")
```

程序运行结果如图 9-12 所示。

```
======================= RESTART: D:/python/ch09/9.7.py
1 1
2 2
3 3
4 4
5 5
当 1 = 5 j = 5时离开嵌套循环
```

图 9-12 例 9.8 的程序运行结果

ExitLoop 类继承自 Exception。当程序代码运行至：

```
raise ExitLoop
```

将跳出嵌套循环，然后跳至：

```
except ExitLoop:
```

继续运行以下指令：

```
print ("当 i = 5 j = 5 时离开嵌套循环")
```

Python 语言支持使用类输出异常。类可以是 Python 语言的内置异常，也可以是用户自定义异常。使用类输出异常是一种比较好的方式，因为捕捉异常时更有弹性。

微视频

9.4 异常类的例

每当有一个异常被输出时，该异常类就会创建一个例，此例继承了异常类的所有属性。每一个异常类例都有一个 args 属性。args 属性是一个元组格式，这个元组格式可能只包含错误信息的字符串（1-tuple），也可能包含两个以上的元素（2-tuple、3-tuple…）。异常类的不同，这个元组格式也不同。

下面输出一个 IndexError 的异常：

```
>>>x = [1, 2, 3]
>>>print (x[4])
Traceback (most recent call last):
  File "<pyshell#3>", line 1, in <module>
    print (x[4])
IndexError: list index out of range
```

从运行结果可以看出，输出一个 IndexError 异常，信息字符串是"list index out of range"。
下面使用 try…except 语句捕捉上面的 IndexError 异常。

```
>>> try:
    x = [1, 2, 3]
    print (x[4])
except IndexError as indt:
    print (indt.args[0])

list index out of range
```

在 except 语句的右方加上一个 indt 变量，它是一个异常类例。当 IndexError 异常发生时，indt 例就会被创建。indt 例的 args 属性值是一个元组，输出该元组的第一个字符串就是 IndexError 异常的错误信息字符串"list index out of range"。

9.5　自定义异常

微视频

除了内置异常，Python 也支持用户自定义异常。用户自定义异常与内置异常并无差别，只是内置异常是定义在 exceptions 模块中。当 Python 解释器启动时，exceptions 模块就会事先加载。

Python 允许用户定义自己的异常类，并且用户自定义的异常类必须从任何一个 Python 的内置异常类派生而来。

【例 9.9】自定义异常类 MyError（源代码\ch09\9.9.py）。

下面的示例是使用 Python 的内置 Exception 异常类作为基类，创建一个用户自定义的异常类 MyError。

```
class MyError(Exception):
    pass

def avgsum():
    "计算学生的平均分"
    print ("开始计算学生的平均分！")
    sum = int(input("请输入本次考试的总分："))           #输入考试的总分数
    if sum > 400:
        raise MyError("注意，考试的总分不能小于 0 分！这是一个自定义的异常！")
    num = int(input("请输入考试科目的数量："))            #输入考试科目的数量
    result = sum//num                                    #计算考试的平均分
    print ("本次考试的平均分是：", result)
try:                                                     #捕获异常
    avgsum()                                             #调用计算平均分的函数
except MyError as myerr:
    print (myerr.args[0])
```

myerr 变量是用户自定义异常类 MyError 的例变量，myerr.args 就是该用户定义异常类的 args 属性值。程序运行结果如图 9-13 所示。

```
================== RESTART: D:/python/ch09/9.9.py
开始计算学生的平均分！
请输入本次考试的总分：460
注意，考试的总分不能大于400分！这是一个自定义的异常！
```

图 9-13　例 9.9 的程序运行结果

读者还可以将所创建的用户自定义异常类，再当作其他用户自定义异常类的基类。

【例 9.10】自定义异常类 MynewError（源代码\ch09\9.10.py）。

下面的案例是使用刚刚自定义的 MyError 异常类作为基类，创建一个用户自定义的异常类 MynewError。

```python
class MyError(Exception):
    pass
class MynewError(MyError):
    def printString(self):
        print (self.args)
def avgsum():
    "计算学生的平均分"
    print ("开始计算学生的平均分！")
    sum = int(input("请输入本次考试的总分："))          #输入考试的总分数
    if sum > 400:
        raise MynewError("注意，考试的总分不能大于400分！这是一个自定义异常的子类！")
    num = int(input("请输入考试科目的数量："))          #输入考试科目的数量
    result = sum//num                                 #计算考试的平均分
    print ("本次考试的平均分是: ", result)
try:                                                  #捕获异常
    avgsum()                                          #调用计算平均分的函数
except MynewError as mynew:
    mynew. printString()
```

程序运行结果如图 9-14 所示。

```
======================= RESTART: D:\python\ch09\9.10.py =========
开始计算学生的平均分！
请输入本次考试的总分，460
('注意，考试的总分不能大于400分！这是一个自定义异常的子类！',)
```

图 9-14　例 9.10 的程序运行结果

9.6　程序调试

微视频

在程序开发过程中，难免会出现各种类型的错误，包括语法、逻辑方面等。本节将讲述如何调试程序的错误。

9.6.1　使用 assert 语句调试程序

通过使用 assert 语句，可以帮助用户检测程序代码中的错误。

assert 语句的语法如下：

```
assert <测试码> [, 参数]
```

测试码是一段返回 True 或 False 的程序代码。若测试码返回 True，则继续运行后面的程序代码；若测试码返回 False，assert 语句则会输出一个 AssertionError 异常，并输出 assert 语句的[参数]作为错误信息字符串。

【例 9.11】使用 assert 语句调试程序（源代码\ch09\9.11.py）。

添加一个 assert 语句，验证输入的总分数是否大于 400 分。

```python
def avgsum():
    "计算学生的平均分"
    print ("开始计算学生的平均分！")
    sum = int(input("请输入本次考试的总分："))          #输入考试的总分数
```

```
        assert sum <= 400," 注意，考试的总分不能大于 400 分！ "    #应用断言调试
        num = int(input("请输入考试科目的数量: "))               #输入考试科目的数量
        result = sum//num                                     #计算考试的平均分
        print ("本次考试的平均分是: ", result)
    try:                                                      #捕获异常
        avgsum()                                              #调用计算平均分的函数
    except AssertionError as ae:
        print ("输入错误: ", ae)
```

程序运行结果如图 9-15 所示。

```
===================== RESTART: D:/python/ch09/9.11.py
开始计算学生的平均分！
请输入本次考试的总分: 460
输入错误:  注意，考试的总分不能大于400分！
```

图 9-15　例 9.11 的程序运行结果

9.6.2　使用 IDLE 工具进行程序调试

IDLE 提供了程序调试功能，下面通过案例来学习。

【例 9.12】模拟动物园中的管理员给猴子分香蕉（源代码\ch09\9.12.py）。

```
def avgsum():
    "动物园中的管理员给猴子分香蕉"
    print ("开始分香蕉啦！")
    sum = int(input("请输入香蕉的个数: "))                   #输入香蕉的个数
    num = int(input("请输入动物园中猴子的个数: "))            #输入猴子的个数
    result = sum//num                                        #计算每只猴子分几个香蕉
    print ("每只猴子分的香蕉数目是: ", result)

if __name__ == '__main__':
    avgsum()                                                 #调用分香蕉的函数
```

程序运行结果如图 9-16 所示。

```
===================== RESTART: D:/python/ch09/9.12.py
开始分香蕉啦！
请输入香蕉的个数: 100
请输入动物园中猴子的个数: 25
每只猴子分的香蕉数目是:  4
```

图 9-16　例 9.12 的程序运行结果

下面在 IDLE 中调试 9.12.py 文件，具体操作步骤如下：

步骤 1：在 IDLE 主界面中选择 Debug→Debugger 菜单命令，如图 9-17 所示。

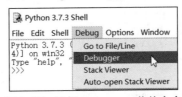

图 9-17　选择 Debugger 菜单命令

步骤 2：提示调试模式已经打开，如图 9-18 所示。

步骤 3：在 IDLE 主界面中选择 File→Open…菜单命令，如图 9-19 所示。

步骤 4：弹出"打开"对话框，选择需要打开的文件 9.12.py，如图 9-20 所示。

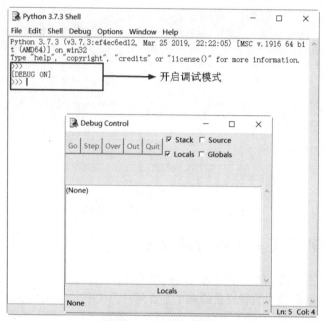

图 9-18　开启调试模式

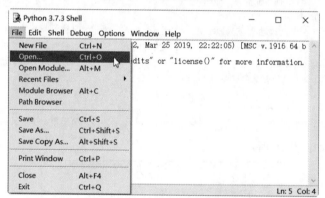

图 9-19　选择 Open…菜单命令

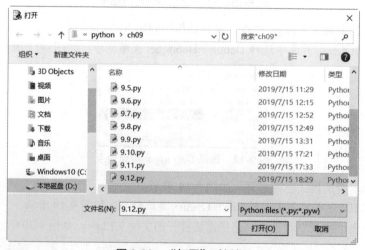

图 9-20　"打开"对话框

步骤 5：在需要添加断点的行上右击，在弹出的快捷菜单中选择 Set BreakPoint 菜单命令，如图 9-21 所示。

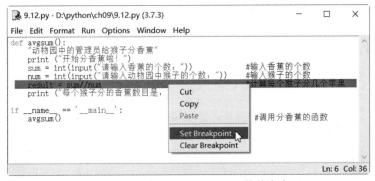

图 9-21　选择 Set Breakpoint 菜单命令

步骤 6：添加断点的行将以黄色底纹标记，如图 9-22 所示。

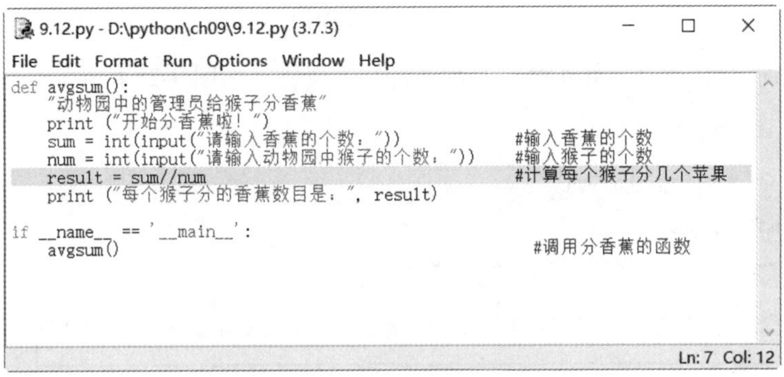

图 9-22　添加断点后的效果

步骤 7：按 F5 键，开始运行 9.12.py 文件，此时 Debug Control 窗口将显示执行的情况，选择 Globals 复选框，将显示全局变量，如图 9-23 所示。在调试工具栏中，提供了 5 个工具按钮。单击 Go 按钮将继续执行程序，直到所设置的第一个断点。

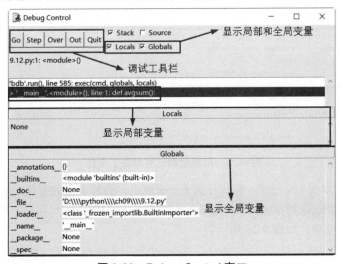

图 9-23　Debug Control 窗口

☆**大牛提醒**☆

工具栏中各个按钮的含义如下：Go 按钮用于执行跳至断点操作；Step 按钮用于进入要执行的函数；Over 按钮表示单步执行；Out 按钮表示跳出所在的函数；Quit 按钮表示结束调试。

步骤 8：第一个断点之前需要获取用户的输入，所以需要先在 IDLE 窗口输入香蕉和猴子的个数，如图 9-24 所示。

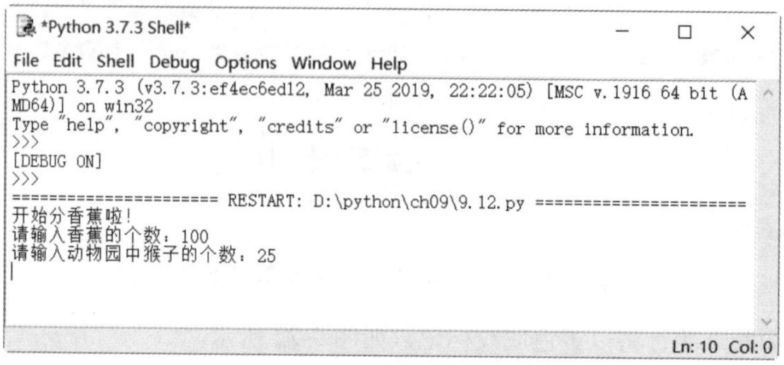

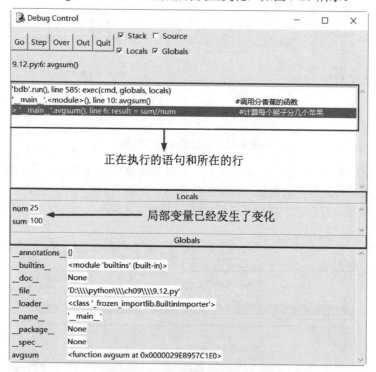

图 9-24　IDLE 窗口

步骤 9：此时，Debug Control 窗口的数据将发生变化，如图 9-25 所示。

图 9-25　局部变量已经发生了变化

步骤 10：继续单击 Go 按钮，将执行到下一个断点，查看变量的变化，直到全部断点都执行完毕。程序调试完成后，可以关闭 Debug Control 窗口，此时 IDLE 窗口将显示"[DEBUG OFF]"，表示程序调试已经结束，如图 9-26 所示。

图 9-26　程序调试已经结束

9.7　新手疑难问题解答

疑问 1：异常处理语句的各个子句之间有什么关系？

解答： 异常处理语句包括 try…except、try…except…else 和 try…except…finally，它们的关系如图 9-27 所示。

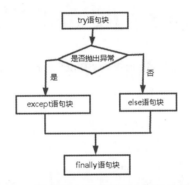

图 9-27　各个子句之间的关系

疑问 2：新手在编写 Python 代码时最常犯的错误有哪些？

解答： 在 Python 编程中，新手最常犯的错误如下：

1. 缺少冒号引起错误

在 if、elif、else、for、while、class、def 声明末尾需要添加"："，如果忘记添加，就会提示"SyntaxError：invalid syntax"的语法错误。例如：

```
>>> if x>100
        print("冰肌不污天真，晓来玉立瑶池里。亭亭翠盖，盈盈素靥，时妆净洗。")

SyntaxError: invalid syntax
```

2. 将赋值运算符=与比较运算符==混淆

如果误将=号用作==号，就会提示 SyntaxError：invalid syntax 的语法错误。例如：

```
>>> if x=100:
        print("泛扁舟，浩波千里。只愁回首，冰奁半掩，明珰乱坠。")

SyntaxError: invalid syntax
```

3. 代码结构的缩进错误

当代码结构的缩进量不正确时，常常会提示错误信息，如"IndentationError：unexpected indent""IndentationError：unindent does not match any outer indetation level"和"IndentationError：expected an indented block"。

```
>>>a=100
>>>if a>100:
        print ("冰肌不污天真，晓来玉立瑶池里。")
    else:
    print ("泛扁舟，浩波千里。只愁回首，冰奁半掩，明珰乱坠。")
SyntaxError: unindent does not match any outer indentation level
```

4. 修改元组和字符串的值时报错

元组和字符串的元素值是不能修改的，如果修改它们的元素值，就会提示错误信息。例如：

```
>>>a = (1, 2, 3)
#以下修改元组元素操作是非法的。
>>>a[1] =4
Traceback (most recent call last):
  File "<pyshell#6>", line 1, in <module>
    a[1] =4
TypeError: 'tuple' object does not support item assignment
```

5. 连接字符串和非字符串

如果将字符串和非字符串连接，就会提示错误"TypeError: can only concatenate str (not "int") to str"。例如：

```
>>>a="冰肌不污天真，晓来玉立瑶池里。"
>>>b=100
>>>print (a+b)
Traceback (most recent call last):
  File "<pyshell#9>", line 1, in <module>
    print (a+b)
TypeError: can only concatenate str (not "int") to str
```

6. 在字符串首尾忘记加引号

在字符串的首尾必须添加引号，如果没有添加或没有成对出现，就会提示错误"SyntaxError：EOL while scanning string literal"。例如：

```
>>>print("冰肌不污天真，晓来玉立瑶池里。")
SyntaxError: EOL while scanning string literal
```

7. 变量或函数名拼写错误

如果函数名或变量拼写错误，就会提示错误"NameError：name 'ab' is not defined"。例如：

```
>>>x= '冰肌不污天真，晓来玉立瑶池里。'
>>>print(y)
Traceback (most recent call last):
  File "<pyshell#12>", line 1, in <module>
    print(y)
NameError: name 'y' is not defined
```

8. 引用超过列表的最大索引值

如果引用超过列表的最大索引值，就会提示错误"IndexError：list index out of range"。例如：

```
>>>x =[ 1, 2, 3]
>>>print(x[3])
Traceback (most recent call last):
  File "<pyshell#14>", line 1, in <module>
    print(x[3])
IndexError: list index out of range
```

9. 使用关键字作为变量名

Python 关键字不能用作变量名。Python 3 的关键字有 and、as、assert、break、class、continue、def、del、elif、else、except、False、finally、for、from、global、if、import、in、is、lambda、None、nonlocal、not、or、pass、raise、return、True、try、while、with、yield 等，如果使用这些关键字作为变量，就会提示错误"SyntaxError：invalid syntax"。例如：

```
>>>return = '欲唤凌波仙子'
SyntaxError: invalid syntax
```

10. 变量没有初始值时使用增值操作符

当变量还没有指定一个有效的初始值时，使用增值操作符，将会提示错误"NameError: name 'obj' is not defined"。例如：

```
>>> u-=1
Traceback (most recent call last):
  File "<pyshell#18>", line 1, in <module>
    u-=1
NameError: name 'u' is not defined
```

11. 误用自增和自减运算符

在 Python 编程语言中没有自增（++）或自减（--）运算符，如果误用，就会提示错误"SyntaxError：invalid syntax"。例如：

```
>>>news=1
>>>news++
SyntaxError: invalid syntax
```

9.8　实战训练

解题思路

实战 1： 捕获所有的异常。

创建列表["1000", "2000", "冰箱", "空调", "3000"]，然后将所有元素相加，忽略所有的异常。列表中可以转换的三个元素（"1000"、"2000"和"3000"）的和。int()函数将字符串转换为整数。当 int()函数无法将字符串转换为整数时，就会输出 ValueError 的异常。在 except 语句内使用 pass 语句可以忽略所发生的 ValueError 异常，程序运行结果如图 9-28 所示。

实战 2： 检测函数的参数类型是否是字符串。

创建函数，检测函数的参数类型是否是字符串。如果函数的参数类型不是字符串，就输出一个 AssertionError 异常，运行结果如图 9-29 所示。

```
===================== RESTART: D:/python/ch09/9.13.py
6000
```
图 9-28　实战 1 的程序运行结果

```
===================== RESTART: D:/python/ch09/9.14.py
注意！出错了。 参数类型不是字符串
```
图 9-29　实战 2 的程序运行结果

第10章

操作文件和目录

本章内容提要

在前面的章节中，数据只是暂时存储在变量、序列和对象中，一旦程序结束，数据也会随之丢失。如果想长时间地保存程序中的数据，就需要将数据保存到磁盘文件中。在程序运行过程中将数据保存到文件，程序运行结束后，相关数据就保存在文件中了。Python 语言提供了文件对象，通过该对象可以访问、修改和存储来自其他程序的数据。本章将重点学习文件和目录的操作方法和技巧。

10.1　打开和关闭文件

微视频

Python 语言内置了文件对象。通过该对象的 open() 方法创建一个文件对象，然后通过其他方法进行基本的操作。

10.1.1　创建和打开文件

在 Python 语言中操作文件之前，首先需要创建或者打开存在的文件并创建文件对象，可以通过内置的 open() 函数实现。其语法格式如下：

```
file = open(filename[,mode[,buffering]])
```

其中，各个参数的含义如下。

（1）file：被创建的文件对象。

（2）filename：要创建或打开文件的文件名称，需要用引号括起来。如果要打开的文件和当前文件在同一个目录下，直接写文件名称即可，否则需要指定完整的路径。

（3）mode：可选参数，表示打开文件的模式。mode 的默认值为 r（只读）。

（4）buffering：可选参数，控制文件是否缓冲。值为 1 或 True 表示缓存；值为 0 或 False表示不缓存；值大于 1，表示缓冲区的大小。默认值为 1。

☆**大牛提醒**☆

参数 buffering 控制文件是否缓冲。若该参数为 1 或 True，则表示有缓冲。数据的读取操作通过内存来运行，只有使用 flush() 或 close() 函数，才会更新硬盘上的数据。若该参数为 0 或 False，则表示无缓冲，所有的读写操作都直接更新硬盘上的数据。

open 函数中的模式参数如表 10-1 所示。

表 10-1　open 函数中的模式参数

参 数 名 称	说　　明
'r'	以读方式打开文件。文件的指针将会放在文件的开头，这是默认方式
'rb'	以二进制格式打开一个文件，用于只读。文件的指针将会放在文件的开头，这是默认方式
'r+'	打开一个文件，用于读写。文件的指针将会放在文件的开头
'rb+'	以二进制格式打开一个文件，用于读写。文件的指针将会放在文件的开头
'w'	打开一个文件，只用于写入。如果该文件已存在，就将其覆盖；如果该文件不存在，就创建新文件
'wb'	以二进制格式打开一个文件，只用于写入。如果该文件已存在，就将其覆盖；如果该文件不存在，就创建新文件
'w+'	打开一个文件，用于读写。如果该文件已存在，就将其覆盖；如果该文件不存在，就创建新文件
'wb+'	以二进制格式打开一个文件，用于读写。如果该文件已存在，就将其覆盖；如果该文件不存在，就创建新文件
'a'	打开一个文件，用于追加。如果该文件已经存在，文件指针就会放在文件的结尾；如果该文件不存在，就创建新文件进行写入
'ab'	以二进制格式打开一个文件，用于追加。如果该文件已经存在，文件指针就会放在文件的结尾；如果该文件不存在，就创建新文件进行写入
'a+'	打开一个文件，用于读写。如果该文件已经存在，文件指针就会放在文件的结尾；如果该文件不存在，就创建新文件进行写入
'ab+'	以二进制格式打开一个文件，用于追加。如果该文件已经存在，文件指针就会放在文件的结尾；如果该文件不存在，就创建新文件用于读写

使用 open()函数将返回一个文件对象。例如：

```
f=open(r'D:\t1.txt')
```

☆大牛提醒☆

因为默认的模式为读模式，所以读模式和忽略不写的效果是一样的。

这里的参数 r 表示以读模式打开文件。如果该文件存在，就创建一个文件对象 f；如果该文件不存在，就提示异常信息。

```
>>> f=open(r'D:\t1.txt')
Traceback (most recent call last):
  File "<pyshell#0>", line 1, in <module>
    f=open(r'D:\t1.txt')
FileNotFoundError: [Errno 2] No such file or directory: 'D:\\t1.txt'
```

要解决这个问题，可以采用以下两种方法：

（1）在 D 盘目录下创建 t1.txt 文件。

（2）在调用 open()函数时，指定 mode 的参数值为 w、w+、a 或 a+。当要打开的文件不存在时，会自动创建 t1.txt 文件。

【例 10.1】创建并打开记录古诗的文件（源代码\ch10\10.1.py）。

在该文件中，首先输出一条提示信息，然后调用 open()函数创建或打开文件，最后再输出一条提示信息。

```
print ("古诗欣赏开始啦! ")
file = open('gushi.txt','w')          #创建或打开保存古诗的文件
print ("古诗欣赏完毕! ")
```

程序运行结果如图 10-1 所示。

程序运行后，在 10.1.py 文件所在的目录下创建了一个名称为 gushi.txt 的文件，该文件没有任何内容，所以大小为 0KB，如图 10-2 所示。

```
=================== RESTART: D:/python/ch10/10.1.py
古诗欣赏开始啦!
古诗欣赏完毕!
```

图 10-1　例 10.1 的程序运行结果

图 10-2　创建的新文件 gushi.txt

☆经验之谈☆

'+'参数可以添加到其他模式中，表示读和写是允许的，例如，'r+'表示打开一个文件用来读写使用。'b'参数主要应用于一些二进制文件，如声音和图像等，可以使用'rb'表示读取一个二进制文件。

使用 open()函数还可以以二进制方式打开一些二进制文件，例如图片文件、音频文件或视频文件等。

下面将创建一个 pic.jpg 的图片文件，然后使用 open()函数以二进制方式打开该文件。代码如下：

```
>>> file = open('pic.jpg', 'wb')          #以二进制方式创建并打开图片文件
>>> print(file)                            #输出创建的文件对象
<_io.BufferedWriter name='pic.jpg'>
```

10.1.2　关闭文件

close()方法用于关闭一个已打开的文件。close()方法语法规则如下：

```
fileObject.close()
```

这里的 fileObject 为需要关闭的文件对象。

【例 10.2】打开文件 gushi.txt 后关闭该文件（源代码\ch10\10.2.py）。

```
f1=open(r'gushi.txt','r+')                 #打开文件
print ("文件名为: ", f1.name)              #输出文件的名称
f1.close()                                 #关闭文件
print ("文件被成功关闭了! ")
```

程序运行结果如图 10-3 所示。

☆大牛提醒☆

关闭后的文件不能再进行读写操作，否则会

```
=================== RESTART: D:/python/ch10/10.2.py
文件名为:  gushi.txt
文件被成功关闭了!
```

图 10-3　例 10.2 的程序运行结果

触发 ValueError 错误。当 file 对象被引用到操作另外一个文件时，Python 语言会自动关闭之前的 file 对象。

10.1.3 打开文件时使用 with 语句

close()方法允许调用多次。使用 close()方法关闭文件是一个好习惯，如果忘记关闭可能会带来意想不到的问题。另外，如果在打开文件时抛出异常，也会导致文件不能被及时关闭。解决上述问题最简单的方法是使用 with 语句。基本语法格式如下：

```
with expression as target:
    with-body
```

其中，expression 用于指定一个表达式，这里可以是打开文件的 open()函数；target 用于指定一个变量，将 expression 的结果保存到该变量中；with-body 用于指定 with 语句体，其中可以执行 with 语句后相关的一些操作语句。

【例 10.3】创建并打开记录销售情况的文件（源代码\ch10\10.3.py）。

```
print ("开始记录销售情况啦! ")
with open('xiaoshou.txt','w') as file:      #创建或打开保存销售情况的文件
    pass                                    #pass 语句表示不想执行任何语句
print ("销售情况记录完毕! ")
```

程序运行结果如图 10-4 所示。在 10.3.py 文件所在的目录下创建了一个名称为 xiaoshou.txt 的文件。

```
===================== RESTART: D:/python/ch10/10.3.py
开始记录销售情况啦!
销售情况记录完毕!
```

图 10-4　例 10.3 的程序运行结果

10.2　写入和修改文件

微视频

打开一个文件后，即可往文件中写入内容。Python 提供了两个写入文件的方法：write()和 writelines()。

10.2.1　将字符串写入文件

write()方法用于向文件中写入指定字符串。在文件关闭前或缓冲区刷新前，字符串内容存储在缓冲区中，此时在文件中看不到写入的内容。

write()方法的语法格式如下：

```
fileObject.write( [ str ])
```

其中，参数 str 为需要写入文件中的字符串。

【例 10.4】写入古诗的内容（源代码\ch10\10.4.py）。

```
print ("古诗的内容开始写入啦! ")
file = open('gushi.txt','w')                #创建或打开保存古诗的文件
print ("文件名为: ", file.name)             #输出文件的名称
s="因笑王谢诸人，登高怀远，也学英雄涕。"     #定义古诗的内容
file.write(s)                               #将字符串内容添加到文件中
file.close()                                #关闭文件
print ("古诗的内容添加完毕! ")
```

程序运行结果如图 10-5 所示。

在 10.4.py 文件的同目录下找到 gushi.txt 文件，查看内容如图 10-6 所示。

```
======================= RESTART: D:/python/ch10/10.4.py
古诗的内容开始写入啦！
文件名为： gushi.txt
古诗的内容添加完毕！
```

图 10-5 例 10.4 的程序运行结果

图 10-6 查看文件的内容

☆**大牛提醒**☆

在调用 write()函数写入内容时，操作系统不会立刻把数据写入磁盘上，而是先缓存起来，此时需要调用 close()方法关闭文件，写入的内容才会保存到文件中。

☆**经验之谈**☆

如果在实际开发过程中，不能马上关闭文件，又想向文件中写入内容，此时可以调用 flush()方法，把缓冲区的内容写入磁盘。该方法的具体操作后面会详细讲述。

如果采用 w（写入）模式打开文件，在向文件写入内容之前，先清空原来文件的内容，再写入新的内容，也就是新内容会覆盖掉文件原来的内容。为了解决这一问题，打开文件时可以采用 a（追加）模式，此时会在文件的结尾处增加新内容，而不会覆盖文件原来的内容。

【例 10.5】追加古诗的内容（源代码\ch10\10.5.py）。

```
print ("追加古诗的内容开始啦！")
file = open('gushi.txt','a')                    #打开保存古诗的文件
print ("文件名为： ", file.name)                  #输出文件的名称
ss="凭却长江管不到，河洛腥膻无际。"                  #定义古诗的内容
file.write(ss)                                   #将字符串内容添加到文件中
file.close()                                     #关闭文件
print ("古诗的内容追加完毕！")
```

程序运行结果如图 10-7 所示。

在 10.4.py 文件的同目录下找到 gushi.txt 文件，查看内容如图 10-8 所示。

```
======================= RESTART: D:/python/ch10/10.5.py
追加古诗的内容开始啦！
文件名为： gushi.txt
古诗的内容追加完毕！
```

图 10-7 例 10.5 的程序运行结果

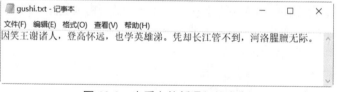

图 10-8 查看文件新添加的内容

☆**大牛提醒**☆

如果用户需要换行输入内容，则可以使用 "\n" 来实现。例如：

```
s="\n危楼远望，叹此意、今古几人曾会。鬼设神施，浑认作、天限南疆北界。"
```

10.2.2 写入多行 writelines()

writelines()方法可以向文件写入一个序列字符串列表，若需要换行，则要加入每行的换行符。其语法格式如下：

```
file.writelines([str])
```

其中，参数 str 为写入文件的字符串序列。

【例 10.6】写入多行的古诗（源代码\ch10\10.6.py）。

```
print ("开始写入多行的古诗啦! ")
file = open('ddgshi.txt','w')              #创建或打开保存古诗的文件
print ("文件名为: ", file.name)             #输出文件的名称
ds=["古风·庄周梦蝴蝶\n", "庄周梦蝴蝶，蝴蝶为庄周。一体更变易，万事良悠悠。\n","乃知蓬莱水，复
作清浅流。青门种瓜人，旧日东陵侯。\n", "富贵故如此，营营何所求。"]   #定义古诗的内容
file. writelines (ds)                       #将字符串序列内容添加到文件中
file.close()                                #关闭文件
print ("古诗的多行内容写入完毕! ")
```

程序运行结果如图 10-9 所示。

在 10.6.py 文件的同目录下找到 ddgshi.txt 文件，查看内容如图 10-10 所示。

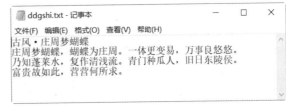

```
==================== RESTART: D:/python/ch10/10.6.py
开始写入多行的古诗啦!
文件名为:  ddgshi1.txt
古诗的多行内容写入完毕!
```

图 10-9　例 10.6 的程序运行结果

图 10-10　查看文件的内容

10.2.3 修改文件内容

使用 writelines()方法还可以修改文件的内容。例如，修改 ddgshi.txt 文件中第一行的文字为
"庄周梦蝴蝶——李白"。

【例 10.7】修改古诗的内容（源代码\ch10\10.7.py）。

```
print ("开始修改古诗的内容啦! ")
file = open('ddgshi.txt','r')              #打开保存古诗的文件
print ("文件名为: ", file.name)             #输出文件的名称
lines=file.readlines()                      #读取文件的内容
file.close()                                #关闭文件
lines[0]= '庄周梦蝴蝶——李白\n'
file = open('ddgshi.txt','w')              #打开保存古诗的文件
file.writelines (lines)                     #将字符串序列内容添加到文件中
file.close()                                #关闭文件
print ("古诗的内容修改完毕! ")
```

程序运行结果如图 10-11 所示。

在 10.7.py 文件的同目录下找到 ddgshi.txt 文件，查看内容如图 10-12 所示。

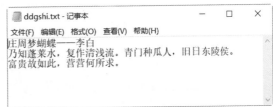

```
==================== RESTART: D:/python/ch10/10.7.py
开始修改古诗的内容啦!
文件名为:  ddgshi1.txt
古诗的内容修改完毕!
```

图 10-11　例 10.7 的程序运行结果

图 10-12　查看修改后文件的内容

10.3 读取文件

文件写入内容后，即可利用 Python 提供的各个方法读取需要的内容。

10.3.1 读取文件 read()方法

read()方法用于从文件读取指定的字符数，若未给定或为负，则读取所有。
read()方法语法如下：

```
fileObject.read(size)
```

其中，参数 size 用于指定返回的字符数。

【例 10.8】 读取古诗的内容（源代码\ch10\10.8.py）。

```
print ("下面开始古诗鉴赏! ")
file = open('ddgshi.txt','r')          #打开保存古诗的文件
print ("文件名为: ", file.name)        #输出文件的名称
print (file.read(2))                   #读取前 2 个字符
print (file.read(3))                   #继续读取 3 个字符
file.close()                           #关闭文件
```

程序运行结果如图 10-13 所示。

☆**大牛提醒**☆

再读取文件内容时，换行符也要被读取。如
果想一次性读取全部的内容，可以不指定 size 的
值或者将 size 设置为负数。

```
====================== RESTART: D:/python/ch10/10.8.py
下面开始古诗鉴赏!
文件名为:  ddgshi.txt
庄周
梦蝴蝶
```

图 10-13 例 10.8 的程序运行结果

```
file.read()                            #输出文件的全部内容
file.read(-2)                          #输出文件的全部内容
```

10.3.2 设置文件当前位置 seek()方法

使用 read()方法读取文件时，是从文件的开头开始读取。如果想要指定读取开始的位置，
就需要使用 seek()方法。seek()方法用于移动文件读取指针到指定位置。其语法格式如下：

```
fileObject.seek(offset[, whence])
```

其中，参数 offset 表示开始的偏移量，即需要移动偏移的字节数；参数 whence 为可选参数，表
示从哪个位置开始偏移，默认值为 0。若指定 whence 为 1，则表示从当前位置算起；若指定 whence
为 2，则表示从文件末尾算起。

【例 10.9】 重置位置后读取古诗的内容（源代码\ch10\10.9.py）。

```
print ("下面开始古诗鉴赏! ")
file = open('ddgshi.txt','r')          #打开保存古诗的文件
print ("文件名为: ", file.name)        #输出文件的名称
print (file.read(5))                   #读取前 5 个字符
file.seek(0,0)                         #重新设置文件读取指针到开头
print (file.read(5))                   #读取前 5 个字符
file.close()                           #关闭文件
```

程序运行结果如图 10-14 所示。

```
================= RESTART: D:\python\ch10\10.9.py
下面开始古诗鉴赏!
文件名为: ddgshi.txt
庄周梦蝴蝶
庄周梦蝴蝶
```

图 10-14　例 10.9 的程序运行结果

10.3.3　逐行读取 readline()方法

如果文件很大，使用 read()方法一次读取全部内容到内存时，容易造成内存不足的问题。通过 readline()方法逐行读取，可以解决上述问题。readline()方法用于从文件读取整行，包括 "\n" 字符。若指定了一个非负数的参数，则返回指定大小的字符数，包括 "\n" 字符。readline()的语法格式如下：

```
fileObject.readline()
```

其中，fileObject 为打开的文件对象。

【例 10.10】逐行输出古诗的内容（源代码\ch10\10.10.py）。

```python
print ("下面开始古诗鉴赏! ")
file = open('ddgshi.txt','r')          #打开保存古诗的文件
print ("文件名为: ", file.name)         #输出文件的名称
num = 0                                 #记录行号
while True:
    num += 1
    line = file.readline()
    if line == '':
        break                           #跳出循环
    print(num,line,end="\n")            #逐行输出古诗的内容并输出行号
file.close()                            #关闭文件
```

程序运行结果如图 10-15 所示。

10.3.4　读取全部行 readlines()方法

readlines()方法用于读取所有行并返回列表。其语法格式如下：

```
================= RESTART: D:/python/ch10/10.10.py
下面开始古诗鉴赏!
文件名为: ddgshi.txt
1 庄周梦蝴蝶——李白

2 乃知蓬莱水，复作清浅流。青门种瓜人，旧日东陵侯。

3 富贵故如此，营营何所求。
```

图 10-15　例 10.10 的程序运行结果

```
fileObject.readlines()
```

其中，fileObject 为打开的文件对象。与 read()方法不同的是，readlines()方法返回的是一个列表。

【例 10.11】输出古诗的全部内容（源代码\ch10\10.11.py）。

```python
print ("下面开始古诗鉴赏! ")
file = open('ddgshi.txt','r')          #打开保存古诗的文件
print ("文件名为: ", file.name)         #输出文件的名称
message = file.readlines()
print(message)                          #输出古诗的全部内容
file.seek(0,0)                          #重新设置文件读取指针到开头
for line in file.readlines():           #依次读取每行
    line = line.strip()                 #去掉每行头尾空白
    print ("古诗的内容是: %s" % (line))
file.close()                            #关闭文件
```

程序运行结果如图 10-16 所示。

```
===================== RESTART: D:/python/ch10/10.11.py =====================
下面开始古诗鉴赏！
文件名为： ddgshi.txt
['庄周梦蝴蝶--李白\n'，'乃知蓬莱水，复作清浅流。青门种瓜人，旧日东陵侯。\n'，'富贵故如此，营营何所求。']
古诗的内容是：庄周梦蝴蝶--李白
古诗的内容是：乃知蓬莱水，复作清浅流。青门种瓜人，旧日东陵侯。
古诗的内容是：富贵故如此，营营何所求。
```

图 10-16　例 10.11 的程序运行结果

从结果可以看出，readlines()方法的返回值是一个字符串列表。这个列表中的每个元素记录一行的内容。当文件比较大时，这种读取文件内容的方法就比较慢。上述代码中利用 for 循环逐行读取的方法比较快。

微视频

10.4　目录操作

目录的作用是分层保存文件。通过目录可以分类保存不同的文件，从而在查找文件时可以提高效率。下面来学习如何使用 Python 语言中的 os 和 os.path 模块操作目录。

10.4.1　熟悉 os 和 os.path 模块

os 模块和其子模块 os.path 是 Python 语言内置的与操作系统功能和文件系统相关的模块。该模块中语句执行结果通常和操作系统有关，在不同的操作系统上运行，结果可能也不一样。本书以 Windows 操作系统为例进行讲解。

在使用 os 和 os.path 模块之前，需要使用 import 语句进行导入操作。

```
import os     #导入 os 模块
```

os 模块导入后，其子模块 os.path 也可以直接使用。

例如：

```
>>> import os
>>> os.name      #查看操作系统类型的名称
'nt'
```

这里的 nt 表示 Windows 操作系统。

os 模块提供的与目录操作有关的函数如下。

（1）getcwd()：返回当前的工作目录。

（2）listdir(path)：返回指定路径下的文件和目录信息。

（3）mkdir(path[, mode])：创建目录。

（4）makedirs(path1/path2…[, mode])：创建多级目录。

（5）rmdir(path)：删除目录。

（6）removedirs(path1/path2…[, mode])：删除多级目录。

（7）chdir(path)：把 path 设置为当前工作目录。

（8）walk(top[, topdown[, onerror]])：遍历目录书，该方法返回一个元组，包括所有路径名、所有目录列表和文件列表 3 个元素。

os.path 模块提供的与目录操作有关的函数如下。

（1）abspath(path)：用于获取文件或目录的绝对路径。

（2）exists(path)：用于判断目录或文件是否存在，如果存在返回 True，否则返回 False。

（3）join(path,name)：将目录与目录或者文件名拼接起来。

（4）splitext()：分离文件名和扩展名。

（5）basename(path)：从一个目录中提取文件名。

（6）dirname(path)：从一个路径中提取文件路径，不包括文件名。

（7）isdir(path)：判断路径是否是有效路径。

10.4.2　路径

路径是用于定位一个文件或者目录的字符串。路径分为绝对路径、相对路径和拼接路径。

1. 绝对路径

绝对路径是文件的实际路径。通过 os.path 模块的 abspath()函数可以获取一个文件的绝对路径。其语法格式如下：

```
os.path.abspath(path)
```

其中，path 为要获取绝对路径的相对路径，可以是文件或者目录。

例如，要获取 10.1.py 文件的绝对路径，代码如下：

```
import os
print(os.path.abspath(r"10.1.py"))        #获取绝对路径
```

查询结果如下：

```
D:\python\ch10\10.1.py
```

2. 相对路径

在学习相对路径之前，需要了解什么是当前工作目录。当前工作目录是指当前文件所在的目录。通过 os 模块的 getcwd()函数可以获取当前目录。

例如，在 D:\python\ch10\path.py 文件中，输入以下代码：

```
import os
print(os.getcwd())        #输出当前目录
```

运行结果如下：

```
D:\python\ch10
```

相对路径依赖于当前工作路径。例如，当前目录下的 10.1.py 文件，在打开该文件时，可以直接写上文件，这里就是采用的相对路径，而 10.1.py 文件的实际路径就是当前工作路径"D:\python\ch10"。可见，10.1.py 文件的实际路径就是当前工作路径"D:\python\ch10"+相对路径"10.1.py"，也就是"D:\python\ch10\10.1.py"。

在当前目录下，创建一个文件夹 code，然后在该文件夹下创建一个文件 demo.txt，那么该文件的相对路径就是"code\demo.txt"。

☆大牛提醒☆

在 Python 语言程序中，使用相对路径有以下几种方式：

（1）文件路径中的分隔符"\"需要进行转义，用"\\"替换"\"。

（2）将路径分隔符"\"用"/"来代替。

（3）在路径的字符串前面加上字母 r(或 R)。

例如，通过相对路径打开文件 demo.txt，有以下三种方式，代码如下：

```
open("code\\demo.txt")                          #通过相对路径打开文件
```

```
open("code/demo.txt")                              #通过相对路径打开文件
open(r"code\demo.txt")                             #通过相对路径打开文件
```

3. 拼接路径

在 Python 中，通过 os.path 模块提供的 jion() 函数，可以将多个路径拼接成一个新的路径。其基本语法格式如下：

```
os.path.join(path1[,path2[,…]])
```

这里的 path1 和 path2 用于代表要拼接的文件路径，这些路径间使用逗号进行分隔。

☆**大牛提醒**☆

如果要拼接的路径都是相对路径，则拼接出来的路径也是相对路径。同时，jion() 函数在拼接路径时并不检查这些路径是否真实存在。

例如下面的代码：

```
import os
a = "D:\python"
b = "ch10\demo.txt"
c = "python\demo"
d = "E:\python"
print(os.path.join(a,b))                           #拼接绝对路径和相对路径
print(os.path.join(c,b))                           #拼接相对路径和相对路径
print(os.path.join(a,d,b))                         #包含多个绝对路径
```

执行结果如下：

```
D:\python\ch10\demo.txt
python\demo\ch10\demo.txt
E:\python\ch10\demo.txt
```

从结果可以看出，当拼接的路径中包含多个绝对路径时，从左到右只保留最右边的一个，并且其他的绝对路径全部忽略掉。

10.4.3　判断路径是否存在

如果想判断一个路径是否存在，可以使用 os.path 模块提供的 exists() 函数来实现。其语法格式如下：

```
os.path.exists(path)
```

这里的 path 就是需要判断的路径。如果路径真实存在，则返回 True，否则返回 False。

例如下面的代码：

```
import os
print(os.path.exists("D:\python\ch10"))            #判断路径是否存在
print(os.path.exists("E:\python\ch10"))
print(os.path.exists("D:\python\ch10\demo.txt "))  #判断文件是否存在
```

执行结果如下：

```
True
False
True
```

可见，exists() 函数不仅可以判断路径是否存在，还可以判断文件是否存在。

10.4.4 创建目录

Python 提供了两个创建目录的函数，分别是 os.mkdir()和 os.makedirs()。其中，os.mkdir()函数用于创建一级目录，os.makedirs()函数用于创建多级目录。

1. os.mkdir()函数

os 模块提供的 mkdir()函数只能创建指定路径中的最后一级目录，如果该目录的上一级不存在，则会抛出 FileNotFoundError 异常。该函数的语法格式如下：

```
os.mkdir(path,mode)
```

其中，path 用于指定要创建的目录；mode 用于指定数值模式，默认值为 077。

下面创建一个目录 E:\python 目录，代码如下：

```
import os
os.mkdir("E:\python")
```

执行上述代码后，在 E 盘的根目录下即可看到新创建的一级目录，如图 10-17 所示。

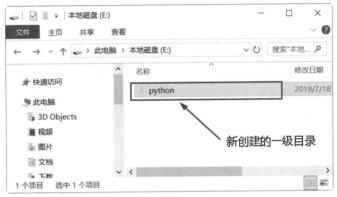

图 10-17 新创建的一级目录

☆**大牛提醒**☆

如果 E 盘的根目录下已经存在了 python 文件夹，则在运行上述代码时会抛出 FileExistsError 异常。例如，再次执行上述代码，异常信息如下：

```
Traceback (most recent call last):
  File "<pyshell#14>", line 1, in <module>
    os.mkdir("E:\python")
FileExistsError: [WinError 183] 当文件已存在时，无法创建该文件。: 'E:\\python'
```

如果指定的目录有多级，并且最后一级的上级目录中有不存在的，会抛出 FileNotFoundError 异常。例如，在 E:\demo 下创建一级目录 python，这里 demo 不存在。代码如下：

```
import os
os.mkdir("E:\demo\python")
```

执行结果如下：

```
Traceback (most recent call last):
  File "<pyshell#15>", line 1, in <module>
    os.mkdir("E:\demo\python")
FileNotFoundError: [WinError 3] 系统找不到指定的路径。: 'E:\\demo\\python'
```

如果想解决上述问题，可以通过递归函数来实现。代码如下：

```
import os                              #导入标准模块 os
def mkdirs(path):                      #定义递归函数用于创建目录
    if not os.path.isdir(path):       #判断路径是否有效
        mkdirs(os.path.split(path)[0])
    else:                              #如果目录存在，直接返回
        return
    os.mkdir(path)                     #创建目录
mkdirs("E:\demo\python")              #调用 mkdirs()函数
```

上述代码执行后，即可成功创建目录 E:\demo\python，如图 10-18 所示。

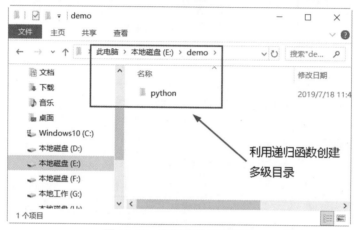

图 10-18　新创建的多级目录

2. os.makedirs()函数

os 模块提供的 makedirs()函数可以创建多级目录，其语法格式如下：

```
os.makedirs(path,mode)
```

其中，path 用于指定要创建的目录；mode 用于指定数值模式，默认值为 077。

例如，在 E:\python 目录下创建多级目录 demo\ch10\dir，代码如下：

```
import os
os.makedirs("E:\python\demo\ch10\dir")
```

执行上述的代码后，即可在 E:\python 目录下创建子目录 demo，然后在 demo 目录下再创建子目录 ch10，最后在 ch10 目录下创建子目录 dir，结果如图 10-19 所示。

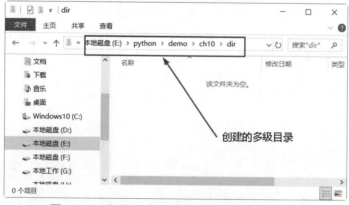

图 10-19　在 E:\python 目录下新创建的多级目录

10.4.5 遍历目录

遍历目录是将指定的目录下的全部目录和文件访问一遍。通过 Python 语言提供的 os.walk() 函数可以实现遍历目录的效果。

```
os.walk(top[, topdown=True[, onerror=None[, followlinks=False]]])
```

各个参数的含义如下。

（1）top：所要遍历的目录的地址，返回的是一个三元组（root,dirs,files）。

（2）root：所指的是当前正在遍历的这个文件夹的本身地址。

（3）dirs：是一个列表，内容是该文件夹中所有的目录的名字（不包括子目录）。

（4）files：是一个列表，内容是该文件夹中所有的文件（不包括子目录）。

（5）topdown：可选参数，值为 True，则优先遍历 top 目录，否则优先遍历 top 的子目录。如果 topdown 参数为 True，walk() 会遍历 top 文件夹，与 top 文件夹中每一个子目录。默认值为 True。

（6）onerror：可选参数，用于指定错误处理方式，默认为忽略。

（7）followlinks：可选参数，如果为 True，则会遍历目录下的快捷方式，实际所指的目录，如果为 False，则优先遍历 top 的子目录。默认值为 False。

os.walk() 函数是一个简单易用的文件、目录遍历器，可以帮助用户高效地处理文件、目录方面的事情。

【例 10.12】遍历指定的目录（源代码\ch10\10.12.py）。

```
import os                                          #导入 os 模块
path = "D:\python"                                 #指定要遍历的根目录
print ("指定目录下包括的文件和目录如下：")
for root,dirs,files in os.walk(path,topdown=True):  #遍历指定的目录
    for name in dirs:                              #循环输出遍历的子目录
        print("*",os.path.join(root,name))
    for name in files:                             #循环输出遍历的文件
        print("@",os.path.join(root,name))
```

程序运行结果如图 10-20 所示。根据不同的目录情况，读者得到的结果可能与下面的不同。

```
==================== RESTART: D:/python/ch10/10.12.py
指定目录下包括的文件和目录如下：
* D:\python\ch10
@ D:\python\ch10\10.1.py
@ D:\python\ch10\10.10.py
@ D:\python\ch10\10.11.py
@ D:\python\ch10\10.12.py
@ D:\python\ch10\10.2.py
@ D:\python\ch10\10.3.py
@ D:\python\ch10\10.4.py
@ D:\python\ch10\10.5.py
@ D:\python\ch10\10.6.py
@ D:\python\ch10\10.7.py
@ D:\python\ch10\10.8.py
@ D:\python\ch10\10.9.py
@ D:\python\ch10\ddgshi.txt
@ D:\python\ch10\gushi.txt
@ D:\python\ch10\pic.jpg
@ D:\python\ch10\xiaoshou.txt
```

图 10-20　例 10.12 的程序运行结果

10.4.6 删除目录

os 模块的 rmdir() 可以删除目录。其语法格式如下：

```
os.rmdir(path)
```

其中，path 为要删除的目录。例如，需要删除目录" E:\python\demo\ch10\dir "，命令如下：

```
import os
os.rmdir("E:\\python\\demo\\ch10\\dir")         #删除目录
```

执行代码后，将删除 E:\python\demo\ch10 目录下的 dir 目录。

☆**大牛提醒**☆

如果 dir 目录中非空，则会提示 OSError 异常。例如，删除目录"E:\\python\\demo"，命令如下：

```
import os
os.rmdir("E:\\python\\demo ")                   #删除非空目录
```

结果如下：

```
Traceback (most recent call last):
  File "<pyshell#3>", line 1, in <module>
    os.rmdir("E:\\python\\demo")
```

OSError: [WinError 145] 目录不是空的。

可见，rmdir()函数只能删除空的目录，如果想要删除非空目录，则需要使用 shutil 模块的 rmtree()函数，代码如下：

```
import shutil
shutil.rmtree("E:\\python\\demo")
```

另外，如果要删除的目录不存在，则会抛出 FileNotFoundError:异常。例如，删除不存在的目录 F:\python\demo。异常结果如下：

```
Traceback (most recent call last):
  File "<pyshell#7>", line 1, in <module>
    os.rmdir("F:\\python\\demo")
```

FileNotFoundError: [WinError 3]系统找不到指定的路径。

为了解决上述问题，可以使用 os.path.exists()函数判断该路径是否存在。代码如下：

```
import os
path = "F:\\python\\demo"
if os.path.exists(path):
    os.rmdir("F:\\python\\demo")
    print("目录被成功删除了！")
else:
    print("该目录不存在！")
```

10.5　文件的高级操作

微视频

除了文件的基本操作外，还有一些常用的高级操作。下面将介绍这些高级操作的技巧和方法。

10.5.1　获取文件的基本信息

文件的基本信息包括文件的大小、创建的时间、最后一次访问的时间等。通过 os 模块的 stat()函数可以获取这些文件的基本信息。其语法格式如下：

```
os.stat(path)
```

这里的 path 指的是要获取基本信息的文件路径。该函数将返回一个对象，通过对象的属性即可获取文件的基本信息。文件的属性如下：

（1）st_mode：指文件的保护模式。

（2）st_ino：文件的索引号。

（3）st_nlink：文件被连接的数目。

（4）st_size：文件的大小，单位为字节。

（5）st_mtime：最后一次修改的时间。

（6）st_dev：设备的名称。

（7）st_uid：用户的 ID。

（8）st_gid：组 ID。

（9）st_atime：最后一次访问时间。

（10）st_ctime：最后一次状态变化的时间。

【例 10.13】查看文件的基本信息（源代码\ch10\10.13.py）。

```
import os                                           #导入os模块
path = "D:\python\ch10\ pic.jpg"                    #指定要查看的文件路径
fileinfo = os.stat(path)                            #导入os模块
print ("文件的基本信息如下: ")
print ("文件的保护模式: ",fileinfo.st_mode)          #查看文件的保护模式
print ("文件的索引号: ",fileinfo.st_ino)            #查看文件的索引号
print ("文件的大小: ",fileinfo.st_size)             #查看文件的大小
print ("文件最后一次修改的时间: ",fileinfo.st_mtime)  #查看文件的保护模式
print ("最后一次访问的时间: ",fileinfo.st_atime)      #查看文件最后一次访问的时间
```

程序运行结果如图 10-21 所示。

上面结果中的时间都是一连串的整数，不利于直观查看。通过 time 模块中的 strftime()函数可以格式化时间。例 10.13 的代码修改如下：

```
import os                                           #导入os模块
import time
path = "D:\python\ch10\pic.jpg"                     #指定要查看的文件路径
fileinfo = os.stat(path)                            #导入os模块
print ("文件的基本信息如下: ")
print ("文件的保护模式: ",fileinfo.st_mode)          #查看文件的保护模式
print ("文件的索引号: ",fileinfo.st_ino)            #查看文件的索引号
print ("文件的大小: ",fileinfo.st_size)             #查看文件的大小
#格式化时间
mtime = time.strftime('%Y-%m-%d %H:%M:%S %w-%Z',time.localtime(fileinfo.st_mtime))
print ("文件最后一次修改的时间: ", mtime)            #查看文件最后一次修改的时间
atime = time.strftime('%Y-%m-%d %H:%M:%S %w-%Z', time.localtime(fileinfo.st_atime))
print ("文件最后一次访问的时间: ",atime)             #查看文件最后一次访问的时间
```

程序运行结果如图 10-22 所示。

```
================= RESTART: D:/python/ch10/10.13.py
文件的基本信息如下:
文件的保护模式:  33206
文件的索引号:  1688849860288622
文件的大小:  0
文件最后一次修改的时间:  1563252251.1266224
最后一次访问的时间:  1563252251.1266224
```

图 10-21 例 10.13 的程序运行结果 1

```
================== RESTART: D:/python/ch10/10.13.py ===
文件的基本信息如下:
文件的保护模式:  33206
文件的索引号:  1688849860288622
文件的大小:  0
文件最后一次修改的时间:  2019-07-16 12:44:11 2-中国标准时间
文件最后一次访问的时间:  2019-07-16 12:44:11 2-中国标准时间
```

图 10-22 例 10.13 的程序运行结果 2

10.5.2 重命名文件

Python 语言的 os 模块提供了 rename()方法，可以重命名文件。rename()方法的语法格式如下：

```
os.rename(src, dst)
```

其中，os 是需要导入的模块；src 为当前文件名；dst 为新的文件名。若文件不在当前目录下，则文件名需要带上绝对路径。

例如，将 file.txt 的名称修改为 newfile.txt。

```
import os
os.rename("D:\\python\\file.txt", "D:\\python\\newfile.txt")
```

☆**大牛提醒**☆

在重命名文件的名称之前，需要确定文件的实际路径，如果路径错误，将会抛出 FileNotFoundError 异常。

10.5.3 删除文件

Python 语言的 os 模块提供了 remove()方法，可以删除文件。remove()方法的语法格式如下：

```
os.remove(path)
```

path 为删除文件的路径。例如：

```
import os
os.remove("D:\demo.txt")
```

如果要删除的文件不存在，则会抛出 FileNotFoundError:异常。异常信息如下：

```
Traceback (most recent call last):
  File "<pyshell#8>", line 1, in <module>
    os.remove("D:\demo.txt")
```

FileNotFoundError: [WinError 2] 系统找不到指定的文件。

为了解决上述问题，可以使用 os.path.exists()函数判断该文件是否存在。代码如下：

```
import os                              #导入 os 模块
path = "D:\demo.txt"                   #要删除的文件
if os.path.exists(path):               #判断文件是否存在
    os.remove(path)                    #删除文件
    print("文件被成功删除了！")
else:
    print("该文件不存在！")
```

如果该文件不存在，则运行结果如下：

```
该文件不存在！
```

如果该文件在 D 盘根目录下存在，则运行结果如下：

```
文件被成功删除了！
```

10.5.4 返回文件读取的当前位置

tell()方法返回文件读取的当前位置，即文件指针的当前位置，其语法格式如下：

```
fileObject.tell()
```

其中，fileObject 为要返回位置的文件对象。

【**例 10.14**】返回文件指针的当前位置（源代码\ch10\10.14.py）。

```
print ("下面开始古诗鉴赏！")
file = open('ddgshi.txt','r')          #打开保存古诗的文件
```

```
print ("文件名为: ", file.name)          #输出文件的名称
print (file.read(3))                     #读取前 3 个字
post = file.tell()                       #获取当前文件指针的位置
print ("当前位置为: %s" % (post))
file.close()                             #关闭文件
```

程序运行结果如图 10-23 所示。从结果可以看出，一个汉字占用 2 字节的位置，所以这里结果为 6。

```
====================== RESTART: D:/python/ch10/10.14.py
下面开始古诗鉴赏！
文件名为:  ddgshi.txt
庄周梦
当前位置为: 6
```

图 10-23　例 10.14 的程序运行结果

10.6　刷新文件

在调用 write()函数写入内容时，操作系统不会立刻把数据写入磁盘上，而是先缓存起来，如果想此时将写入的内容保存到文件中，除了可以使用 close()方法以外，还可以使用 flush()方法。

flush()方法是用来刷新缓冲区的，即将缓冲区中的数据立刻写入文件，同时清空缓冲区，不需要被动地等待输出缓冲区写入。一般情况下，文件关闭后会自动刷新缓冲区，但有时需要在关闭前刷新它，这时就可以使用 flush()方法。flush()方法的语法格式如下：

```
fileObject.flush()
```

其中，fileObject 为需要刷新的文件对象。

【例 10.15】返回文件指针的当前位置（源代码\ch10\10.15.py）。

```
print ("下面开始刷新文件！")
file = open('shi.txt','r+')              #新建或打开保存古诗的文件
print ("文件名为: ", file.name)          #输出文件的名称
str="明月何皎皎，照我罗床帏。\n 忧愁不能寐，揽衣起徘徊。"
fu.write(str)                            #将字符串内容添加到文件中
fu.flush()                               #刷新缓冲区
```

程序运行结果如图 10-24 所示。

```
====================== RESTART: D:/python/ch10/10.15.py
下面开始刷新文件！
文件名为:  shi.txt
```

图 10-24　例 10.15 的程序运行结果

程序运行后，在 10.15.py 文件所在的目录下创建一个名称为 shi.txt 的文件，该文件的内容如图 10-25 所示。

图 10-25　文件 shi.txt 的内容

10.7　新手疑难问题解答

疑问 1：打开文件时提示异常 UnicodeDecodeError 怎么办？

解答：UnicodeDecodeError 异常表示编码问题。在使用 open() 函数打开文件时，默认采用 GBK 编码，当被打开的文件不是 GBK 编码时，将抛出 UnicodeDecodeError 异常。解决方法有以下两种：

（1）修改文件的编码

打开文件，将文件的编码修改为 DBK。

（2）指定文件的编码

在使用 open() 函数打开文件时，可以指定编码，例如，打开一个 UTF-8 的文件，可以使用以下代码：

```
file = open('t1.txt', 'r',encoding='UTF-8')
```

疑问 2：创建目录时提示异常 FileExistsError 怎么办？

解答：在创建目录时，如果目录已经存在，则会抛出异常 FileExistsError。为了解决这个问题，可以在创建目录前，先判断该目录是否存在，只有当目录不存在时才创建。代码如下：

```
import os
path = "E:\python"
if not os.path.exists(path):
    os.mkdir(path)
    print("目录创建成功了! ")
else:
    print("该目录已经存在了! ")
```

10.8　实战训练

解题思路

实战 1：拼接两个文件的内容。

有两个文件 t1.txt 和 t2.txt。其中，t1.txt 文件的内容如下：

七律·游学即景

骤雨东风对远湾，滂然遥接石龙关。

t2.txt 文件的内容如下：

野渡苍松横古木，断桥流水动连环。

客行此去遵何路，坐眺长亭意转闲。

编写一个 python 文件，将 t2.txt 的内容追加到 t1.txt 中。t1.txt 文件最终的内容如下：

七律·游学即景

骤雨东风对远湾，滂然遥接石龙关。

野渡苍松横古木，断桥流水动连环。

客行此去遵何路，坐眺长亭意转闲。

实战 2：根据当前时间创建目录。

编写一个 Python 文件，在文件的目录下根据当前时间创建相对路径。例如，Python 文件的目录是 D:\python\ch10，当前时间是 2019-07-19，则创建的目录如图 10-26 所示。

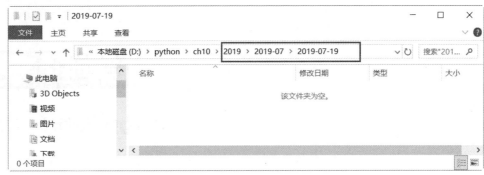

图 10-26　根据当前时间创建目录

实战 3：批量添加指定名称的文件夹。

编写一个 python 文件，在指定的目录下，批量创建 10 个文件夹，并且依次命名为文件夹001、文件夹 002……结果如图 10-27 所示。

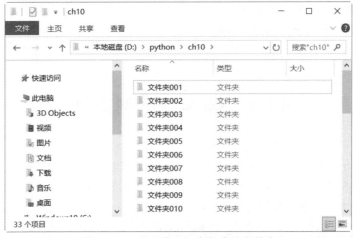

图 10-27　批量添加指定名称的文件夹

第11章

Python 操作数据库

本章内容提要

虽然通过文件可以存储数据,但是不能通过条件快速查询指定的数据,而且不可能每次都把数据全部读入内存中,因为数据大小经常远远超过内存大小。数据库这种专门用于存储和查询的软件可以轻松地解决上述问题。本章将详细讲述平面数据库、SQLite 和 MySQL 存储数据的方法和技巧。

11.1　操作二进制文件

微视频

要打开二进制数据文件,则先使用 struct 模块。struct 模块可以处理和操作与系统无关的二进制数据文件。struct 模块将二进制文件的数据与 Python 语言结构进行转换。例 11.1 是将 4 个数值数据(22、66、88、99)转换为 integer 类型的二进制数据,然后转换回原来的数值数据。

【例 11.1】操作二进制文件(源代码\ch11\11.1.py)。

```python
from tkinter import *
import tkinter.filedialog, struct

#创建应用程序的类
class App:
    def __init__(self, master):
        #创建一个 Label 配件
        self.label = Label(master)
        self.label.pack(anchor=W)
        #创建一个 Button 配件
        self.button = Button(master, text="开始转换", command=self.getBinaryData)
        self.button.pack(anchor=CENTER)

    def setBinaryData(self):
        #将数值数据22, 66, 88, 99转换为 integer 类型的二进制数据
        self.bytes = struct.pack("i"*4, 22, 66, 88, 99)

    def getBinaryData(self):
        self.setBinaryData()
        #将 integer 类型的二进制数据转换为原来的数值数据(22, 66,88, 99)
        values = struct.unpack("i"*4, self.bytes)
        self.label.config(text = str(values))
```

```
#创建应用程序窗口
win = Tk()
win.title(string = "操作二进制文件")

#创建应用程序类的例变量
app = App(win)

#开始程序循环
win.mainloop()
```

保存并运行程序，在打开的窗口中单击 Start 按钮，结果如图 11-1 所示。

图 11-1　例 11.1 的程序运行结果

11.2　使用 SQLite

与其他数据库系统不同，SQLite 是一种嵌入式数据库，它的数据库就是一个文件，不需要作为独立的服务器运行，可以直接在本地运行。SQLite 体积很小，经常被集成到各种应用程序中。

11.2.1　创建数据库文件

在 Python 3 版本中，SQLite 已经被包装成标准库 pySQLite。可以先将 SQLite 作为一个模块导入，模块的名称为 sqlite3，然后就可以创建一个数据库文件。

Python 操作数据库的基本流程如图 11-2 所示。

其中，connection 表示数据库的连接对象；cursor 表示数据库连接的游标，该游标用于执行 SQL 语句。

【例 11.2】创建企业员工数据库文件（源代码\ch11\11.2.py）。

创建一个 business.db 的数据库文件，然后创建一个 staff（员工表），该表包含 id、name 和 salary 字段。

```
import sqlite3
#数据库文件是business.db，如果文件不存在，会自动在当前目录创建
myconn=sqlite3.connect("business.db")
#创建一个cursor
mycur=myconn.cursor()
#执行一条SQL语句，创建staff表
mycur.execute('''
CREATE TABLE staff (
  id        int(8)     PRIMARY KEY,
  name      varchar(25),
  salary      FLOAT)
''')
#关闭游标
```

```
mycur.close()
#关闭 connection
myconn.close()
```

☆大牛提醒☆

connect()函数将返回一个连接对象 myconn，这个对象是目前和数据库的连接对象。该对象支持的方法如下。

（1）close()：关闭连接。连接关闭后，连接对象和游标均不可用。

（2）commit()：提交事务。这里需要数据库支持事务，如果数据库不支持事务，该方法就不会起作用。

（3）rollback()：回滚挂起的事务。

（4）cursor()：返回连接的游标对象。

程序运行后，在 11.2.py 文件的同级目录下会创建一个 business.db，该文件将包含 staff 数据表的信息，如图 11-3 所示。

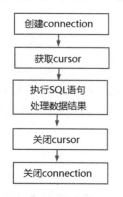

图 11-2　使用 Python 操作数据库的基本流程

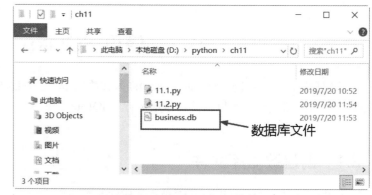

图 11-3　business.db 文件

再次运行 11.2.py 文件，将会报错，信息如下：

```
Traceback (most recent call last):
  File "D:/python/ch11/11.2.py", line 12, in <module>
    '''
sqlite3.OperationalError: table staff already exists
```

出现上述问题的主要原因是 staff 数据表已经存在了。

11.2.2　插入数据

使用基本的 INSERT 语句插入数据要求指定表名称和插入新记录中的值。基本语法格式如下：

```
insert into table_name (column_list) values (value_list);
```

其中，table_name 指定要插入数据的表名；column_list 指定要插入数据的那些列；value_list 指定每个列应对应插入的数据。注意，使用该语句时字段列和数据值的数量必须相同。

例如，向 staff 数据表中插入 3 条记录信息，SQL 语句如下：

```
INSERT INTO staff (id,name,salary) VALUES(1,'张小明',6800)
INSERT INTO staff (id,name,salary) VALUES(2,'王云峰',7200)
```

```
INSERT INTO staff (id,name,salary) VALUES(3,'刘天佑',5800)
```

【例 11.3】插入企业员工信息（源代码\ch11\11.3.py）。

```
import sqlite3
#数据库文件是 business.db，如果文件不存在，会自动在当前目录创建
myconn=sqlite3.connect("business.db")
#创建一个 cursor
mycur=myconn.cursor()
#插入数据
mycur.execute('INSERT INTO staff (id,name,salary) VALUES ("1","张小明","6800")')
mycur.execute('INSERT INTO staff (id,name,salary) VALUES ("2","王云峰","7200")')
mycur.execute('INSERT INTO staff (id,name,salary) VALUES ("3","刘天佑","5800")')
#关闭游标
mycur.close()
#提交事务
myconn.commit()
#关闭 connection
myconn.close()
```

程序运行后，staff 数据表中将插入 3 条记录。

11.2.3　查询数据

数据插入完成后，即可根据条件查询需要的数据。从数据表中查询数据的基本语句为 select 语句。select 语句的基本格式如下：

```
select 字段列表 from 表名 where 查询条件
```

查询数据有 3 个函数，包括 fetchone()、fetchmany(size)和 fetchall()函数。下面分别进行讲述。

（1）fetchone()

该函数将获取查询结果集中的下一条记录。

（2）fetchmany(size)

该函数将获取指定数量的记录。

（3）fetchall()

该函数将获取结构集中的所有记录。

下面通过案例来讲解上述 3 个函数的使用方法和区别。

【例 11.4】查询企业员工信息（源代码\ch11\11.4.py）。

```
import sqlite3
#数据库文件是 business.db，如果文件不存在，会自动在当前目录创建
myconn=sqlite3.connect("business.db")
#创建一个 cursor
mycur=myconn.cursor()
#查询数据
mycur.execute('select * from staff')
#使用 fetchone()获取查询结果
result1 = mycur.fetchone()
print(result1)
#重新查询数据
mycur.execute('select * from staff')
```

```
#使用 fetchmany（2）获取查询结果中的前 2 条
result2 = mycur.fetchmany（2）
print(result2)
#重新查询数据
mycur.execute('select * from staff')
#使用 fetchall()获取查询结果中的所有记录
result3 = mycur.fetchall()
print(result3)
#关闭游标
mycur.close()
#提交事务
myconn.commit()
#关闭 connection
myconn.close()
```

程序运行结果如图 11-4 所示。

```
==================== RESTART: D:/python/ch11/11.4.py ================
(1, '张小明', 6800.0)
[(1, '张小明', 6800.0), (2, '王云峰', 7200.0)]
[(1, '张小明', 6800.0), (2, '王云峰', 7200.0), (3, '刘天佑', 5800.0)]
```

图 11-4　例 11.4 的程序运行结果

下面继续学习如何根据条件查询指定的数据记录。例如，这里查询 id>=2 的记录。

【例 11.5】根据条件查询数据（源代码\ch11\11.5.py）。

这里查询 id>=2 的记录。

```
import sqlite3
#数据库文件是 business.db，如果文件不存在，会自动在当前目录创建
myconn=sqlite3.connect("business.db")
#创建一个 cursor
mycur=myconn.cursor()
#查询 id>=2 的记录
mycur.execute('select * from staff where id>=2')
#使用 fetchall()获取查询结果中的所有记录
result = mycur.fetchall()
print(result)
#关闭游标
mycur.close()
#提交事务
myconn.commit()
#关闭 connection
myconn.close()
```

程序运行结果如图 11-5 所示。

从安全角度分析，上述查询方法有被 SQL 注
入的风险。为了解决这个问题，可以使用问号作

```
==================== RESTART: D:/python/ch11/11.5.py
[(2, '王云峰', 7200.0), (3, '刘天佑', 5800.0)]
```

图 11-5　例 11.5 的程序运行结果

为占位符替代具体的数值，然后使用一个元组来替换问号。将下面的查询语句：

```
mycur.execute('select * from staff where id>=2')
```

修改为安全的查询模式：

```
mycur.execute('select * from staff where id>= ?',(2,))
```

☆**大牛提醒**☆

使用元组替换问号时，不能忽略元组中的最后一个逗号。由于该方式可以避免 SQL 注入的
风险，建议采用这种方式进行查询操作。

11.2.4　更新数据

使用 update 语句可以更新数据库记录。基本语法结构如下：

```
update 数据表名称 set 字段名 = 字段值 where 查询条件
```

【例 11.6】更新数据（源代码\ch11\11.6.py）。

这里将 id=2 的记录中的 salary 的值修改为 8800。

```
import sqlite3
#数据库文件是business.db，如果文件不存在，会自动在当前目录创建
myconn=sqlite3.connect("business.db")
#创建一个cursor
mycur=myconn.cursor()
#查询staff数据表中的记录
mycur.execute('select * from staff')
#使用fetchall()获取查询结果中的所有记录
result = mycur.fetchall()
print("修改前的数据如下: ")
print(result)
#修改id=2的记录
mycur.execute('update staff set salary = 8800 where id=2')
#再次查询staff数据表中的记录
mycur.execute('select * from staff')
#使用fetchall()获取查询结果中的所有记录
result1 = mycur.fetchall()
print("修改后的数据如下: ")
print(result1)
#关闭游标
mycur.close()
#提交事务
myconn.commit()
#关闭connection
myconn.close()
```

程序运行结果如图 11-6 所示。

```
===================== RESTART: D:/python/ch11/11.6.py =================
修改前的数据如下：
[(1, '张小明', 6800.0), (2, '王云峰', 7200.0), (3, '刘天佑', 5800.0)]
修改后的数据如下：
[(1, '张小明', 6800.0), (2, '王云峰', 8800.0), (3, '刘天佑', 5800.0)]
```

图 11-6　例 11.6 的程序运行结果

11.2.5　删除数据

使用 delete 语句可以删除数据库记录。基本语法结构如下：

```
delete from 数据表名称 where 查询条件
```

【例 11.7】删除数据（源代码\ch11\11.7.py）。

删除 staff 数据表中 id=2 的记录。

```
import sqlite3
#数据库文件是business.db，如果文件不存在，会自动在当前目录创建
myconn=sqlite3.connect("business.db")
#创建一个cursor
mycur=myconn.cursor()
#查询staff数据表中的记录
mycur.execute('select * from staff')
```

```
#使用 fetchall() 获取查询结果中的所有记录
result = mycur.fetchall()
print("删除前的数据如下：")
print(result)
#修改 id=2 的记录
mycur.execute('delete from staff where id=2')
#再次查询 staff 数据表中的记录
mycur.execute('select * from staff')
#使用 fetchall() 获取查询结果中的所有记录
result1 = mycur.fetchall()
print("删除后的数据如下：")
print(result1)
#关闭游标
mycur.close()
#提交事务
myconn.commit()
#关闭 connection
myconn.close()
```

程序运行结果如图 11-7 所示。

```
================= RESTART: D:/python/ch11/11.7.py ==============
删除前的数据如下：
[(1, '张小明', 6800.0), (2, '王云峰', 8800.0), (3, '刘天佑', 5800.0)]
删除后的数据如下：
[(1, '张小明', 6800.0), (3, '刘天佑', 5800.0)]
```

图 11-7 例 11.7 的程序运行结果

11.3 操作 MySQL 数据库

微视频

MySQL 是一款免费的开源软件，属于比较流行的数据库管理系统。本节将重点学习使用 Python 操作 MySQL 数据库的方法和技巧。

11.3.1 下载和安装 MySQL 8.0

目前最新的版本是 MySQL 8.0，下面讲述 MySQL 8.0 的下载方法和安装方法。

1. 下载MySQL安装文件

下载 MySQL 安装文件的具体操作步骤如下。

步骤 1：打开 IE 浏览器，在地址栏中输入网址 https://dev.mysql.com/downloads/installer/，单击"转到"按钮，打开 MySQL Community Server 8.0.13 下载页面，选择 Microsoft Windows 平台，然后根据读者的平台选择 32 位或者 64 位安装包，在这里选择 32 位，单击 Download 按钮开始下载，如图 11-8 所示。

步骤 2：在弹出的页面中提示开始下载，这里单击 Login 按钮，如图 11-9 所示。

☆大牛提醒☆

32 位的安装程序有两个版本，分别为 mysql-installer-web-community 和 mysql-installer-communityl，其中，mysql-installer-web-community 为在线安装版本，mysql-installer-communityl 为离线安装版本。

步骤 3：弹出用户登录界面，输入用户名和密码后，单击"登录"按钮，如图 11-10 所示。

步骤 4：弹出开始下载界面，单击 Download Now 按钮，即可开始下载，如图 11-11 所示。

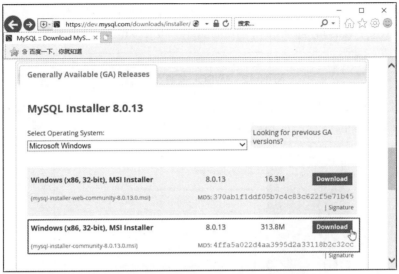

图 11-8　MySQL 下载界面

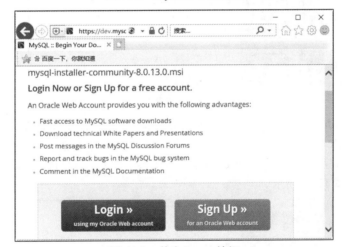

图 11-9　单击 Login 按钮

图 11-10　用户登录界面

图 11-11　开始下载界面

☆大牛提醒☆

如果用户没有用户名和密码，可以单击"创建账户"超链接进行注册即可。

2. 安装MySQL 8.0

MySQL 安装文件下载完成后，找到下载文件，双击进行安装，具体操作步骤如下。

步骤 1：双击下载的 mysql-installer-community-8.0.13.0.msi 文件，如图 11-12 所示。

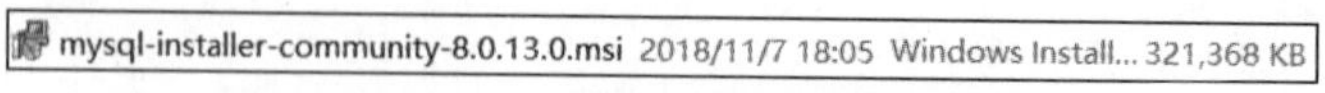

mysql-installer-community-8.0.13.0.msi 2018/11/7 18:05 Windows Install... 321,368 KB

图 11-12　MySQL 安装文件名称

步骤 2：打开 License Agreement（用户许可证协议）界面，选中 I accept the license terms（我接受许可协议）复选框，单击 Next 按钮，如图 11-13 所示。

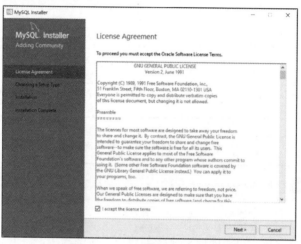

图 11-13　用户许可证协议界面

步骤 3：打开 Choosing a Setup Type（安装类型选择）界面，在其中列出了 5 种安装类型，分别是 Developer Default（默认安装类型）、Server only（仅作为服务器）、Client only（仅作为客户端）、Full（完全安装）和 Custom（自定义安装类型）。这里选中 Custom 单选按钮，单击 Next 按钮，如图 11-14 所示。

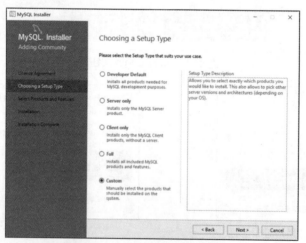

图 11-14　安装类型选择界面

步骤 4：打开 Select Products and FeaTrues（产品定制选择）界面，选择 MySQL Server

8.0.13-x86 后，单击"添加"按钮 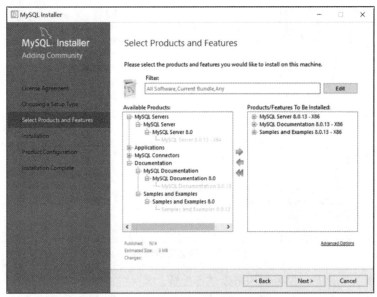，即可选择安装 MySQL 服务器。采用同样的方法，添加"Samples and Examples 8.0.13-x86"和"MySQL Documentation 8.0.13-x86"选项，如图 11-15 所示。

图 11-15　自定义安装组件界面

步骤 5：单击 Next 按钮，进入安装确认界面，单击 Execute（执行）按钮，如图 11-16 所示。

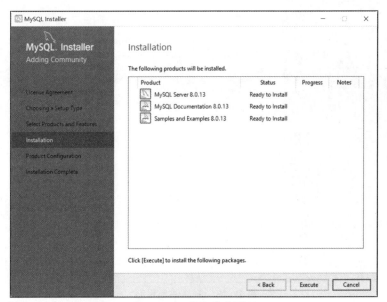

图 11-16　准备安装界面

步骤 6：开始安装 MySQL 文件，安装完成后在 Status（状态）列表下将显示 Complete（安装完成），如图 11-17 所示。

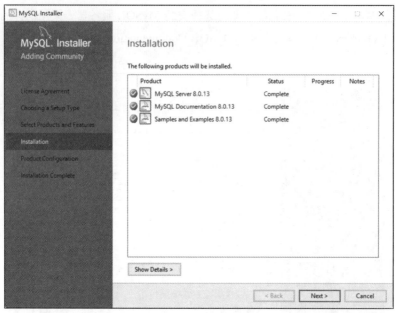

图 11-17　安装完成界面

MySQL 安装完毕之后，需要对服务器进行配置。具体的配置步骤如下。

步骤 1：在上面的最后一步（图 11-17）中，单击 Next 按钮，进入产品信息界面，如图 11-18 所示。

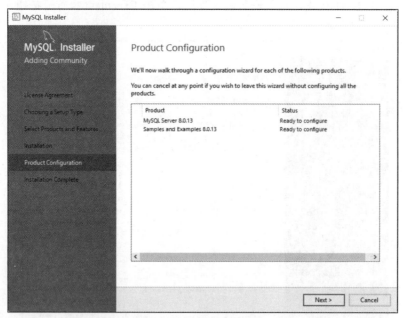

图 11-18　产品信息界面

步骤 2：单击 Next 按钮，进入服务器配置界面，如图 11-19 所示。

步骤 3：单击 Next 按钮，进入 MySQL 服务器配置界面，采用默认设置，如图 11-20 所示。

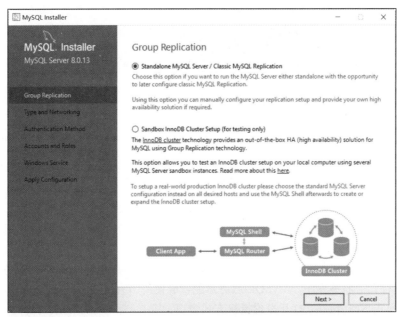

图 11-19　服务器配置界面

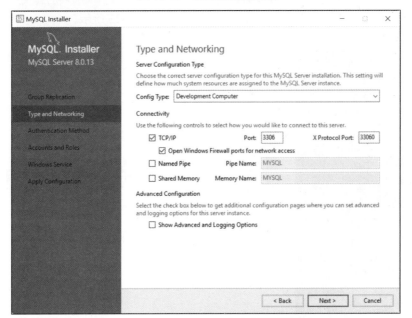

图 11-20　MySQL 服务器配置界面

　　MySQL 服务器配置窗口中，Config Type 选项用于设置服务器的类型。单击该选项右侧的向下按钮，即可看到 3 个选项，如图 11-21 所示。

　　图 11-21 中 3 个选项的具体含义如下。

● Development Machine（开发机器）：该选项代表典型个人用桌面工作站。假定机器上运行着多个桌面应用程序。将 MySQL 服务器配置成使用最少的系统资源。

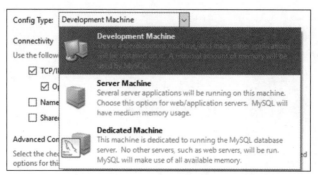

图 11-21　MySQL 服务器的类型

- Server Machine（服务器）：该选项代表服务器，MySQL 服务器可以同其他应用程序一起运行，例如，FTP、E-mail 和 Web 服务器。MySQL 服务器配置成使用适当比例的系统资源。
- Dedicated Machine（专用服务器）：该选项代表只运行 MySQL 服务的服务器。假定没有运行其他服务程序，MySQL 服务器配置成使用所有可用系统资源。

步骤 4：单击 Next 按钮，打开设置授权方式窗口。其中，第一个单选项的含义：MySQL 8.0 提供的新的授权方式，采用 SHA256 基础的密码加密方法；第二个单选项的含义：传统授权方法（保留 5.x 版本兼容性）。这里选择第二个单选项，如图 11-22 所示。

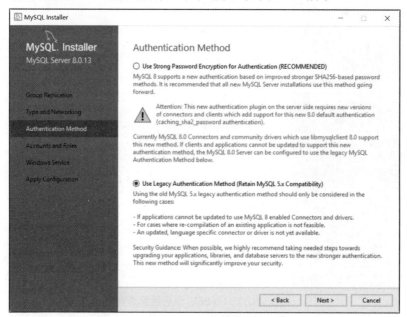

图 11-22　选择授权方式

步骤 5：单击 Next 按钮，打开设置服务器的密码界面，重复输入两次同样的登录密码后，如图 11-23 所示。

步骤 6：单击 Next 按钮，打开设置服务器名称界面，这里设置服务器名称为 MySQL，如图 11-24 所示。

步骤 7：单击 Next 按钮，打开确认设置服务器界面，单击 Execute 按钮，如图 11-25 所示。

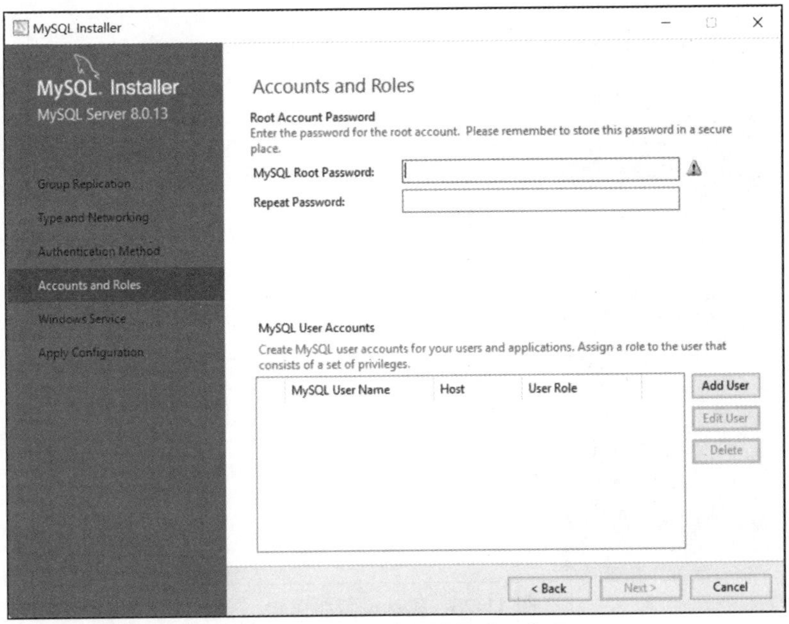

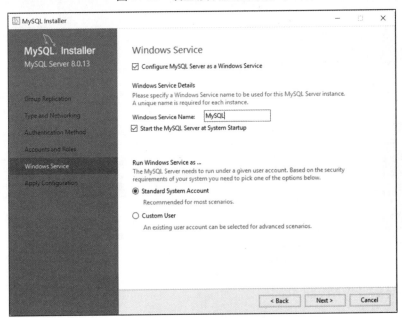

图 11-23　设置服务器的登录密码

图 11-24　设置服务器的名称

　　步骤 8：系统自动配置 MySQL 服务器。配置完成后，单击 Finish 按钮。即可完成服务器的配置，如图 11-26 所示。

　　步骤 9：按键盘上的 Ctrl+Alt+Delete 组合键，打开"任务管理器"对话框，可以看到 MySQL 服务进程 MySQLd.exe 已经启动了，如图 11-27 所示。

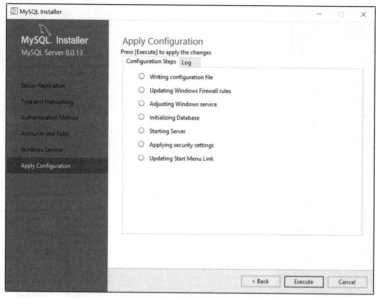

图 11-25　确认设置服务器

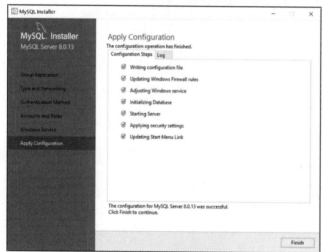

图 11-26　完成设置服务器　　　　　　　　　图 11-27　任务管理器窗口

11.3.2　安装 PyMySQL

Python 语言为操作 MySQL 数据库提供了标准库 PyMySQL。下面讲述 PyMySQL 的下载和安装方法。

在浏览器地址栏中输入 PyMySQL 的下载地址：https://pypi.python.org/pypi/PyMySQL/，如图 11-28 所示。选择 PyMySQL-0.9.3-py2.py3-none-any.whl 文件。

将下载的文件放置在 D:\python\ch11\中，开始安装 pymysql-0.9.3。

以管理员身份启动"命令提示符"窗口，然后进入 PyMySQL-0.9.3-py2.py3-none-any.whl 文件所在的路径。命令如下：

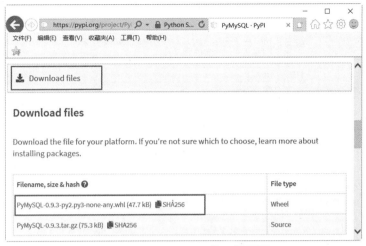

图 11-28　PyMySQL 的下载页面

```
C:\windows\system32>d:
D:\>cd D:\python\ch11\
```

开始安装 PyMySQL-0.9.3，命令如下：

```
D:\python\ch11>pip install PyMySQL-0.9.3-py2.py3-none-any.whl
```

运行结果如图 11-29 所示。

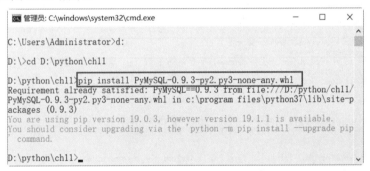

图 11-29　安装 PyMySQL

11.3.3　连接 MySQL 数据库

在连接 MySQL 数据库之前，需要登录到 MySQL 服务器上创建需要连接的数据库 mydb。
具体操作步骤如下：

步骤 1：右击"开始"按钮，在弹出的快捷菜单中选择"运行"菜单命令，打开"运行"
对话框，输入 cmd，单击"确定"按钮，如图 11-30 所示。

步骤 2：打开 DOS 窗口，然后输入以下命令并按 Enter 键确认，如图 11-31 所示。

```
cd C:\Program Files\MySQL\MySQL Server 8.0\bin\
```

步骤 3：在 DOS 窗口中可以通过登录命令连接到 MySQL 数据库，按 Enter 键，系统会提
示输入密码 Enter password，验证正确后，即可登录到 MySQL 数据库，然后通过 create 语句创
建数据库，如图 11-32 所示。

图 11-30　运行对话框

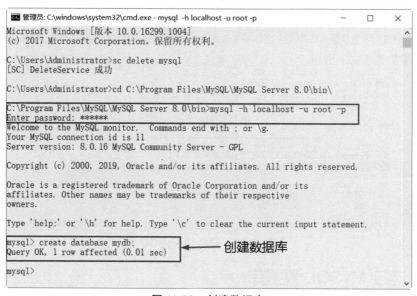

图 11-31　DOS 窗口

图 11-32　创建数据库

☆**大牛提醒**☆

其中，MySQL 为登录命令，-h 后面的参数是服务器的主机地址。在这里，客户端和服务器在同一台机器上，所以输入 localhost 或者 IP 地址 127.0.0.1，-u 后面跟登录数据库的用户名称，在这里为 root，-p 后面是用户登录密码。

【例 11.8】使用 PyMySQL 连接数据库 mydb（源代码\ch11\11.8.py）。

```python
import pymysql
#打开数据库连接
db = pymysql.connect("localhost","root","123456","mydb" )
#使用 cursor()方法创建一个游标对象 cursor
cursor = db.cursor()
#使用 execute()方法执行 SQL 查询
```

```
cursor.execute("SELECT VERSION()")
#使用 fetchone()方法获取单条数据.
data = cursor.fetchone()
print ("MySQL数据库的版本是: %s " % data)
#关闭数据库连接
db.close()
```

保存并运行程序，结果如图 11-33 所示。

```
===================== RESTART: D:/python/ch11/11.8.py
MySQL数据库的版本是: 8.0.13
```

图 11-33　连接数据库 mydb

11.3.4　创建数据表

数据库连接完成后，即可使用 execute()方法为数据库创建数据表。

【例 11.9】创建数据表（源代码\ch11\11.9.py）。

```
import pymysql
#打开数据库连接
db = pymysql.connect("localhost","root" "123456","mydb")
#使用 cursor()方法创建一个游标对象 cursor
cursor = db.cursor()
#定义 SQL 语句
sql = """CREATE TABLE goods(
  id         int(8)      PRIMARY KEY,
  name       varchar(25),
  price      FLOAT)
"""
#使用 execute()方法执行 SQL
cursor.execute(sql)
#关闭数据库连接
db.close()
```

保存并运行程序，即可创建数据表 goods。

11.3.5　插入数据

数据表 goods 创建完成后，使用 INSERT 语句可以向数据表中插入数据。

【例 11.10】插入数据（源代码\ch11\11.10.py）。

```
import pymysql
#打开数据库连接
db = pymysql.connect("localhost","root","123456","mydb",charset="utf8")
#使用 cursor()方法获取操作游标
cursor = db.cursor()
#数据列表
data = [('1', '洗衣机', '5999'),('2', '冰箱', '3999'),('3', '空调', '8999'),]
try:
    #执行插入数据语句
    cursor.executemany("INSERT INTO goods(id,name,price)values (%s,%s,%s)",data)
    #提交到数据库执行
    db.commit()
except:
```

```
    #如果发生错误，就回滚
    db.rollback()
#关闭数据库连接
db.close()
```

保存并运行程序，即可向数据表 goods 中插入数据。

11.3.6 查询数据

Python 查询 MySQL 数据库时，主要用到以下几个方法。

（1）fetchone()：该方法获取下一个查询结果集，结果集是一个对象。

（2）fetchall()：接收全部的返回结果行。

（3）rowcount：这是一个只读属性，返回执行 execute()方法后影响的行数。

【例 11.11】查询数据（源代码\ch11\11.11.py）。

查询价格大于 5 000 元的商品。

```
import pymysql

#打开数据库连接
db = pymysql.connect("localhost","root","123456","mydb")

#使用 cursor()方法获取操作游标
cursor = db.cursor()
sql = "SELECT * FROM goods WHERE price>5000"
#执行 SQL 查询语句
try:
    #执行 SQL 语句
    cursor.execute(sql)
    #获取所有记录列表
    results = cursor.fetchall()
    for row in results:
        id = row[0]
        name = row[1]
        price = row[2]
        #打印结果
        print ("id=%s,name=%s, price=%s " % (id,name,price))
except:
    print ("错误：无法查询数据")

#关闭数据库连接
db.close()
```

保存并运行程序，结果如图 11-34 所示。

```
==================== RESTART: D:/python/ch11/11.11.py
id=1,name=洗衣机, price=5999.0
id=3,name=空调, price=8999.0
```

图 11-34 例 11.11 的程序运行结果

11.3.7 更新数据

使用 UPDATE 语句可以更新数据库记录。下面将更新 goods 表中 price 字段全部减去 1500。

【例 11.12】更新数据（源代码\ch11\11.12.py）。

```
import pymysql

#打开数据库连接
db = pymysql.connect("localhost","root","123456","mydb")

#使用 cursor()方法获取操作游标
cursor = db.cursor()
#SQL 更新语句
sql = "update goods set price=price-1500"
try:
    #执行 SQL 语句
    cursor.execute(sql)
    #提交到数据库执行
    db.commit()
except:
    #发生错误时回滚
    db.rollback()
#关闭数据库连接
db.close()
```

保存并运行程序，即可实现数据表中 price 字段的数值减值操作。

11.3.8　删除数据

使用 DELETE 语句可以删除数据表中的数据。

【例 11.13】删除数据（源代码\ch11\11.13.py）。

删除 id=2 的记录。

```
import pymysql
#打开数据库连接
db = pymysql.connect("localhost","root","123456","mydb")
#使用 cursor()方法获取操作游标
cursor = db.cursor()
#SQL 删除语句
sql = "delete from goods where id=2"
try:
    #执行 SQL 语句
    cursor.execute(sql)
    #提交到数据库执行
    db.commit()
except:
    #发生错误时回滚
    db.rollback()
#关闭数据库连接
db.close()
```

保存并运行程序，即可删除数据表中字段 id 为 2 的记录。

11.4　新手疑难问题解答

疑问 1： cursor()方法返回的游标对象支持哪些方法和属性？

解答：cursor()方法将返回一个游标对象 mycur。游标对象支持的方法如下。

（1）close()：关闭游标。游标关闭后，游标将不可用。

（2）callproc(name[,params])：使用给定的名称和参数（可选）调用已命名的数据库。

（3）execute(oper[,params])：执行一个 SQL 操作。

（4）executemany(oper,pseq)：对序列中的每个参数集执行 SQL 操作。

（5）fetchone()：把查询的结果集中在下一行保存为序列。

（6）fetchmany([size])：获取查询集中的多行。

（7）fetchall()：把所有的行作为序列的序列。

（8）nextset()：跳至下一个可用的结果集。

（9）setinputsizes(sizes)：为参数预先定义内存区域。

（10）setoutputsizes(size[,col])：为获取的大数据值设置缓冲区大小。

游标对象的属性如下。

（1）description：结果列描述的序列，只读。

（2）rowcount：结果中的行数，只读。

（3）arraysize：fetchmany 中返回的行数，默认为 1。

疑问 2：如何处理数据库操作中的异常？

解答：基于对数据库系统的需要，许多人共同开发了 Python DB API 作为数据库的接口。DB API 中定义了以下一些数据库操作的错误及异常。

（1）Warning：当有严重警告时触发，如插入数据时被截断等。必须是 StandardError 的子类。

（2）Error：警告以外所有其他错误类。必须是 StandardError 的子类。

（3）InterfaceError：当有数据库接口模块本身的错误（不是数据库的错误）发生时触发。必须是 Error 的子类。

（4）DatabaseError：与数据库有关的错误发生时触发。必须是 Error 的子类。

（5）DataError：当有数据处理并发生错误时触发，如除零错误、数据超范围等。必须是 DatabaseError 的子类。

（6）OperationalError：指非用户控制的，而是操作数据库时发生的错误，如连接意外断开、数据库名未找到、事务处理失败、内存分配错误等。必须是 DatabaseError 的子类。

（7）IntegrityError：完整性相关的错误，如外键检查失败等。必须是 DatabaseError 子类。

（8）InternalError：数据库的内部错误，如游标失效、事务同步失败等。必须是 DatabaseError 子类。

（9）ProgrammingErro：程序错误，如数据表没找到或已存在、SQL 语句语法错误、参数数量错误等。必须是 DatabaseError 的子类。

11.5　实战训练

解题思路

实战 1：删除后添加新数据。

删除数据表 goods 中的全部数据，然后添加新数据，最后在 DOS 窗口中可以通过登录命令连接到 MySQL 数据库，然后查询添加的 4 条新数据记录。

```
mysql> use mydb;
```

```
Database changed

mysql> select * from goods;
+----+------+-------+
| id | name | price |
+----+------+-------+
|  1 | 电视机 |  3999 |
|  2 | 洗衣机 |  5999 |
|  3 | 空调  |  2999 |
|  4 | 空调  |  3999 |
+----+------+-------+
4 rows in set (0.01 sec)
```

实战 2：查询指定价格的商品。

查询数据表 goods 中价格小于 5 000 元并且 id 小于 4 的所有商品，结果如图 11-35 所示。

```
===================== RESTART: D:\python\ch11\11.15.py
id=1,name=电视机，price=3999.0
id=3,name=空调，price=2999.0
```

图 11-35　实战 1 的程序运行结果

实战 3：批量增加商品的价格。

将数据表 goods 中所有商品的价格增加 2 000 元。在 DOS 窗口中可以通过登录命令连接到 MySQL 数据库，然后查询修改后的 4 条新数据记录。

```
mysql> use mydb;
Database changed

mysql> select * from goods;
+----+--------+-------+
| id | name   | price |
+----+--------+-------+
|  1 | 电视机  |  5999 |
|  2 | 洗衣机  |  7999 |
|  3 | 空调   |  4999 |
|  4 | 空调   |  5999 |
+----+--------+-------+
4 rows in set (0.00 sec)
```

实战 4：批量删除商品。

批量删除数据表 goods 中价格大于 6 000 元的商品。在 DOS 窗口中可以通过登录命令连接到 MySQL 数据库，然后查询 goods 数据表中剩余的数据记录。

```
mysql> use mydb;
Database changed

mysql> select * from goods;
+----+--------+-------+
| id | name   | price |
+----+--------+-------+
|  1 | 电视机  |  5999 |
|  3 | 空调   |  4999 |
|  4 | 空调   |  5999 |
+----+--------+-------+
3 rows in set (0.00 sec)
```

第12章

GUI 编程

本章内容提要

在前面的章节中，输入和输出只是用到了文本，而实际开发中，经常会用到大量的图形，例如，程序中的窗口和按钮之类的图形。Python 本身并没有包含操作图形模式（GUI）的模块，而是经常使用 tkinter 模块做图形化处理。通过对本章内容的学习，读者可以轻松地制作出符合要求的图形用户界面。

微视频

12.1 使用 tkinter 创建 GUI 程序

图形用户界面（Graphical User Interface，GUI）又称图形用户接口，是指采用图形方式显示的计算机操作用户界面。Python 提供了多个图形开发界面的库，最常用的就是 tkinter 模块，因此本节将重点讲述 tkinter 模块的使用方法和技巧。tkinter 是 Python 的标准 GUI 库。Python 使用 tkinter 可以快速创建 GUI 应用程序。由于 tkinter 是内置到 Python 安装包中的，因此只要安装好 Python 之后就能加载 tkinter 库。对于简单的图形界面，使用 tkinter 库可以轻松完成。

☆大牛提醒☆

tkinter 是 Python 的标准 GUI 接口，不仅可以运行在 Windows 系统中，还可以在大多数的 Linux/UNIX 平台下使用。

当 Python 3.7 安装好以后，tkinter 也会随之被安装好，所以用户要使用 tkinter 的功能，只需要加载 tkinter 模块即可。代码如下：

```
import tkinter                                    #加载 tkinter 库
```

☆大牛提醒☆

在 Python 3.x 版本之前，tkinter 库的名称为 Tkinter。由于 Python 语言是区分大小写的，所以读者必须要注意，在 Python 3.x 版中，tkinter 库的名称为小写。

使用 tkinter 库创建一个 GUI 程序的基本流程如下：

（1）导入 tkinter 模块。

（2）创建控件。

（3）指定这个控件的 master，即这个控件属于谁。

（4）告诉 GM（geometry manager）有一个控件产生了。

例 12.1 是使用 tkinter 库创建一个简单的图形用户界面。

【例 12.1】 创建一个简单的图形用户界面（源代码\ch12\12.1.py）。

```
#加载 tkinter 模块
import tkinter
#使用 tkinter 模块的 Tk()方法创建一个主窗口，用于容纳整个 GUI 程序
win = tkinter.Tk()
#设置主窗口对象的标题栏
win.title(string = "人生苦短我学 Python")
#创建一个 Label 标签，用于显示指定的文本内容
b = tkinter.Label(win, text="使用 tkinter 库可以轻松地创建 GUI 程序! ",font=("Times", 16,
"bold")
#调用 Lable 组件的 pack()方法
b.pack()
#开始窗口的事件循环
win.mainloop()
```

保存并运行程序，结果如图 12-1 所示。

如果想要关闭此窗口，只要单击窗口右
上方的 ×（关闭）按钮即可。

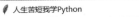

图 12-1　例 12.1 的程序运行结果

12.2　熟悉 tkinter 的控件

微视频

tkinter 包含 15 个控件，各个控件的含义如表 12-1 所示。

表 12-1　tkinter 的控件

控 件 名 称	说　明
Button	按钮控件，在程序中显示按钮
Canvas	画布控件，用来画图形，如线条及多边形等
Checkbutton	复选框控件，用于在程序中提供多项选择框
Entry	输入控件，定义一个简单的文字输入字段
Frame	框架控件，定义一个窗体，以作为其他控件的容器
Label	标签控件，定义一个文字或图片标签
Listbox	列表框控件，定义一个下拉方块
Menu	菜单控件，定义一个菜单栏、下拉菜单和弹出菜单
Menubutton	菜单按钮控件，用于显示菜单项
Message	消息控件，定义一个对话框
Radiobutton	单选按钮控件，定义一个单选按钮
Scale	范围控件，定义一个滑动条，以帮助用户设置数值
Scrollbar	滚动条控件，定义一个滚动条
Text	文本控件，定义一个文本框
Toplevel	此控件与 Frame 控件类似，可以作为其他控件的容器。但是此控件有自己的最上层窗口，可以提供窗口管理接口

1. 颜色名称常数

如果用户是在 Windows 操作系统内使用 tkinter，就可以使用下面定义的颜色名称常数。

Windows 操作系统的颜色名称常数如下：

SystemActiveBorder	SystemActiveCaption	SystemAppWorkspace
SystemBackground	SystemButtonFace	SystemButtonHighlight
SystemButtonShadow	SystemButtonText	SystemCaptionText
SystemDisabledText	SystemHighlight	SystemHighlightText
SystemInavtiveBorder	SystemInavtiveCaption	SystemInactiveCaptionText
SystemMenu	SystemMenuText	SystemScrollbar
SystemWindow	SystemWindowFrame	SystemWindowText

2. 大小的测量单位

一般在测量 tkinter 控件内的大小时，是以像素为单位。

下面定义 Button 控件的文字与边框之间的水平距离为 20 像素：

```
from tkinter import *
win = Tk()
Button(win, padx=20, text="关闭", command=win.quit).pack()
win.mainloop()
```

也可以使用其他测量单位。

【例 12.2】包含设置按钮的图形界面（源代码\ch12\12.2.py）。

```
from tkinter import *
win = Tk()
Button(win, padx=20, text="关闭", command=win.quit).pack()
Button(win, padx="2c", text="关闭", command=win.quit).pack()
Button(win, padx="8m", text="关闭", command=win.quit).pack()
Button(win, padx="2i", text="关闭", command=win.quit).pack()
Button(win, padx="20p", text="关闭", command=win.quit).pack()
win.mainloop()
```

保存并运行程序，结果如图 12-2 所示。

3. 共同属性

每一个 tkinter 控件都有以下共同的属性。

（1）anchor：定义控件在窗口内的位置或文字信息在控件内的位置。可以是 N、NE、E、SE、S、SW、W、NW 或 CENTER。

（2）background(bg)：定义控件的背景颜色，颜色值可以是 Windows 操作系统的颜色名称常数，也可以是"#rrggbb"形式的数字。用户可以使用 background 或 bg。

例 12.3 是定义一个背景颜色为绿色的文字标签，以及一个背景颜色为 SystemHightlight 的文字标签。

【例 12.3】设置控件背景颜色（源代码\ch12\12.3.py）。

```
from tkinter import *
win = Tk()
win.title(string = "古诗鉴赏")
Label(win, background="#00ff00", text="两个黄鹂鸣翠柳，一行白鹭上青天。").pack()
Label(win, background="SystemHighlight", text="窗含西岭千秋雪，门泊东吴万里船。").pack()
win.mainloop()
```

保存并运行程序，结果如图 12-3 所示。

（3）bitmap：定义显示在控件内的 bitmap 图片文件。

（4）borderwidth：定义控件的边框宽度，单位是像素。

例 12.4 是定义一边框宽度为 25 个像素的按钮。

【例 12.4】设置控件边框（源代码\ch12\12.4.py）。

```
from tkinter import *
win = Tk()
Button(win, relief=RIDGE, borderwidth=25, text="关闭", command=win.quit). pack()
win.mainloop()
```

保存并运行程序，结果如图 12-4 所示。

图 12-2　例 12.2 的程序运行结果

图 12-3　例 12.3 的程序
运行结果

图 12-4　例 12.4 的程序
运行结果

（5）command：当控件有特定的动作发生时，如单击按钮，此属性定义动作发生时所调用的 Python 函数。

下面的案例是定义单击按钮时，即调用窗口的 quit() 函数来结束程序：

```
from tkinter import *
win =Tk()
win.title(string = "结束程序")
Button(win, text="关闭", command=win.quit).pack()
win.mainloop()
```

（6）cursor：定义当鼠标指针移到控件上时，鼠标指针的类型。可使用的鼠标指针类型有 crosshair、watch、xterm、fleur 和 arrow。

例 12.5 是定义鼠标指针的类型为一个十字形状。

【例 12.5】设置鼠标指针的类型（源代码\ch12\12.5.py）。

```
from tkinter import *
win = Tk()
Button(win, cursor="crosshair", text="关闭", command=win.quit).pack()
win.mainloop()
```

保存并运行程序，结果如图 12-5 所示。

（7）font：如果控件支持标题文字，就可以使用此属性来定义标题文字的字体格式。此属性是一个元组格式，例如字体、大小、字体样式。字体样式可以是 bold、italic、underline 和 overstrike。用户可以同时设置多个字体样式，中间以空白隔开。

例 12.6 是定义三个文字标签的字体。

【例 12.6】设置文本标签的字体（源代码\ch12\12.6.py）。

```
from tkinter import *
win=Tk()
Label(win, font=("Times", 12, "bold"), text="关山三五月，客子忆秦川。").pack()
Label(win, font=("Symbol", 26, "bold overstrike"), text="思妇高楼上，当窗应未眠。").
```

```
pack()
    Label(win, font=("细明体", 36, "bold italic underline"), text="星旗映疏勒，云阵上祁连。").
pack()
    win.mainloop()
```

保存并运行程序，结果如图 12-6 所示。

图 12-5　例 12.5 的程序运行结果　　　　图 12-6　例 12.6 的程序运行结果

（8）foreground(fg)：定义控件的前景（文字）颜色，颜色值可以是 Windows 操作系统的颜色名称常数，也可以是"#rrggbb"形式的数字。可以使用 foreground 或 fg。

下面的案例是定义一个文字颜色为红色的按钮，以及一个文字颜色为绿色的文字标签。

【例 12.7】设置文本的颜色（源代码\ch12\12.7.py）。

```
from tkinter import *
win = Tk()
Button(win,font=("Times", 18, "bold"), foreground="#ff0000", text="关闭",
command=win.quit). pack()
    Label(win, font=("Times", 20, "bold"),foreground="#00FF00", text="海上生明月，天涯共
此时。情人怨遥夜，竟夕起相思。"). pack()
    win.mainloop()
```

保存并运行程序，结果如图 12-7 所示。

图 12-7　例 12.7 的程序运行结果

（9）height：如果是 Button、Label 或 Text 控件，此属性定义以字符数目为单位的高度。其他的控件则是定义以像素 pixel 为单位的高度。

下面的案例是定义一个字符高度为 5 的按钮。

```
from tkinter import *
win = Tk()
Button(win, height=5, text="关闭", command=win.quit).pack()
win.mainloop()
```

（10）highlightbackground：定义控件在没有键盘焦点时，画 hightlight 区域的颜色。

（11）highlightcolor：定义控件在有键盘焦点时，画 hightlight 区域的颜色。

（12）highlightthickness：定义 hightlight 区域的宽度，以像素为单位。

（13）image：定义显示在控件内的图片文件。可参考第 8 章 8.4 节 Button 控件的 image()方法。

（14）justify：定义多行文字标题的排列方式，此属性可以是 LEFT、CENTER 或 RIGHT。

（15）padx,pady：定义控件内的文字或图片与控件边框之间的水平和垂直距离。下面的案例是定义按钮内文字与边框之间的水平距离为 20 像素，垂直距离为 40 像素。

```
from tkinter import *
win = Tk()
Button(win, padx=20, pady=40, text="关闭", command=win.quit).pack()
win.mainloop()
```

（16）relief：定义控件的边框形式。所有的控件都有边框，不过有些控件的边框默认是不可见的。如果是 3D 形式的边框，那么此属性可以是 SUNKEN、RIDGE、RAISED 或 GROOVE；如果是 2D 形式的边框，那么此属性可以是 FLAT 或 SOLID。

下面的案例是定义一个平面的按钮。

```
from tkinter import *
win = Tk()
Button(win, relief=FLAT, text="关闭", command=win.quit).pack()
win.mainloop()
```

（17）text：定义控件的标题文字。

（18）variable：将控件的数值映像到一个变量。当控件的数值改变时，此变量也会跟着改变。同样，当变量改变时，控件的数值也会跟着改变。此变量是 StringVar 类、IntVar 类、DoubleVar 类及 BooleanVar 的例变量，这些例变量可以分别使用 get() 与 set() 方法读取与设置变量。

（19）width：如果是 Button、Label 或 Text 控件，此属性定义以字符数目为单位的宽度。其他控件则是定义以像素 pixel 为单位的宽度。

下面的案例是定义一个字符宽度为 20 的按钮。

```
from tkinter import *
win = Tk()
Button(win, width=20, text="关闭", command=win.quit).pack()
win.mainloop()
```

12.3　常用控件的使用方法

微视频

通过控件可以轻松地实现界面编程。下面讲述几种常用控件的使用方法和技巧。

12.3.1　Button 控件

Button 控件用于创建按钮，按钮上可以显示文字或图片。

Button 控件的使用方法如下。

（1）flash()：将前景与背景颜色互换，以产生闪烁的效果。

（2）invoke()：执行 command 属性所定义的函数。

Button widget 的属性如下。

（1）activebackground：按钮在作用时的背景颜色。

（2）activeforeground：按钮在作用时的前景颜色。例如：

```
from tkinter import *
win = Tk()
Button(win, activeforeground="#ff0000", activebackground="#00ff00", \
  text="关闭", command=win.quit).pack()
win.mainloop()
```

（3）bitmap：显示在按钮上的位图，此属性只有在忽略 image 属性时才有用。此属性一般可设置为 gray12、gray25、gray50、gray75、hourglass、error、questhead、info、warning 或 question。也可以直接使用 XBM(X Bitmap) 文件，在 XBM 文件名称前添加一个 @ 符号，如 bitmap=@hello.xbm。例如：

```
from tkinter import *
win = Tk()
Button(win, bitmap="question", command=win.quit).pack()
win.mainloop()
```

（4）default：若设置此属性，则该按钮为默认按钮。

（5）disabledforeground：按钮在无作用时的前景颜色。

（6）image：显示在按钮上的图片，此属性的顺序在 text 与 bitmap 属性之前。

（7）state：定义按钮的状态，可以是 NORMAL、ACTIVE 或 DISABLED。

（8）takefocus：定义用户是否可以使用 Tab 键，以改变按钮的焦点。

（9）text：显示在按钮上的文字。如果定义了 bitmap 或 image 属性，text 属性就不会被使用。

（10）underline：一个整数偏移值，表示按钮上的文字哪一个字符要加下画线。第一个字符的偏移值是 0。

下面的案例是在按钮的第 2 个文字上添加下画线。

【例 12.8】在文字上添加下画线（源代码\ch12\12.8.py）。

```
from tkinter import *
win = Tk()
Button(win,  font=("Times",  20,  "bold"),  text=" 秦 时 明 月 ",  underline=1,
command=win.quit).pack()
win.mainloop()
```

保存并运行程序，结果如图 12-8 所示。

图 12-8　例 12.8 的程序运行结果

（11）wraplength：一个以屏幕单位（screen unit）为单位的距离值，用来决定按钮上的文字在哪里需要换成多行。默认值是不换行。

12.3.2　Canvas 控件

Canvas 控件用于创建与显示图形，如弧形、位图、图片、线条、椭圆形、多边形及矩形等。Canvas 控件的方法如下。

（1）create_arc(coord, start, extent, fill)：创建一个弧形。其中，参数 coord 定义画弧形区块的左上角与右下角坐标；参数 start 定义画弧形区块的起始角度（逆时针方向）；参数 extent 定义画弧形区块的结束角度（逆时针方向）；参数 fill 定义填满弧形区块的颜色。

下面的案例是在窗口的(16, 60)与(260, 233)两点间画一个弧形，起始角度是 0，结束角度是 240°，使用蓝色填满弧形区块。

【例 12.9】绘制一个弧形（源代码\ch12\12.9.py）。

```
from tkinter import *
win = Tk()
coord = 16, 60, 260, 233
```

```
canvas = Canvas(win)
canvas.create_arc(coord, start=0, extent=240, fill="blue")
canvas.pack()
win.mainloop()
```

保存并运行程序，结果如图 12-9 所示。

（2）create_bitmap(x, y, bitmap)：创建一个位图。其中，参数 x 与 y 定义位图的左上角坐标；参数 bitmap 定义位图的来源，可为 gray12、gray25、gray50、gray75、hourglass、error、questhead、info、warning 或 question。也可以直接使用 XBM(X Bitmap)文件，在 XBM 文件名称前添加一个@符号，如 bitmap=@hello.xbm。

下面的案例是在窗口的(20, 50)坐标处画上一个"error"位图。

【例 12.10】绘制一个位图（源代码\ch12\12.10.py）。

```
from tkinter import *
win =Tk()
canvas = Canvas(win)
canvas.create_bitmap(20,50, bitmap="error")
canvas.pack()
win.mainloop()
```

保存并运行程序，结果如图 12-10 所示。

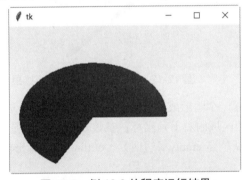

图 12-9　例 12.9 的程序运行结果

图 12-10　例 12.10 的程序运行结果

（3）create_image(x, y, image)：创建一个图片。其中，参数 x 与 y 定义图片的左上角坐标；参数 image 定义图片的来源，必须是 tkinter 模块的 BitmapImage 类或 PhotoImage 类的例变量。

下面的案例是在窗口的(80, 140)坐标处加载一个"12.1.gif"图片文件。

【例 12.11】创建一个图片（源代码\ch12\12.11.py）。

```
from tkinter import *
win = Tk()
img = PhotoImage(file="12.1.gif")
canvas = Canvas(win)
canvas.create_image(180,180, image=img)
canvas.pack()
win.mainloop()
```

保存并运行程序，结果如图 12-11 所示。

（4）create_line(x0, y0, x1, y1,···, xn, yn, options)：创建一个线条。其中，参数 x0,y0,x1,y1,···,xn,yn 定义线条的坐标；参数 options 可以是 width 或 fill。width 定义线条的宽度，默认值是 1 像素。fill 定义线条的颜色，默认值是 black。

下面的案例是从窗口的(23, 23)坐标处画一条线到(60, 120)坐标处，再从(60, 120)坐标处画一条线到(280, 290)坐标处。线条的宽度是 8 像素，线条的颜色是红色。

【例 12.12】绘制一个线条（源代码\ch12\12.12.py）。

```
from tkinter import *
win = Tk()
canvas = Canvas(win)
canvas.create_line(23, 23, 60, 120, 280, 290, width=8, fill="red")
canvas.pack()
win.mainloop()
```

保存并运行程序，结果如图 12-12 所示。

图 12-11　例 12.11 的程序运行结果

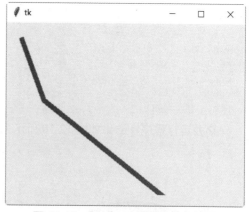

图 12-12　例 12.12 的程序运行结果

（5）create_oval(x0, y0, x1, y1, options)：创建一个圆形或椭圆形。其中，参数 x0 与 y0 定义绘图区域的左上角坐标；参数 x1 与 y1 定义绘图区域的右下角坐标；参数 options 可以是 fill 或 outline。fill 定义填满圆形或椭圆形的颜色，默认值是 empty（透明）。outline 定义圆形或椭圆形的外围颜色。

下面的案例是在窗口的(23, 23)到(260, 260)坐标处画一个圆形。圆形填满的颜色是红色，外围颜色是蓝色。

【例 12.13】绘制一个圆形（源代码\ch12\12.13.py）。

```
from tkinter import *
win = Tk()
canvas = Canvas(win)
canvas.create_oval(23, 23, 260, 260, fill="red", outline="blue")
canvas.pack()
win.mainloop()
```

保存并运行程序，结果如图 12-13 所示。

（6）create_polygon(x0, y0, x1, y1,…, xn, yn, options)：创建一个至少三个点的多边形。其中，参数 x0、y0、x1、y1、…、xn、yn 定义多边形的坐标；参数 options 可以是 fill、outline 或 splinesteps。fill 定义填满多边形的颜色，默认值是 black。outline 定义多边形的外围颜色，默认值是 black。splinestepsg 是一个整数，定义曲线的平滑度。

下面的案例是在窗口的(23, 23)、(320, 160)、(213, 230)坐标处画一个三角形。多边形填满的颜色是红色，多边形的外围颜色是蓝色，多边形的曲线平滑度是 5。

【例 12.14】绘制一个三角形（源代码\ch12\12.14.py）。

```
from tkinter import *
win =Tk()
canvas = Canvas(win)
canvas.create_polygon(23, 23, 320, 160, 213, 230, outline="blue", splinesteps
=5,fill="red")
canvas.pack()
win.mainloop()
```

保存并运行程序，结果如图 12-14 所示。

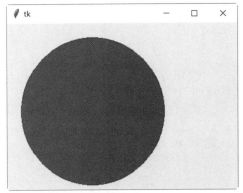

图 12-13　例 12.13 的程序运行结果

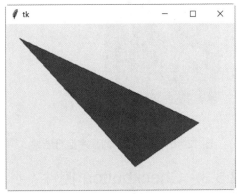

图 12-14　例 12.14 的程序运行结果

（7）create_rectangle(x0, y0, x1, y1, options)：创建一个矩形。其中，参数 x0 与 y0 定义矩形的左上角坐标；参数 x1 与 y1 定义矩形的右下角坐标；参数 options 可以是 fill 或 outline。fill 定义填满矩形的颜色，默认值是 empty（透明）。outline 定义矩形的外围颜色，默认值是 black。

下面的案例是在窗口的(23, 23)到(220, 220)坐标处，画一个矩形。矩形填满的颜色是红色，矩形的外围颜色是空字符串，表示不画矩形的外围。

【例 12.15】绘制一个矩形（源代码\ch12\12.15.py）。

```
from tkinter import *
win = Tk()
canvas = Canvas(win)
canvas.create_rectangle(23, 23, 220, 220, fill="red", outline="")
canvas.pack()
win.mainloop()
```

保存并运行程序，结果如图 12-15 所示。

（8）create_text(x0, y0, text, options)：创建一个文字字符串。其中，参数 x0 与 y0 定义文字字符串的左上角坐标，参数 text 定义文字字符串的文字；参数 options 可以是 anchor 或 fill。anchor 定义(x0, y0)在文字字符串内的位置，可以是 N、NE、E、SE、S、SW、W、NW 或 CENTER，默认值是 CENTER。fill 定义文字字符串的颜色，默认值是 empty（透明）。

下面的案例是在窗口的(80, 80)坐标处画一个文字字符串。文字字符串的颜色是红色，(40, 40)坐标是在文字字符串的西面。

【例 12.16】创建一个文字字符串（源代码\ch12\12.16.py）。

```
from tkinter import *
win = Tk()
```

```
canvas = Canvas(win)
canvas.create_text(80,80, text="南方有鸟，其名为鹓鶵。", fill="red", font=("Times", 16,
"bold"), anchor=W)
canvas.pack()
win.mainloop()
```

保存并运行程序，结果如图 12-16 所示。

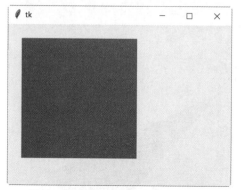

图 12-15　例 12.15 的程序运行结果

图 12-16　例 12.16 的程序运行结果

12.3.3　Checkbutton 控件

Checkbutton 控件用于创建复选框。Checkbutton 控件的属性如下。

（1）onvalue,offvalue：设置 Checkbutton 控件的 variable 属性指定的变量，所要存储的数值。若复选框没有被选中，则此变量的值为 offvalue；若复选框被选中，则此变量的值为 onvalue。

（2）indicatoron：设置此属性为 0，可以将整个控件变成复选框。

Checkbutton 控件的方法如下。

（1）select()：选中复选框，并设置变量的值为 onvalue。

（2）flash()：将前景与背景颜色互换，以产生闪烁的效果。

（3）invoke()：执行 command 属性所定义的函数。

（4）toggle()：改变复选框的状态，如果复选框现在的状态是 on，就改成 off；反之亦然。

下面的案例是在窗口区内创建 4 个复选框，并将 4 个复选框靠左对齐，默认选择第 1 个复选框。

【例 12.17】创建 4 个复选框（源代码\ch12\12.17.py）。

```
from tkinter import *
win = tkinter.Tk()
check1 = Checkbutton(win, text="冰箱")
check2 = Checkbutton(win, text="洗衣机")
check3 = Checkbutton(win, text="空调")
check4 = Checkbutton(win, text="橘子")
check1.select()
check1.pack(side=LEFT)
check2.pack(side=LEFT)
check3.pack(side=LEFT)
check4.pack(side=LEFT)
win.mainloop()
```

保存并运行程序，结果如图 12-17 所示。

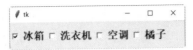

图 12-17 例 12.17 的程序运行结果

12.3.4 Entry 控件

Entry 控件用于在窗体或窗口内创建一个单行文本框。Entry 控件的属性为 textvariable，此属性为用户输入的文字，或者是要显示在 Entry 控件内的文字。

Entry 控件的方法为 get()，此方法可以读取 Entry widget 内的文字。

下面的案例是在窗口内创建一个窗体，在窗体内创建一个文本框，让用户输入一个表达式。在窗体内创建一个按钮，单击此按钮后即计算文本框内所输入的表达式。在窗体内创建一个文字标签，将表达式的计算结果显示在此文字标签上。

【例 12.18】创建一个简单的计算器（源代码\ch12\12.18.py）。

```
from tkinter import *
win = Tk()
#创建窗体
frame = Frame(win)

#创建一个计算器
def calc():
    #将用户输入的表达式，计算结果后转换为字符串
    result = "= " + str(eval(expression.get()))
    #将计算的结果显示在 Label 控件上
    label.config(text = result)

#创建一个 Label 控件
label = Label(frame)
#创建一个 Entry 控件
entry = Entry(frame)

#读取用户输入的表达式
expression = StringVar()
#将用户输入的表达式显示在 Entry 控件上
entry["textvariable"] = expression

#创建一个 Button 控件。当用户输入完毕后，单击此按钮即计算表达式的结果
button1 = Button(frame, text="等于", command=calc)

#设置 Entry 控件为焦点所在
entry.focus()
frame.pack()
#Entry 控件位于窗体的上方
entry.pack()
#Label 控件位于窗体的左方
label.pack(side=LEFT)
#Button 控件位于窗体的右方
button1.pack(side=RIGHT)

#开始程序循环
```

```
frame.mainloop()
```

保存并运行程序，在文本框中输入需要计算的公式，单击"等于"按钮，即可查看运算结果，如图 12-18 所示。

图 12-18　例 12.18 的程序运行结果

12.3.5　Label 控件

Label 控件用于创建一个显示方块，可以在这个显示方块内放置文字或图片。当用户在 Entry 控件内输入数值时，其值会存储在 tkinter 的 StringVar 类内。可以将 Entry 控件的 textvariable 属性设置成 StringVar 类的例变量，使用户输入的数值自动显示在 Entry 控件上。

```
expression = StringVar()
entry = Entry(frame, textvariable=expression)
entry.pack()
```

此方式也适用于 Label 控件上。可以使用 StringVar 类的 set()方法直接写入 Label 控件要显示的文字。例如：

```
expression = StringVar()
Label(frame, textvariable=expression).pack()
expression.set("Hello Python"0)
```

在窗口内创建一个 3×3 的窗体表格，在每一个窗体内创建一个 Label 控件。在每一个 Label 控件内加载一张图片，其中图片的名称为 a0.gif～a8.gif，共 9 张图片。

【例 12.19】创建一个窗体图片表格（源代码\ch12\12.19.py）。

```
from tkinter import *
win = Tk()

#设置图片文件的路径
path = "D:\\python\\ch12\\"
img = []
#将 9 张图片放入一个列表中
for i in range(9):
    img.append(PhotoImage(file=path + "a" + str(i) + ".gif"))

#创建 9 个窗体
frame = []
for i in range(3):
    for j in range(3):
        frame.append(Frame(win, relief=RAISED, borderwidth=1, width=158,height=112))
        #创建 9 个 Label 控件
        Label(frame[j+i*3], image=img[j+i*3]).pack()
        #将窗体编排成 3×3 的表格
        frame[j+i*3].grid(row=j, column=i)

#开始程序循环
```

```
win.mainloop()
```

保存并运行程序，结果如图 12-19 所示。

图 12-19　例 12.19 的程序运行结果

12.3.6　Listbox 控件

Listbox 控件用于创建一个列表框。列表框内包含许多选项，用户可以只选择一项或多项。

Listbox 控件的属性如下。

（1）height：此属性设置列表框的行数目。如果此属性为 0，就自动设置为能找到的最大选择项数目。

（2）selectmode：此属性设置列表框的种类，可以是 SINGLE、EXTENDED、MULTIPLE 或 BROWSE。

（3）width：此属性设置每一行的字符数目。如果此属性为 0，就自动设置为能找到的最大字符数目。

Listbox 控件的方法如下。

（1）delete(row [, lastrow])：删除指定行 row，或者删除 row 到 lastrow 之间的行。

（2）get(row)：取得指定行 row 内的字符串。

（3）insert(row , string)：在指定列 row 插入字符串 string。

（4）see(row)：将指定行 row 变成可视。

（5）select_clear()：清除选择项。

（6）select_set(startrow , endrow)：选择 startrow 与 endrow 之间的行。

下面的案例是创建一个列表框，并插入 6 个选项。

【例 12.20】创建一个列表框（源代码\ch12\12.20.py）。

```
from tkinter import *
win = Tk()

#创建窗体
frame = Frame(win)

#创建列表框选项列表
```

```
name = ["Python 书籍", "C 语言书籍", "C++书籍", "C#书籍", "Java 书籍", "Java Web 书籍",]

#创建 Listbox 控件
listbox = Listbox(frame)
#清除 Listbox 控件的内容
listbox.delete(0, END)
#在 Listbox 控件内插入选项
for i in range(6):
    listbox.insert(END, name[i])

listbox.pack()
frame.pack()

#开始程序循环
win.mainloop()
```

保存并运行程序，结果如图 12-20 所示。

图 12-20　例 12.20 的程序运行结果

12.3.7　Menu 控件

Menu 控件用于创建三种类型的菜单，即 pop-up（快捷式菜单）、toplevel（主目录）及 pull-down（下拉式菜单）。

Menu 控件的方法如下。

（1）add_command(options)：新增一个菜单项。

（2）add_radiobutton(options)：创建一个单选按钮菜单项。

（3）add_checkbutton(options)：创建一个复选框菜单项。

（4）add_cascade(options)：将一个指定的菜单与其父菜单连接，创建一个新的级联菜单。

（5）add_separator()：新增一个分隔线。

（6）add(type, options)：新增一个特殊类型的菜单项。

（7）delete(startindex [, endindex])：删除 startindex 到 endindex 之间的菜单项。

（8）entryconfig(index, options)：修改 index 菜单项。

（9）index(item)：返回 index 索引值的菜单项标签。

Menu 控件方法如下。

（1）accelerator：设置菜单项的快捷键，快捷键会显示在菜单项目的右边。注意，此选项并不会自动将快捷键与菜单项连接在一起，必须另行设置。

（2）command：选择菜单项时执行的 Callback()函数。

（3）indicatorOn：设置此属性，可以让菜单项选择 on 或 off。

（4）label：定义菜单项内的文字。

（5）menu：此属性与 add_cascade()方法一起使用，用来新增菜单项的子菜单项。

（6）selectColor：菜单项 on 或 off 的颜色。

（7）state：定义菜单项的状态，可以是 normal、active 或 disabled。

（8）onvalue，offvalue：存储在 variable 属性内的数值。当选择菜单项时，将 onvalue 内的数值复制到 variable 属性内。

（9）tearOff：如果此选项为 True，在菜单项目的上面就会显示一个可选择的分隔线。此分隔线，会将此菜单项分离出来成为一个新的窗口。

（10）underline：设置菜单项中哪一个字符要有下画线。

（11）value：选择按钮菜单项的值。

（12）variable：用于存储数值的变量。

下面的案例是将创建一个主目录菜单，并新增 9 个菜单项。

【例 12.21】模拟 Office 软件的菜单项（源代码\ch12\12.21.py）。

```python
from tkinter import *
import tkinter.messagebox
#创建主窗口
win = Tk()

#执行菜单命令，显示一个对话框
def doSomething():
    tkinter.messagebox.askokcancel("菜单", "您正在选择菜单命令")

#创建一个主目录(toplevel)
mainmenu = Menu(win)
#新增菜单项
mainmenu.add_command(label="文件", command=doSomething)
mainmenu.add_command(label="开始", command=doSomething)
mainmenu.add_command(label="插入", command=doSomething)
mainmenu.add_command(label="设计", command=doSomething)
mainmenu.add_command(label="页面布局", command=doSomething)
mainmenu.add_command(label="引用", command=doSomething)
mainmenu.add_command(label="邮件", command=doSomething)
mainmenu.add_command(label="审阅", command=doSomething)
mainmenu.add_command(label="视图", command=doSomething)

#设置主窗口的菜单
win.config(menu=mainmenu)

#开始程序循环
win.mainloop()
```

保存并运行程序，结果如图 12-21 所示。

选择任意一个菜单，将会弹出提示对话框，如图 12-22 所示。

下面的案例是将创建一个下拉式菜单，并在菜单项目内加入快捷键。

【例 12.22】创建一个下拉式菜单（源代码\ch12\12.22.py）。

图 12-21 主目录菜单

图 12-22 弹出提示对话框

```python
from tkinter import *
import tkinter.messagebox

#创建主窗口
win = Tk()

#执行"文件/新建"菜单命令，显示一个对话框
def doFileNewCommand(*arg):
    tkinter.messagebox.askokcancel("菜单", "您正在选择'新建'菜单命令")

#执行"文件/打开"菜单命令，显示一个对话框
def doFileOpenCommand(*arg):
    tkinter.messagebox.askokcancel ("菜单", "您正在选择'打开'菜单命令")

#执行"文件/保存"菜单命令，显示一个对话框
def doFileSaveCommand(*arg):
    tkinter.messagebox.askokcancel ("菜单", "您正在选择'保存'菜单命令")

#执行"帮助/文档"菜单命令，显示一个对话框
def doHelpContentsCommand(*arg):
    tkinter.messagebox.askokcancel ("菜单", "您正在选择'文档'菜单命令")

#执行"帮助/关于"菜单命令，显示一个对话框
def doHelpAboutCommand(*arg):
    tkinter.messagebox.askokcancel ("菜单", "您正在选择'关于'菜单命令")

#创建一个下拉式菜单(pull-down)
mainmenu = Menu(win)

#新增"文件"菜单的子菜单
filemenu = Menu(mainmenu, tearoff=0)
#新增"文件"菜单的菜单项
filemenu.add_command(label="新建", command=doFileNewCommand, accelerator="Ctrl-N")
filemenu.add_command(label="打开", command=doFileOpenCommand,accelerator="Ctrl-O")
filemenu.add_command(label="保存", command=doFileSaveCommand,accelerator="Ctrl-S")
filemenu.add_separator()
filemenu.add_command(label="退出", command=win.quit)
#新增"文件"菜单
mainmenu.add_cascade(label="文件", menu=filemenu)

#新增"帮助"菜单的子菜单
helpmenu = Menu(mainmenu, tearoff=0)
#新增"帮助"菜单的菜单项
```

```
helpmenu.add_command(label="文档", command=doHelpContentsCommand,accelerator="F1")
helpmenu.add_command(label="关于", command=doHelpAboutCommand,accelerator="Ctrl-A")
#新增"帮助"菜单
mainmenu.add_cascade(label="帮助", menu=helpmenu)

#设置主窗口的菜单
win.config(menu=mainmenu)

win.bind("<Control-n>", doFileNewCommand)
win.bind("<Control-N>", doFileNewCommand)
win.bind("<Control-o>", doFileOpenCommand)
win.bind("<Control-O>", doFileOpenCommand)
win.bind("<Control-s>", doFileSaveCommand)
win.bind("<Control-S>", doFileSaveCommand)
win.bind("<F1>", doHelpContentsCommand)
win.bind("<Control-a>", doHelpAboutCommand)
win.bind("<Control-A>", doHelpAboutCommand)

#开始程序循环
win.mainloop()
```

保存并运行程序，选择"文件"下拉菜单，如图 12-23 所示。

选择"打开"子菜单，将会弹出提示对话框，如图 12-24 所示。

下面的案例是将创建一个快捷式菜单。

【例 12.23】创建一个快捷式菜单（源代码\ch12\12.23.py）。

```
from tkinter import *
import tkinter.messagebox
#创建主窗口
win = Tk()

#执行菜单命令，显示一个对话框
def doSomething():
    tkinter.messagebox.askokcancel ("菜单", "您正在选择快捷式菜单命令")

#创建一个快捷式菜单(pop-up)
popupmenu = Menu(win, tearoff=0)

#新增快捷式菜单的项目
popupmenu.add_command(label="复制", command=doSomething)
popupmenu.add_command(label="粘贴", command=doSomething)
popupmenu.add_cascade(label="剪切", command=doSomething)
popupmenu.add_command(label="删除", command=doSomething)

#在单击鼠标右键的窗口(x,y)坐标处，显示此快捷式菜单
def showPopUpMenu(event):
    popupmenu.post(event.x_root, event.y_root)

#设置单击鼠标右键后，显示此快捷式菜单
win.bind("<Button-3>", showPopUpMenu)

#开始程序循环
win.mainloop()
```

保存并运行程序，右击，弹出快捷式菜单，如图 12-25 所示。

选择"粘贴"菜单命令，将会弹出提示对话框，如图 12-26 所示。

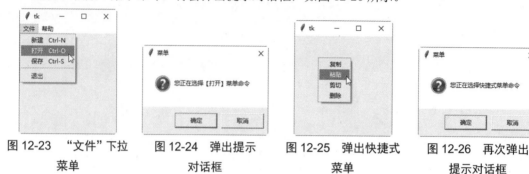

图 12-23　"文件"下拉　　　图 12-24　弹出提示　　　图 12-25　弹出快捷式　　　图 12-26　再次弹出

　　　菜单　　　　　　　　　　对话框　　　　　　　　　　菜单　　　　　　　　　　提示对话框

12.3.8　Message 控件

Message 控件用于显示多行、不可编辑的文字。Message 控件会自动分行，并编排文字的位置。Message 控件与 Label 控件的功能类似，但是 Message 控件多了自动编排的功能。

下面的案例是创建一个简单的 Message 控件。

【例 12.24】创建一个 Message 控件（源代码\ch12\12.24.py）。

```
from tkinter import *

#创建主窗口
win = Tk()

txt = "万木霜天红烂漫，天兵怒气冲霄汉。雾满龙冈千嶂暗，齐声唤，前头捉了张辉瓒。 二十万军重入赣，
风烟滚滚来天半。唤起工农千百万，同心干，不周山下红旗乱。"
msg = Message(win, text=txt, font=("Times", 14, "bold"))
msg.pack()

#开始程序循环
win.mainloop()
```

保存并运行程序，结果如图 12-27 所示。

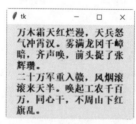

图 12-27　例 12.24 的程序运行结果

12.3.9　Radiobutton 控件

Radiobutton 控件用于创建一个单选按钮。为了让一组单选按钮可以执行相同的功能，必须设置这组单选按钮的 variable 属性为相同值，value 属性值就是各单选按钮的数值。

Radiobutton 控件的属性如下。

（1）command：当用户选中此单选按钮时，所调用的函数。

（2）variable：当用户选中此单选按钮时，要更新的变量。

（3）width：当用户选中此单选按钮时，要存储在变量内的值。

Radiobutton 控件的方法如下。

（1）flash()：将前景与背景颜色互换，以产生闪烁的效果。

（2）invoke()：执行 command 属性所定义的函数。

（3）select()：选择此单选按钮，将 variable 变量的值设置为 value 属性值。

下面的案例是将创建 5 个单选按钮及一个文字标签，将用户的选择显示在文字标签上。

【例 12.25】创建单选按钮（源代码\ch12\12.25.py）。

```python
from tkinter import *
#创建主窗口
win = Tk()

#项目列表
sports = ["洗衣机", "冰箱", "空调", "电视机", "扫地机器人"]

#创建文字标签，用于显示用户的选择
label = Label(win)

#将用户的选择显示在 Label 控件上
def showSelection():
    choice = "您的选择是: " + sports[var.get()]
    label.config(text = choice)

#读取用户的选择值，是一个整数
var = IntVar()
#创建单选按钮，靠左边对齐
Radiobutton(win, text=sports[0], variable=var, value=0,command=showSelection).
pack(anchor=W)
Radiobutton(win, text=sports[1], variable=var, value=1,command=showSelection).
pack(anchor=W)
Radiobutton(win, text=sports[2], variable=var, value=2,command=showSelection).
pack(anchor=W)
Radiobutton(win, text=sports[3], variable=var, value=3,command=showSelection).
pack(anchor=W)
Radiobutton(win, text=sports[4], variable=var, value=4,command=showSelection).
pack(anchor=W)
label.pack()
#开始程序循环
win.mainloop()
```

保存并运行程序，选中不同的单选按钮，将提示不同的信息，如图 12-28 所示。

下面的案例是创建命令型的单选按钮。

【例 12.26】创建命令型的单选按钮（源代码\ch12\12.26.py）。

```python
from tkinter import *
#创建主窗口
win = Tk()

#项目列表
sports = ["洗衣机", "冰箱", "空调", "电视机", "扫地机器人"]
```

```
#将用户的选择显示在 Label 控件上
def showSelection():
    choice = "您的选择是: " + sports[var.get()]
    label.config(text = choice)

#读取用户的选择值, 是一个整数
var = IntVar()
#创建单选按钮
radio1 = Radiobutton(win, text=sports[0], variable=var,value=0,command=showSelection)
radio2 = Radiobutton(win, text=sports[1], variable=var, value=1, command=showSelection)
radio3 = Radiobutton(win, text=sports[2], variable=var, value=2, command=showSelection)
radio4 = Radiobutton(win, text=sports[3], variable=var, value=3,command=showSelection)
radio5 = Radiobutton(win, text=sports[4], variable=var, value=4,command=showSelection)

#将单选按钮的外形, 设置成命令型按钮
radio1.config(indicatoron=0)
radio2.config(indicatoron=0)
radio3.config(indicatoron=0)
radio4.config(indicatoron=0)
radio5.config(indicatoron=0)

#将单选按钮靠左边对齐
radio1.pack(anchor=W)
radio2.pack(anchor=W)
radio3.pack(anchor=W)
radio4.pack(anchor=W)
radio5.pack(anchor=W)

#创建文字标签, 用于显示用户的选择
label = Label(win)
label.pack()

#开始程序循环
win.mainloop()
```

保存并运行程序，选中不同的命令单选按钮，将提示不同的信息，如图 12-29 所示。

图 12-28　例 12.25 的程序运行结果

图 12-29　例 12.26 的程序运行结果

12.3.10　Scale 控件

Scale 控件用于创建一个标尺式的滑动条对象，让用户可以移动标尺上的光标来设置数值。Scale 控件的方法如下。

（1）get()：取得目前标尺上的光标值。

（2）set()：设置目前标尺上的光标值。

下面的案例是将创建三个 Scale 控件，分别用来选择 R、G、B 三原色的值。移动 Scale 控件到显示颜色的位置后，单击 Show color 按钮即可将 RGB 的颜色显示在一个 Label 控件上。

【例 12.27】创建滑块控件（源代码\ch12\12.27.py）。

```python
from tkinter import *
from string import *

#创建主窗口
win = Tk()

#将标尺上的 0~130 范围的数字转换为 0~255 范围的十六进制数字，
#再转换为两个字符的字符串，如果数字只有一位，就在前面加一个零
def getRGBStr(value):
    #将标尺上的 0~130 范围的数字，转换为 0~255 范围的十六进制数字，
#再转换为字符串
    ret = str(hex(int(value/130*255)))
    #将十六进制数字前面的 0x 去掉
    ret = ret[2:4]
    #转换成两个字符的字符串，如果数字只有一位，就在前面加一个零
    ret =ret.zfill(2)
    return ret

#将 RGB 颜色的字符串转换为#rrggbb 类型的字符串
def showRGBColor():
    #读取#rrggbb 字符串的 rr 部分
    strR = getRGBStr(var1.get())
    #读取#rrggbb 字符串的 gg 部分
    strG = getRGBStr(var2.get())
    #读取#rrggbb 字符串的 bb 部分
    strB = getRGBStr(var3.get())
    #转换为#rrggbb 类型的字符串
    color = "#" + strR + strG + strB
    #将颜色字符串设置给 Label 控件的背景颜色
    colorBar.config(background = color)

#分别读取三个标尺的值，是一个双精度浮点数
var1 = DoubleVar()
var2 = DoubleVar()
var3 = DoubleVar()

#创建标尺
scale1 = Scale(win, variable=var1)
scale2 = Scale(win, variable=var2)
scale3 = Scale(win, variable=var3)

#将选择按钮靠左对齐
scale1.pack(side=LEFT)
scale2.pack(side=LEFT)
scale3.pack(side=LEFT)
```

```
#创建一个标签，用于显示颜色字符串
colorBar = Label(win, text=" "*40, background="#000000")
colorBar.pack(side=TOP)

#创建一个按钮，单击后即将标尺上的 RGB 颜色显示在 Label 控件上
button = Button(win, text="查看颜色", command=showRGBColor)
button.pack(side=BOTTOM)

#开始程序循环
win.mainloop()
```

保存并运行程序。拖动滑块选择不同的 RGB 值，然后单击"查看颜色"按钮，即可查看对应的颜色效果，如图 12-30 所示。

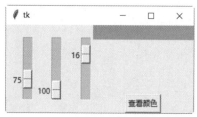

图 12-30　例 12.27 的程序运行结果

12.3.11　Scrollbar 控件

Scrollbar 控件用于创建一个水平或垂直滚动条，可与 Listbox、Text、Canvas 等控件共同使用来移动显示的范围。Scrollbar 控件的方法如下。

（1）set(first, last)：设置目前的显示范围，其值在 0 与 1 之间。

（2）get()：返回目前的滚动条设置值。

下面的案例是创建一个列表框（60 个选项），包括一个水平滚动条及一个垂直滚动条。当移动水平或垂直滚动条时，改变列表框的水平或垂直方向可见范围。

【例 12.28】创建滚动条控件（源代码\ch12\12.28.py）。

```
from tkinter import *

#创建主窗口
win = Tk()

#创建一个水平滚动条
scrollbar1 = Scrollbar(win, orient=HORIZONTAL)
#水平滚动条位于窗口底端，当窗口改变大小时会在 X 方向填满窗口
scrollbar1.pack(side=BOTTOM, fill=X)

#创建一个垂直滚动条
scrollbar2 = Scrollbar(win)
#垂直滚动条位于窗口右端，当窗口改变大小时会在 Y 方向填满窗口
scrollbar2.pack(side=RIGHT, fill=Y)

#创建一个列表框，x 方向的滚动条指令是 scrollbar1 对象的 set()方法，
#y 方向的滚动条指令是 scrollbar2 对象的 set()方法
mylist = Listbox(win, xscrollcommand=scrollbar1.set, yscrollcommand=scrollbar2.set)
```

```
#在列表框内插入 60 个选项
for i in range(60):
    mylist.insert(END, "千载长天起大云，中唐俊伟有刘黄。" + str(i))
#列表框位于窗口左端，当窗口改变大小时会在 X 与 Y 方向填满窗口
mylist.pack(side=LEFT, fill=BOTH)

#移动水平滚动条时，改变列表框的 x 方向可见范围
scrollbar1.config(command=mylist.xview)
#移动垂直滚动条时，改变列表框的 y 方向可见范围
scrollbar2.config(command=mylist.yview)

#开始程序循环
win.mainloop()
```

保存并运行程序，拖动流动滚动条可以查看对应的内容，如图 12-31 所示。

图 12-31　例 12.28 的程序运行结果

12.3.12　Text 控件

Text 控件用于创建一个多行、格式化的文本框。用户可以改变文本框内的字体及文字颜色。
Text 控件的属性如下。

（1）state：此属性值可以是 normal 或 disabled。state 等于 normal，表示此文本框可以编辑内容。state 等于 disabled，表示此文本框可以不编辑内容。

（2）tabs：此属性值为一个 tab 位置的列表。列表中的元素是 tab 位置的索引值，再加上一个调整字符：l、r、c。l 代表 left；r 代表 right；c 代表 center。

Text 控件的方法如下。

（1）delete(startindex [, endindex])：删除特定位置的字符，或者一个范围内的文字。

（2）get(startindex [, endindex])：返回特定位置的字符，或者一个范围内的文字。

（3）index(index)：返回指定索引值的绝对值。

（4）insert(index [, string]…)：将字符串插入指定索引值的位置。

（5）see(index)：如果指定索引值的文字是可见的，就返回 True。

Text 控件支持三种类型的特殊结构，即 Mark、Tag 及 Index。

Mark 用来当作书签，书签可以帮助用户快速找到文本框内容的指定位置。tkinter 提供了两种类型的书签，即 INSERT 与 CURRENT。INSERT 书签指定光标插入的位置，CURRENT 书签指定光标最近的位置。

Text 控件用来操作书签的方法如下。

（1）index(mark)：返回书签行与列的位置。

（2）mark_gravity(mark [, gravity])：返回书签的 gravity。如果指定了 gravity 参数，就设置此书签的 gravity。此方法用在要将插入的文字准确地放在书签的位置时。

（3）mark_names()：返回 Text 控件的所有书签。

（4）mark_set(mark, index)：设置书签的新位置。

（5）mark_unset(mark)：删除 Text 控件的指定书签。

Tag 用于为一个范围内的文字指定一个标签名称，如此就可以很容易地对此范围内的文字同时修改其设置值。Tag 也可以用于将一个范围与一个 Callback()函数连接。tkinter 提供一种类型的 Tag：SEL。SEL 指定符合目前的选择范围。

Text 控件用来操作 Tag 的方法如下。

（1）tag_add(tagname, startindex [, endindex]…)：将 startindex 位置或 startindex 到 endindex 之间的范围指定为 tagname 名称。

（2）tag_config()：用来设置 tag 属性的选项。选项可以是 justify，其值可以是 left、right 或 center；选项可以是 tabs, tabs 与 Text 控件的 tag 属性功能相同；选项可以是 underline，underline 用于在标签文字内加下画线。

（3）tag_delete(tagname)：删除指定的 Tag 标签。

（4）tag_remove(tagname, startindex [, endindex]…)：将 startindex 位置或 startindex 到 endindex 之间的范围指定的 Tag 标签删除。

Index 用于指定字符的真实位置。tkinter 提供下面类型的 Index：INSERT、CURRENT、END、line/column("line.column")、line end("line.end")、用户定义书签、用户定义标签（"tag.first", "tag.last"）、选择范围（SEL_FIRST，SEL_LAST）、窗口的坐标（"@x,y"）、嵌入对象的名称（窗口，图像）及表达式。

下面的案例是创建一个 Text 控件，并在 Text 控件内分别插入一段文字及一个按钮。

【例 12.29】创建多行文本框控件（源代码\ch12\12.29.py）。

```python
from tkinter import *

#创建主窗口
win = Tk()
win.title(string = "文本控件")

#创建一个 Text 控件
text = Text(win)

#在 Text 控件内插入一段文字
text.insert(INSERT, "万木霜天红烂漫，天兵怒气冲霄汉。\n\n")

#跳下一行
text.insert(INSERT, "\n\n")

#在 Text 控件内插入一个按钮
button = Button(text, text="关闭", command=win.quit)
text.window_create(END, window=button)

text.pack(fill=BOTH)

#在第一行文字的第 5 个字符到第 6 个字符处插入标签，标签名称为"print"
```

```
text.tag_add("print", "1.4", "1.6")
#对插入的按钮设置其标签名称为"button"
text.tag_add("button", button)

#改变标签"print"的前景与背景颜色，并加下画线
text.tag_config("print", background="yellow", foreground="blue", underline=1)
#设置标签"button"的居中排列
text.tag_config("button", justify="center")

#开始程序循环
win.mainloop()
```

保存并运行程序，结果如图 12-32 所示。

图 12-32　例 12.29 的程序运行结果

12.4　tkinter 的事件

微视频

有时候，在使用 tkinter 创建图形模式应用程序过程中需要处理一些事件，如键盘、鼠标等动作。只要设置好事件处理例程（此函数称为 callback()），就可以在控件内处理这些事件。使用的语法如下：

```
def function(event):
    …
widget.bind("<event>", function)
```

其中，各参数的含义如下：

（1）widget 是 tkinter 控件的例变量。

（2）<event>是事件的名称。

（3）function 是事件处理例程。tkinter 会传给事件处理例程一个 event 变量，此变量内包含事件发生时的 x、y 坐标（鼠标事件）及 ASCII 码（键盘事件）等。

12.4.1　事件的属性

当有事件发生时，tkinter 会传给事件处理例程一个 event 变量，此变量包含以下属性。

（1）char：键盘的字符码，如"a"键的 char 属性等于"a"，F1 键的 char 属性无法显示。

（2）keycode：键盘的 ASCII 码，如"a"键的 keycode 属性等于 65。

（3）keysym：键盘的符号，如"a"键的 keysym 属性等于"a"，F1 键的 keysym 属性等于"F1"。

（4）height,width：控件的新高度与宽度，单位是像素。

（5）num：事件发生时的鼠标按键码。

（6）widget：事件发生所在的控件例变量。

（7）x,y：目前的鼠标光标位置。

（8）x_root,y_root：相对于屏幕左上角的目前鼠标光标位置。

（9）type：显示事件的种类。

12.4.2　事件绑定方法

用户可以使用下面 tkinter 控件的方法，将控件与事件绑定起来。

（1）after(milliseconds [, callback [, arguments]])：在 milliseconds 事件后，调用 Callback()函数，arguments 是 Callback()函数的参数。此方法返回一个 identifier 值，可以应用在 after_cancel()方法。

（2）after_cancel(identifier)：取消 Callback()函数，identifier 是 after()函数的返回值。

（3）after_idle(callback, arguments)：当系统在 idle 状态（无事可做）时，调用 Callback()函数。

（4）bindtags()：返回控件所使用的绑定搜索顺序。返回值是一个元组，包含搜索绑定所用的命名空间。

（5）bind(event, callback)：设置 event 事件的处理函数 callback()。可以使用 bind(event, callback, "+")格式设置多个 Callback()函数。

（6）bind_all(event, callback)：设置 event 事件的处理函数 callback()。可以使用 bind_all(event, callback, "+")格式设置多个 Callback()函数。此方法可以设置公用的快捷键。

（7）bind_class(widgetclass, event, callback)：设置 event 事件的处理函数 callback()，此 Callback()函数由 widgetcalss 类而来。可以使用 bind_class(widgetclass, event, callback, "+")格式设置多个 Callback()函数。

（8）<Configure>：此例变量可以用于指示当控件的大小改变，或者移到新的位置。

（9）unbind(event)：删除 event 事件与 Callback()函数的绑定。

（10）unbind_all(event)：删除应用程序附属的 event 事件与 Callback()函数的绑定。

（11）unbind_class(event)：删除 event 事件与 Callback()函数的绑定。此 Callback()函数由 widgetcalss 类而来。

12.4.3　鼠标事件

当处理鼠标事件时，1 代表鼠标左键；2 代表鼠标中间键；3 代表鼠标右键。下面是鼠标事件。

（1）<Enter>：此事件在鼠标指针进入控件时发生。

（2）<Leave>：此事件在鼠标指针离开控件时发生。

（3）<Button-1>、<ButtonPress-1>或<1>：此事件在控件上单击鼠标左键时发生。同理，<Button-2>是在控件上单击鼠标中间键时发生，<Button-3>是在控件上单击鼠标右键时发生。

（4）<B1-Motion>：此事件在单击鼠标左键，移动控件时发生。

（5）<ButtonRelease-1>：此事件在释放鼠标左键时发生。

（6）<Double-Button-1>：此事件在双击鼠标左键时发生。

在窗口内创建一个窗体，在窗体内创建三个文字标签。在窗体内处理所有的鼠标事件，将事件的种类写入第一个文字标签内，将事件发生时的 x 坐标写入第二个文字标签内，将事件发生时的 y 坐标写入第三个文字标签内。

【例 12.30】使用 tkinter 事件，在窗口内创建一个窗体（源代码\ch12\12.30.py）。

```
from tkinter import *

#处理光标进入窗体时的事件
def handleEnterEvent(event):
    label1["text"] = "光标已经进入窗口"
    label2["text"] = ""
    label3["text"] = ""

#处理光标离开窗体时的事件
def handleLeaveEvent(event):
    label1["text"] = "光标已经离开窗口"
    label2["text"] = ""
    label3["text"] = ""

#处理在窗体内单击鼠标左键的事件
def handleLeftButtonPressEvent(event):
    label1["text"] = "您单击了鼠标左键！"
    label2["text"] = "x = " + str(event.x)
    label3["text"] = "y = " + str(event.y)

#处理在窗体内单击鼠标中间键的事件
def handleMiddleButtonPressEvent(event):
    label1["text"] = "您单击了鼠标中间键！"
    label2["text"] = "x = " + str(event.x)
    label3["text"] = "y = " + str(event.y)

#处理在窗体内单击鼠标右键的事件
def handleRightButtonPressEvent(event):
    label1["text"] = "您单击了鼠标右键！"
    label2["text"] = "x = " + str(event.x)
    label3["text"] = "y = " + str(event.y)

#处理在窗体内单击鼠标左键，然后移动光标的事件
def handleLeftButtonMoveEvent(event):
    label1["text"] = "您按住左键的情况下移动光标！"
    label2["text"] = "x = " + str(event.x)
    label3["text"] = "y = " + str(event.y)

#处理在窗体内放开鼠标左键的事件
def handleLeftButtonReleaseEvent(event):
    label1["text"] = "您松开了左键！"
    label2["text"] = "x = " + str(event.x)
    label3["text"] = "y = " + str(event.y)

#处理在窗体内双击鼠标左键的事件
def handleLeftButtonDoubleClickEvent(event):
    label1["text"] = "您双击了鼠标左键！"
    label2["text"] = "x = " + str(event.x)
    label3["text"] = "y = " + str(event.y)

#创建主窗口
win = Tk()
```

```
#创建窗体
frame = Frame(win, relief=RAISED, borderwidth=2, width=300, height=200)

frame.bind("<Enter>", handleEnterEvent)
frame.bind("<Leave>", handleLeaveEvent)
frame.bind("<Button-1>", handleLeftButtonPressEvent)
frame.bind("<ButtonPress-2>", handleMiddleButtonPressEvent)
frame.bind("<3>", handleRightButtonPressEvent)
frame.bind("<B1-Motion>", handleLeftButtonMoveEvent)
frame.bind("<ButtonRelease-1>", handleLeftButtonReleaseEvent)
frame.bind("<Double-Button-1>", handleLeftButtonDoubleClickEvent)

#文字标签，显示鼠标事件的种类
label1 = Label(frame, text="No event happened", foreground="#0000ff", \
  background="#00ff00")
label1.place(x=16, y=20)

#文字标签，显示鼠标事件发生时的 x 坐标
label2 = Label(frame, text="x = ", foreground="#0000ff", background= "#00ff00")
label2.place(x=16, y=40)

#文字标签，显示鼠标事件发生时的 y 坐标
label3 = Label(frame, text="y = ", foreground="#0000ff", background= "#00ff00")
label3.place(x=16, y=60)

#设置窗体的位置
frame.pack(side=TOP)

#开始窗口的事件循环
win.mainloop()
```

保存并运行程序，结果如图 12-33 所示。

图 12-33 例 12.30 的程序运行结果

12.4.4 键盘事件

下面是键盘事件。

（1）<Key>：此事件在按下 ASCII 码值为 48～90 时发生，即数字键、字母键及+、～等符号。

（2）<Control-Up>：此事件在按下 Ctrl+Up 组合键时发生。同理，可以使用类似的名称在 Alt、Shift 键加上 Up、Down、Left 与 Right 键。

（3）其他按键，使用其按键名称。包括<Return>、 <Escape>、<F1>、<F2>、<F3>、<F4>、<F5>、<F6>、<F7>、<F8>、<F9>、<F13>、<F11>、<F12>、<Num_Lock>、<Scroll_Lock>、<Caps_Lock>、<Print>、<Insert>、<Delete>、<Pause>、<Prior>（Page Up）、<Next>（Page Down）、

<BackSpace>、<Tab>、<Cancel>（Break）、<Control_L>（任何的 Ctrl 键）、<Alt_L>（任何的 Alt 键）、<Shift_L>（任何的 Shift 键）、<End>、<Home>、<Up>、<Down>、<Left>、<Right>。

下面的案例是在窗口内创建一个窗体，在窗体内创建一个文字标签。在主窗口内处理所有的键盘事件，当有按键时，将键盘的符号与 ASCII 码写入文字标签内。

【例 12.31】使用 tkinter 事件创建一个窗体（源代码\ch12\12.31.py）。

```python
from tkinter import *

#处理在窗体内按下键盘按键(非功能键)的事件
def handleKeyEvent(event):
    label1["text"] = "You press the " + event.keysym + " key\n"
    label1["text"] += "keycode = " + str(event.keycode)

#创建主窗口
win = Tk()

#创建窗体
frame = Frame(win, relief=RAISED, borderwidth=2, width=300, height=200)

#将主窗口与键盘事件连接
eventType = ["Key", "Control-Up", "Return", "Escape", "F1", "F2", "F3", "F4", "F5", \
    "F6", "F7", "F8", "F9", "F13", "F11", "F12", "Num_Lock", "Scroll_Lock", \
    "Caps_Lock", "Print", "Insert", "Delete", "Pause", "Prior", "Next", "BackSpace", \
    "Tab", "Cancel", "Control_L", "Alt_L", "Shift_L", "End", "Home", "Up", "Down", \
    "Left", "Right"]

for type in eventType:
    win.bind("<" + type + ">", handleKeyEvent)

#文字标签，显示键盘事件的种类
label1 = Label(frame, text="No event happened", foreground="#0000ff", \
    background="#00ff00")
label1.place(x=16, y=20)

#设置窗体的位置
frame.pack(side=TOP)

#开始窗口的事件循环
win.mainloop()
```

保存并运行程序，结果如图 12-34 所示。

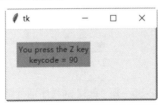

图 12-34　例 12.31 的程序运行结果

12.4.5　系统协议

tkinter 提供拦截系统信息的机制，用户可以拦截这些系统信息，然后设置成自己的处理例程，这个机制称为协议处理例程（protocol handler）。

通常处理的协议如下。

（1）WM_DELETE_WINDOW：当系统要关闭该窗口时发生。

（2）WM_TAKE_FOCUS：当应用程序得到焦点时发生。

（3）WM_SAVE_YOURSELF：当应用程序需要存储内容时发生。

虽然这个机制是由 X system 成立的，但是，Tk 函数库可以在所有操作系统上处理这个机制。因此要将协议与处理例程连接，其语法如下：

```
widget.protocol(protocol, function_handler)
```

注意，widget 必须是一个 Toplevel 控件。

下面的案例是拦截系统信息 WM_DELETE_WINDOW。当用户使用窗口右上角的"关闭"按钮关闭打开的窗口时，应用程序会显示一个对话框来询问是否真的结束应用程序。

【例 12.32】使用系统协议，拦截系统信息 WM_DELETE_WINDOW（源代码\ch12\12.32.py）。

```python
from tkinter import *
import tkinter.messagebox

#处理 WM_DELETE_WINDOW 事件
def handleProtocol():
    #打开一个"确定/取消"对话框
    if tkinter.messagebox.askokcancel("提示", "你确定要关闭窗口吗？"):
        #确定要结束应用程序
        win.destroy()

#创建主窗口
win = Tk()

#创建协议
win.protocol("WM_DELETE_WINDOW", handleProtocol)

#开始窗口的事件循环
win.mainloop()
```

保存后运行该文件，单击窗口右上角的"关闭"按钮，提示对话框如图 12-35 所示。

图 12-35　例 12.32 的程序运行结果

12.5　布局管理器

微视频

所有 tkinter 控件都可以使用以下方法设置控件在窗口内的几何位置。

（1）pack()：将控件放置在父控件内之前，规划此控件在区块内的位置。

（2）grid()：将控件放置在父控件内之前，规划此控件为一个表格类型的架构。

（3）place()：将控件放置在父控件内的特定位置。

12.5.1 pack()方法

pack()方法依照其内的属性设置，将控件放置在 Frame 控件（窗体）或窗口内。当用户创建一个 Frame 控件后，就可以开始将控件放入。Frame 控件内存储控件的位置叫作 parcel。

如果用户想要将一组控件依照顺序放入，就必须将这些控件的 anchor 属性设成相同的。如果没有设置任何选项，这些控件就会从上而下排列。

pack()方法有以下选项。

（1）expand：此选项让控件使用所有剩下的空间。如此当窗口改变大小时，才能让控件使用多余的空间。如果 expand 等于 1，当窗口改变大小时，窗体就会占满整个窗口剩余的空间；如果 expand 等于 0，当窗口改变大小时，窗体就维持不变。

（2）fill：此选项决定控件如何填满 parcel 的空间，可以是 X、Y、BOTH 或 NONE，此选项必须在 expand 等于 1 才有作用。当 fill 等于 X 时，窗体会占满整个窗口 X 方向剩余的空间；当 fill 等于 Y 时，窗体会占满整个窗口 Y 方向剩余的空间；当 fill 等于 BOTH 时，窗体会占满整个窗口剩余的空间；当 fill 等于 NONE 时，窗体维持不变。

（3）ipadx,ipady：此选项与 fill 选项共同使用，以定义窗体内的控件与窗体边界之间的距离。此选项的单位是像素，也可以是其他测量单位，如厘米、英寸等。

（4）padx,pady：此选项定义控件之间的距离，单位是像素，也可以是其他测量单位，如厘米、英寸等。

（5）side：此选项定义控件放置的位置，可以是 TOP（靠上对齐）、BOTTOM（靠下对齐）、LEFT（靠左对齐）或 RIGHT（靠右对齐）。

下面的案例是在窗口内创建 4 个窗体，在每一个窗体内创建 3 个按钮。使用了不同的参数创建这些窗体与按钮。

【例 12.33】使用 pack()方法，创建 4 个窗体（源代码\ch12\12.33.py）。

```python
from tkinter import *
#主窗口
win = Tk()
#创建第 1 个 Frame 控件，以此作为窗体。此窗体的外形凸起，边框厚度为 2 像素
frame1 = Frame(win, relief=RAISED, borderwidth=2)
frame1.pack(side=TOP, fill=BOTH, ipadx=13, ipady=13, expand=0)
Button(frame1, text="Button 1").pack(side=LEFT, padx=13, pady=13)
Button(frame1, text="Button 2").pack(side=LEFT, padx=13, pady=13)
Button(frame1, text="Button 3").pack(side=LEFT, padx=13, pady=13)
#创建第 2 个 Frame 控件，以此作为窗体。此窗体的外形凸起，边框厚度为 2 像素
frame2 = Frame(win, relief=RAISED, borderwidth=2)
frame2.pack(side=BOTTOM, fill=NONE, ipadx="1c", ipady="1c", expand=1)
Button(frame2, text="Button 4").pack(side=RIGHT, padx="1c", pady="1c")
Button(frame2, text="Button 5").pack(side=RIGHT, padx="1c", pady="1c")
Button(frame2, text="Button 6").pack(side=RIGHT, padx="1c", pady="1c")
#创建第 3 个 Frame 控件，以此作为窗体。此窗体的外形凸起，边框厚度为 2 像素
frame3 = Frame(win, relief=RAISED, borderwidth=2)
frame3.pack(side=LEFT, fill=X, ipadx="0.1i", ipady="0.1i", expand=1)
Button(frame3, text="Button 7").pack(side=TOP, padx="0.1i", pady="0.1i")
```

```
Button(frame3, text="Button 8").pack(side=TOP, padx="0.1i", pady="0.1i")
Button(frame3, text="Button 9").pack(side=TOP, padx="0.1i", pady="0.1i")
#创建第 4 个 Frame 控件，以此作为窗体。此窗体的外形凸起，边框厚度为 2 像素
frame4 = Frame(win, relief=RAISED, borderwidth=2)
frame4.pack(side=RIGHT, fill=Y, ipadx="13p", ipady="13p", expand=1)
Button(frame4, text="Button 10").pack(side=BOTTOM, padx="13p", pady="13p")
Button(frame4, text="Button 11").pack(side=BOTTOM, padx="13p", pady="13p")
Button(frame4, text="Button 12").pack(side=BOTTOM, padx="13p", pady="13p")

#开始窗口的事件循环
win.mainloop()
```

上述代码分析如下：

（1）第 1 个窗体在窗口的顶端（side=TOP），当窗口改变大小时，窗体本应会占满整个窗口的剩余空间（fill=BOTH），但因设置 expand=0，所以窗体维持不变。控件与窗体边界之间的水平距离是 13 像素，垂直距离是 13 像素。

（2）在第 1 个窗体内创建 3 个按钮。这 3 个按钮从窗体的左边开始排列（side=LEFT），控件之间的水平距离是 13 像素，垂直距离是 13 像素。

（3）第 2 个窗口的底端（side=BOTTOM），当窗口改变大小时，窗体不会占满整个窗口的剩余空间（fill=NONE）。控件与窗体边界之间的水平距离是 1cm，垂直距离是 1cm。

（4）在第 2 个窗体内创建 3 个按钮。这 3 个按钮从窗体的右边开始排列（side=RIGHT），控件之间的水平距离是 1cm，垂直距离是 1cm。

（5）第 3 个窗体在窗口的左边（side=LEFT），当窗口改变大小时，窗体会占满整个窗口的剩余水平空间（fill=X）。控件与窗体边界之间的水平距离是 0.0254cm（0.1 英寸），垂直距离是 0.0254cm（0.1 英寸）。

（6）在第 3 个窗体内创建 3 个按钮。这 3 个按钮从窗体的顶端开始排列（side= TOP），控件之间的水平距离是 0.0254cm（0.1 英寸），垂直距离是 0.0254cm（0.1 英寸）。

（7）第 4 个窗体在窗口的右边（side= RIGHT），当窗口改变大小时，窗体会占满整个窗口的剩余垂直空间（fill=Y）。控件与窗体边界之间的水平距离是 13 点（1 点≈ 0.0035cm），垂直距离是 13 点。

（8）在第 4 个窗体内创建 3 个按钮。这 3 个按钮从窗体的底端开始排列（side= BOTTOM），控件之间的水平距离是 13 点，垂直距离是 13 点。

保存并运行程序，结果如图 12-36 所示。

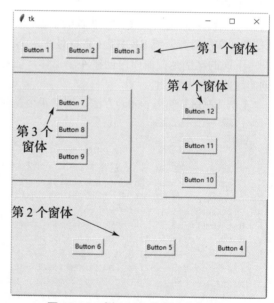

图 12-36　例 12.33 的程序运行结果

12.5.2　grid()方法

grid()方法将控件依照表格的行列方式，来放置在窗体或窗口内。

grid()方法有以下选项。

（1）row：此选项设置控件在表格中的第几列。

（2）column：此选项设置控件在表格中的第几栏。

（3）columnspan：此选项设置控件在表格中合并栏的数目。

（4）rowspan：此选项设置控件在表格中合并列的数目。

下面的案例是使用 grid()方法创建一个 5×5 的按钮数组。

【例 12.34】使用 grid()方法（源代码\ch12\12.34.py）。

```
from tkinter import *

#主窗口
win = Tk()
#创建一个 Frame 控件，以此作为窗体。此窗体的外形凸起，边框厚度为 2 像素
frame = Frame(win, relief=RAISED, borderwidth=2)
frame.pack(side=TOP, fill=BOTH, ipadx=5, ipady=5, expand=1)
#创建按钮数组
for i in range(5):
    for j in range(5):
        Button(frame, text="(" + str(i) + "," + str(j)+ ")").grid(row=i, column=j)
#开始窗口的事件循环
win.mainloop()
```

上述代码分析如下：

（1）此窗体在窗口的顶端（side=TOP），当窗口改变大小时，窗体会占满整个窗口的剩余空间（fill=BOTH）。控件与窗体边界之间的水平距离是 5 像素，垂直距离是 5 像素。

（2）创建一个按钮数组，按钮上的文字是(row, column)。str(i)是将数字类型的变量 i 转换为字符串类型。str(j)是将数字类型的变量 j 转换为字符串类型。

保存并运行程序，结果如图 12-37 所示。

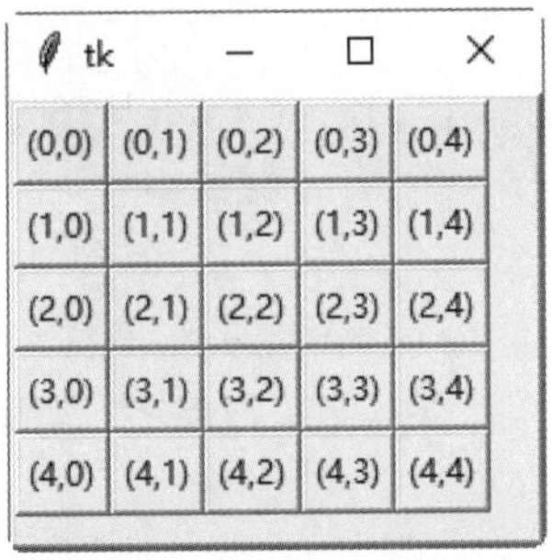

图 12-37　例 12.34 的程序运行结果

12.5.3　place()方法

place()方法设置控件在窗体或窗口内的绝对地址或相对地址。

place()方法有以下选项。

（1）anchor：此选项定义控件在窗体或窗口内的方位，可以是 N、NE、E、SE、S、SW、W、NW 或 CENTER。默认值是 NW，表示在左上角方位。

（2）bordermode：此选项定义控件的坐标是否要考虑边界的宽度。此选项可以是 OUTSIDE 或 INSIDE，默认值是 INSIDE。

（3）height：此选项定义控件的高度，单位是像素。

（4）width：此选项定义控件的宽度，单位是像素。

（5）in(in_)：此选项定义控件相对于参考控件的位置。若使用在键值，则必须使用 in_。

（6）relheight：此选项定义控件相对于参考控件（使用 in_选项）的高度。

（7）relwidth：此选项定义控件相对于参考控件（使用 in_选项）的宽度。

（8）relx：此选项定义控件相对于参考控件（使用 in_选项）的水平位移。若没有设置 in_

选项，则是相对于父控件。

（9）rely：此选项定义控件相对于参考控件（使用 in_选项）的垂直位移。若没有设置 in_选项，则是相对于父控件。

（10）x：此选项定义控件的绝对水平位置，默认值是 0。

（11）y：此选项定义控件的绝对垂直位置，默认值是 0。

下面的案例是使用 place()方法创建两个按钮。第 1 个按钮的位置在距离窗体左上角的(40, 40)坐标处，第 2 个按钮的位置在距离窗体左上角的(140, 80)坐标处。按钮的宽度均为 80 像素，高度均为 40 像素。

【例 12.35】使用 place()方法（源代码\ch12\12.35.py）。

```
from tkinter import *
#主窗口
win = Tk()
#创建一个 Frame 控件，以此作为窗体。此窗体的外形凸起，边框厚度为 2 像素。窗体的宽度是 400 像素，高度是 300 像素
frame = Frame(win, relief=RAISED, borderwidth=2, width=400, height=300)
#此窗体在窗口的顶端（side=TOP），当窗口改变大小时，窗体会占满整个窗口的剩余空间（fill=BOTH）。widget 与窗体边界之间的水平距离是 5 像素，垂直距离是 5 像素
frame.pack(side=TOP, fill=BOTH, ipadx=5, ipady=5, expand=1)
#第 1 个按钮的位置在距离窗体左上角的(40, 40)坐标处，宽度是 80 像素，高度是 40 像素
button1 = Button(frame, text="打开")
button1.place(x=40, y=40, anchor=W, width=80, height=40)
#第 2 个按钮的位置在距离窗体左上角的(140, 80)坐标处，宽度是 80 像素，高度是 40 像素
button2 = Button(frame, text="保存")
button2.place(x=140, y=80, anchor=W, width=80, height=40)

#开始窗口的事件循环
win.mainloop()
```

保存并运行程序，结果如图 12-38 所示。

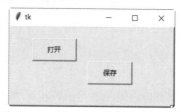

图 12-38　例 12.35 的程序运行结果

微视频

12.6　对话框

tkinter 提供不同类型的对话框，这些对话框的功能存放在 tkinter 的不同子模块中，主要包括 messagebox 模块、filedialog 模块和 colorchooser 模块。

12.6.1　messagebox 模块

messagebox 模块提供以下方法打开供用户选择项目的对话框。

（1）askokcancel(title=None, message=None)：打开一个"确定/取消"的对话框。

例如：

```
>>> import tkinter.messagebox
>>> tkinter.messagebox.askokcancel("提示", "你确定要关闭窗口吗? ")
True
```

打开的对话框如图 12-39 所示。如果单击"确定"按钮，就返回 True；如果单击"取消"按钮，就返回 False。

（2）askquestion(title=None, message=None)：打开一个"是/否"的对话框 1。

例如：

```
>>> import tkinter.messagebox
>>> tkinter.messagebox.askquestion("提示", "你确定要关闭窗口吗? ")
'yes'
```

打开的对话框如图 12-40 所示。如果单击"是"按钮，就返回 yes；如果单击"否"按钮，就返回 no。

（3）askretrycancel(title=None, message=None)：打开一个"重试/取消"的对话框。

例如：

```
>>> import tkinter.messagebox
>>> tkinter.messagebox.askretrycancel ("提示", "你确定要关闭窗口吗? ")
True
```

打开的对话框如图 12-41 所示。如果单击"重试"按钮，就返回 True；如果单击"取消"按钮，就返回 False。

（4）askyesno(title=None, message=None)：打开一个"是/否"的对话框 2。

例如：

```
>>> import tkinter.messagebox
>>> tkinter.messagebox. askyesno ("提示", "你确定要关闭窗口吗? ")
True
```

打开的对话框如图 12-42 所示。如果单击"是"按钮。就返回 True；如果单击"否"按钮，就返回 False。

图 12-39　打开"确定/	图 12-40　打开"是/否"	图 12-41　打开"重试/	图 12-42　打开"是/否"
取消"对话框	对话框 1	取消"对话框	对话框 2

（5）showerror(title=None, message=None)：打开一个错误提示对话框。

例如：

```
>>> import tkinter.messagebox
>>> tkinter.messagebox.showerror ("提示", "你确定要关闭窗口吗? ")
'ok'
```

打开的对话框如图 12-43 所示。如果单击"确定"按钮，就返回 ok。

（6）showinfo(title=None, message=None)：打开一个信息提示对话框。

例如：

```
>>> import tkinter.messagebox
>>> tkinter.messagebox.showerror ("提示", "你确定要关闭窗口吗？")
'ok'
```

打开的对话框如图 12-44 所示。如果单击"确定"按钮，就返回 ok。

（7）showwarning(title=None, message=None)：打开一个警告提示对话框。

例如：

```
>>> import tkinter.messagebox
>>> tkinter.messagebox.showwarning("提示", "你确定要关闭窗口吗？")
'ok'
```

打开的对话框如图 12-45 所示。如果单击"确定"按钮，就返回 ok。

图 12-43　错误提示对话框　　　图 12-44　信息提示对话框　　　图 12-45　警告提示对话框

12.6.2　filedialog 模块

tkinter.filedialog 模块可以打开"打开"对话框或"另存新文件"对话框。

（1）Open(master=None, filetypes=None)：打开一个"打开"对话框。filetypes 是要打开的文件类型，为一个列表。

（2）SaveAs(master=None, filetypes=None)：打开一个"另存新文件"对话框。filetypes 是要打开的文件类型，为一个列表。

下面的案例是创建两个按钮，第一个按钮是打开一个"打开旧文件"的对话框，第二个按钮是打开一个"另存新文件"的对话框。

【例 12.36】创建两种对话框（源代码\ch12\12.36.py）。

```python
from tkinter import *
import tkinter.filedialog

#创建主窗口
win = Tk()
win.title(string = "打开文件和保存文件")

#打开一个"打开"对话框
def createOpenFileDialog():
    myDialog1.show()

#打开一个"另存新文件"对话框
def createSaveAsDialog():
    myDialog2.show()

#单击按钮后，即打开对话框
Button(win, text="打开文件", command=createOpenFileDialog).pack(side=LEFT)
Button(win, text="保存文件",command=createSaveAsDialog).pack(side=LEFT)
```

```
#设置对话框打开的文件类型
myFileTypes = [('Python files', '*.py *.py'), ('All files', '*')]

#创建一个"打开"对话框
myDialog1 = tkinter.filedialog.Open(win, filetypes=myFileTypes)
#创建一个"另存新文件"对话框
myDialog2 = tkinter.filedialog.SaveAs(win, filetypes=myFileTypes)

#开始程序循环
win.mainloop()
```

保存并运行程序，结果如图 12-46 所示。

单击"打开文件"按钮，弹出"打开"对话框，如图 12-47 所示。单击"保存文件"按钮，弹出"另存为"对话框，如图 12-48 所示。

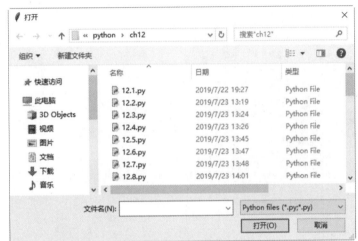

图 12-46　创建两种对话框　　　　　　　　图 12-47　"打开"对话框

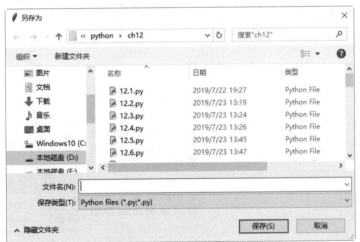

图 12-48　"另存为"对话框

12.6.3　colorchooser 模块

colorchooser 模块用于打开"颜色"对话框。

（1）skcolor(color=None)：直接打开一个"颜色"对话框，不需要父控件与 show()方法。返回值是一个元组，其格式为((R, G, B), "#rrggbb")。

（2）Chooser(master=None)：打开一个"颜色"对话框。返回值是一个元组，其格式为((R, G, B), "#rrggbb")。

下面的案例是创建一个按钮，单击该按钮后即打开一个"颜色"对话框。

【例 12.37】创建颜色对话框（源代码\ch12\12.37.py）。

```python
from tkinter import *
import tkinter.colorchooser, tkinter.messagebox

#创建主窗口
win = Tk()
win.title(string = "颜色对话框")

#打开一个"颜色"对话框
def openColorDialog():
    #显示"颜色"对话框
    color = colorDialog.show()
    #显示所选择颜色的 R,G,B 值
    tkinter.messagebox.showinfo("提示", "你选择的颜色是: " + color[1] + "\n" + \
        "R = " + str(color[0][0]) + " G = " + str(color[0][1]) + " B = " + str(color[0][2]))

#单击按钮后，即打开对话框
Button(win, text="打开颜色对话框", \
    command=openColorDialog).pack(side=LEFT)

#创建一个"颜色"对话框
colorDialog = tkinter.colorchooser.Chooser(win)

#开始程序循环
win.mainloop()
```

保存并运行程序，结果如图 12-49 所示。单击"打开颜色对话框"按钮，弹出"颜色"对话框，如图 12-50 所示。

图 12-49　创建颜色对话框

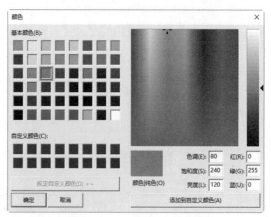

图 12-50　"颜色"对话框

选择一种颜色后，单击"确定"按钮，弹出"提示"对话框，显示选择的颜色值和 RGB 值，如图 12-51 所示。

图 12-51 "提示"对话框

12.7 新手疑难问题解答

疑问 1： 如何让 GUI 程序在 Windows 系统下单独执行？

解答： 如果想让 GUI 应用程序能够在 Windows 系统下单独执行，就必须将程序代码存储为.pyw 文件。这样就可以使用 pythonw.exe 来执行 GUI 应用程序，而不必打开 Python 解释器。如果将程序代码存储为.py 文件，就必须使用 python.exe 执行 GUI 应用程序，如此会打开一个 MS-DOS 窗口。

疑问 2： Frame 控件有什么用？

解答： Frame 控件用于创建窗体。窗体是很重要的控件，因为它可以将一组控件组合在一个矩形区域内，用户可以在这个矩形区域内编排控件的位置。

12.8 实战训练

解题思路

实战 1： 创建一个带清除功能的计算器。

创建一个带有计算和清除功能的计算器。在文本框中输入需要计算的公式，单击"等于"按钮，即可查看运算结果，如图 12-52 所示。单击"清除"按钮，即可清除文本框中的表达式和标签的内容，如图 12-53 所示。

图 12-52 查看运算结果

图 12-53 清除表达式和标签内容

实战 2： 实现简易的聊天窗口。

通过 tkinter 可以轻松实现简易的聊天窗口。运行结果如图 12-54 所示。

实战 3： 制作画板工具。

通过 tkinter 制作一个简单的画板工具。注意，tkinter 本身不支持画点，可以通过绘制一个极小的圆来代表一个点。运行结果如图 12-55 所示。

实战 4： 设计用户登录窗口。

通过 tkinter 制作一个简单的用户登录窗口，输入用户名和密码后，单击"提交"按钮，结果如图 12-56 所示。

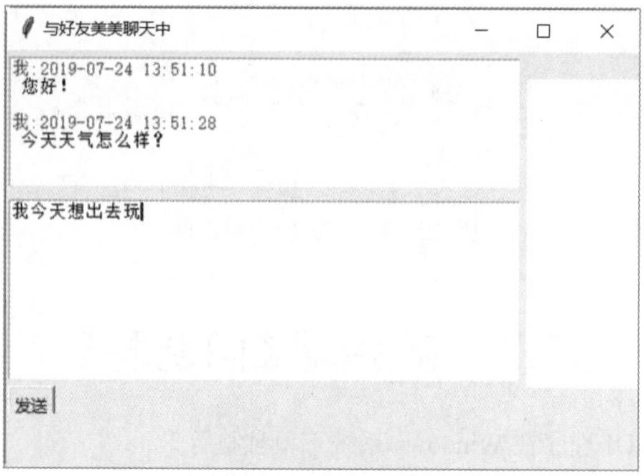

图 12-54　聊天窗口

图 12-55　"画板工具"窗口

图 12-56　"用户登录"窗口

第13章

精通 Python 的高级技术

微视频

本章内容提要

Python 语言包含一些常用的高级技术。本章将学习这些高级技术，主要包括处理图像模块、处理语音模块、科学计算模块、线程等。

13.1　使用 Pillow 处理图像

虽然 tkinter 模块的 BitmapImage 与 PhotoImage 类可以用来处理两种颜色的位图与 GIF 文件，但是这两个类处理图像的能力有限。当想要得到更强的图像处理功能，如能够处理 JPEG、TIFF、FLI、MPEG 文件，以及转换图像文件内的颜色模式等，就需要使用 Python 图像函数库 Pillow。

Pillow 函数库的安装方法在第 8 章中已详细讲述过，读者可参照该章节安装 Pillow 函数库。

13.1.1　加载图像文件

要打开图像文件，需要使用 Image 模块的 open() 函数。其语法格式如下：

```
open(infile [, mode])
```

（1）infile 是要打开图像文件的路径。

（2）mode 是文件打开的模式，与一般文件的模式相同。

下面加载 pic.jpg 文件：

```
from PIL import Image
img= Image.open("D:\\python\\ch13\\pic.jpg")
```

加载成功后，将返回一个 Image 对象，可以通过案例属性查看文件内容：

```
print(img.format, img.size, img.mode)
JPEG (198, 181) RGB
```

只要有了 Image 类的例，用户就可以通过类的方法处理图像。例如，下面的方法可以显示图像：

```
im.show()
```

当用户使用 Image 模块的 open() 函数打开一个图像文件后，如果想要使用 tkinter 控件来显示该图像，就必须先使用 ImageTk 模块的 PhotoImage 类加载打开的图像。代码如下：

```
from PIL import Image, ImageTk
imgFile = Image.open("D:\\python\\ch13\\pic.jpg")
img = ImageTk.PhotoImage(imgFile)
canvas = Canvas(win, width=400, height=360)
canvas.create_image(40, 40, image=img, anchor=NW)
canvas.pack(fill=BOTH)
```

下面的案例是使用 Pillow 加载 4 个图像文件，即 pic.gif、pic.jpg、pic.bmp、pic.tif，并使用 Canvas 控件显示这 4 个图像。

【例 13.1】使用 Pillow 加载图像文件（源代码\ch13\13.1.py）。

```
from tkinter import *
from PIL import Image, ImageTk

#创建主窗口
win = Tk()
win.title(string = "加载图像文件")

path = "D:\\python\\ch13\\"
imgFile1 = Image.open(path + "pic.gif")
imgFile2 = Image.open(path + "pic.jpg")
imgFile3 = Image.open(path + "pic.bmp")
imgFile4 = Image.open(path + "pic.tif")

img1 = ImageTk.PhotoImage(imgFile1)
img2 = ImageTk.PhotoImage(imgFile2)
img3 = ImageTk.PhotoImage(imgFile3)
img4 = ImageTk.PhotoImage(imgFile4)

canvas = Canvas(win, width=400, height=360)
canvas.create_image(40, 40, image=img1, anchor=NW)
canvas.create_image(220, 40, image=img2, anchor=NW)
canvas.create_image(40, 190, image=img3, anchor=NW)
canvas.create_image(220, 190, image=img4, anchor=NW)
canvas.pack(fill=BOTH)

#开始程序循环
win.mainloop()
```

保存并运行程序，结果如图 13-1 所示。

图 13-1　例 13.1 的程序运行结果

13.1.2　图像文件的属性

使用 Image 模块的 open()函数打开的图像文件都有以下属性。

（1）format：图像文件的格式，如 JPEG、GIF、BMP、TIFF 等。

（2）mode：图像文件的色彩表示模式，如 RGB、P 等。图像的色彩表示模式如表 13-1 所示。

表 13-1　图像的色彩表示模式

模　　式	说　　明
1	1 位的像素，黑与白，存储为 8 位的像素
L	8 位的像素，黑与白
P	8 位的像素，使用颜色对照表（color palette table）
RGB	3×8 位的像素，真实颜色
RGBA	4×8 位的像素，真实颜色加上屏蔽
CMYK	4×8 位的像素，颜色分离
YCbCr	3×8 位的像素，颜色图像格式
I	32 位的整数像素
F	32 位的浮点数像素

（3）size：图像文件的大小，以像素为单位。返回值是一个含两个元素的元组，格式为（width, height）。

（4）palette：图像文件的颜色对照表（color palette table）。

（5）info：图像文件的辞典集。

下面的案例是使用"打开"对话框打开图像文件，并显示该图像文件的所有属性。

【例 13.2】显示图像文件的属性（源代码\ch13\13.2.py）。

```python
from tkinter import *
import tkinter.filedialog
from PIL import Image

#创建主窗口
win = Tk()
win.title(string = "图像文件的属性")

#打开一个"打开"对话框
def createOpenFileDialog():
    #返回打开的文件名
    filename = myDialog.show()
    #打开该文件
    imgFile = Image.open(filename)
    #输入该文件的属性
    label1.config(text = "format = " + imgFile.format)
    label2.config(text = "mode = " + imgFile.mode)
    label3.config(text = "size = " + str(imgFile.size))
    label4.config(text = "info = " + str(imgFile.info))

#创建 Label 控件，用于输入图像文件的属性
label1 = Label(win, text = "format = ")
```

```
label2 = Label(win, text = "mode = ")
label3 = Label(win, text = "size = ")
label4 = Label(win, text = "info = ")
#靠左边对齐
label1.pack(anchor=W)
label2.pack(anchor=W)
label3.pack(anchor=W)
label4.pack(anchor=W)

#单击按钮后，即打开对话框
Button(win, text="打开图像文件",command=createOpenFileDialog).pack(anchor=CENTER)

#设置对话框打开的文件类型
myFileTypes = [('Graphics Interchange Format', '*.gif'), ('Windows bitmap', '*.bmp'),
    ('JPEG format', '*.jpg'), ('Tag Image File Format', '*.tif'),
    ('All image files', '*.gif *.jpg *.bmp *.tif')]

#创建一个"打开"对话框
myDialog = tkinter.filedialog.Open(win, filetypes=myFileTypes)

#开始程序循环
win.mainloop()
```

打开 13.2.py 文件，在打开的窗口中单击"打开图像文件"按钮，然后在弹出的对话框中选择需要查看的图像文件，即可查看图像的属性信息，结果如图 13-2 所示。

图 13-2　例 13.2 的程序运行结果

13.1.3　复制与粘贴图像

可以使用 Image 模块的 copy()方法复制图像，使用 Image 模块的 paste()方法粘贴图像，使用 Image 模块的 crop()方法剪下图像中的一个矩形方块。这 3 个方法的语法如下：

```
copy()
paste(image, box)
crop(box)
```

box 为图像中的一个矩形方块，是一个含有 4 个元素的元组：(left, top, right, bottom)，表示矩形左上角与右下角的坐标。如果使用的是 paste()方法，box 就是一个含有两个元素的元组：((left, top)和(right, bottom))。

下面的案例是创建使用相同图文件的左右两个图像。右边的图像是将原来图像的上半部旋转 180°，然后复制粘贴到上半部的。

【例 13.3】复制与粘贴图像（源代码\ch13\13.3.py）。

```
from tkinter import *
from PIL import Image, ImageTk
```

```
#创建主窗口
win = Tk()
win.title(string = "复制与粘贴图像")

#打开图像文件
path = "D:\\python\\ch13\\"
imgFile = Image.open(path + "dog.jpg")

#创建第一个图像例变量
img1 = ImageTk.PhotoImage(imgFile)

#读取图像文件的宽与高
width, height = imgFile.size
#设置剪下的区块范围
box1 = (0, 0, width, int(height/2))

#将图像的上半部剪下
part = imgFile.crop(box1)
#将图像的上半部旋转 180°
part= part.transpose(Image.ROTATE_180)
#将图像的上半部粘贴到上半部
imgFile.paste(part, box1)

#创建第二个图像例变量
img2 = ImageTk.PhotoImage(imgFile)

#创建 Label 控件，以显示图像
label1 = Label(win, width=400, height=400, image=img1, borderwidth=1)
label2 = Label(win, width=400, height=400, image=img2, borderwidth=1)
label1.pack(side=LEFT)
label2.pack(side=LEFT)

#开始程序循环
win.mainloop()
```

保存并运行程序，结果如图 13-3 所示。

图 13-3　例 13.3 的程序运行结果

13.1.4 图像的几何转换

图像几何转换的操作主要包括以下几个方面：

（1）改变图像大小：可以使用 resize()方法改变图像的大小。其语法格式如下：

```
resize((width, height))
```

（2）旋转图像：可以使用 rotate()方法旋转图像的角度。其语法格式如下：

```
rotate(angle)
```

（3）颠倒图像：可以使用 transpose()方法颠倒图像。其语法格式如下：

```
transpose(method)
```

参数 method 可以是 FLIP_LEFT_RIGHT、FLIP_TOP_BOTTOM、ROTATE_90、ROTATE_180 或 ROTATE_270。

下面的案例是创建 4 个图形，从左至右分别是原始图形、使用 rotate()方法旋转 45°、使用 transpose()方法旋转 90°，以及使用 resize()方法改变图像大小为原来的 1 / 4。

【例 13.4】图像的几何转换（源代码\ch13\13.4.py）。

```python
from tkinter import *
from PIL import Image, ImageTk

#创建主窗口
win = Tk()
win.title(string = "图像的几何转换")

#打开图像文件
path = "D:\\python\\ch13\\"
imgFile1 = Image.open(path + "dog.jpg")

#创建第一个图像例变量
img1 = ImageTk.PhotoImage(imgFile1)

#创建 Label 控件，以显示原始图像
label1 = Label(win, width=162, height=160, image=img1)
label1.pack(side=LEFT)

#旋转图像成 45°
imgFile2 = imgFile1.rotate(45)
img2 = ImageTk.PhotoImage(imgFile2)
#创建 Label 控件，以显示图像
label2 = Label(win, width=162, height=160, image=img2)
label2.pack(side=LEFT)

#旋转图像成 90°
imgFile3 = imgFile1.transpose(Image.ROTATE_90)
img3 = ImageTk.PhotoImage(imgFile3)
#创建 Label 控件，以显示图像
label3 = Label(win, width=162, height=160, image=img3)
label3.pack(side=LEFT)

#改变图像大小为原来的 1/4
width, height = imgFile1.size
```

```
imgFile4 = imgFile1.resize((int(width/2), int(height/2)))
img4 = ImageTk.PhotoImage(imgFile4)
#创建 Label 控件，以显示原始图像
label4 = Label(win, width=162, height=160, image=img4)
label4.pack(side=LEFT)

#开始程序循环
win.mainloop()
```

保存并运行程序，结果如图 13-4 所示。

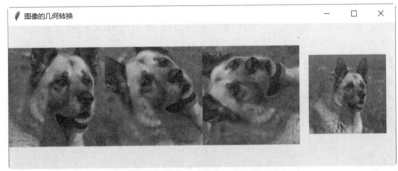

图 13-4　例 13.4 的程序运行结果

13.1.5　存储图像文件

可以使用 save()方法存储图像文件。其语法格式如下：

```
save(outfile [, options])
```

Pillow 的 open()函数使用文件内容识别文件格式。save()方法使用扩展名识别文件格式，options 参数为文件格式的名称。

下面的案例是将 dog.jpg 文件另存为 dog.bmp 文件。

```
from PIL import Image
im = Image.open("D:\\python\\ch13\\dog.jpg")
im.save("D:\\python\\ch13\\dog.bmp", "BMP")
```

13.2　语音的处理

微视频

Python 提供了许多处理语音的模块，不仅可以收听 CD，而且可以读/写各种语音文件的格式，如.wav、.aifc 等。

13.2.1　winsound 模块

winsound 模块提供 Windows 操作系统的语音播放接口。winsound 模块的 PlaySound()函数可以播放.wav 语音文件。PlaySound()函数的语法如下：

```
PlaySound(sound, flags)
```

sound 可以是 wave 文件名称、字符串类型的语音数据或 None。flags 是语音变量的参数，可以取的变量值如下。

（1）SND_FILENAME：表示一个 wav 文件名。

（2）SND_ALIAS：表示一个注册表中指定的别名。

（3）SND_LOOP：重复播放语音，必须与 SND_ASYNC 共同使用。

（4）SND_MEMORY：表示 wave 文件的内存图像（memory image），是一个字符串。

（5）SND_PURGE：停止所有播放的语音。

（6）SND_ASYNC：PlaySound()函数立即返回，语音以背景方式播放。

（7）SND_NOSTOP：不会中断目前播放的语音。

（8）SND_NOWAIT：若语音驱动程序忙碌，则立即返回。

下面的案例是创建两个按钮：一个按钮用来打开语音文件并重复播放；另一个按钮则是停止播放该语音文件。

【例 13.5】使用 winsound 模块创建播放声音和停止播放两个按钮（源代码\ch13\13.5.py）。

```python
from tkinter import *
import tkinter.filedialog,winsound

#创建主窗口
win = Tk()
win.title(string = "处理声音")

#打开一个"打开"对话框
def openSoundFile():
    #返回打开的语音文件名
    infile = myDialog.show()
    label.config(text = "声音文件: " + infile)
    return infile

#播放语音文件
def playSoundFile():
    infile = openSoundFile()
    #重复播放
    flags = winsound.SND_FILENAME | winsound.SND_LOOP | winsound.SND_ASYNC
    winsound.PlaySound(infile, flags)

#停止播放
def stopSoundFile():
    winsound.PlaySound("*", winsound.SND_PURGE)

label = Label(win, text="声音文件: ")
label.pack(anchor=W)

Button(win, text="播放声音", command=playSoundFile).pack(side=LEFT)
Button(win, text="停止播放", command=stopSoundFile).pack(side=LEFT)

#设置对话框打开的文件类型
myFileTypes = [('WAVE format', '*.wav')]

#创建一个"打开"对话框
myDialog = tkinter.filedialog.Open(win, filetypes=myFileTypes)

#开始程序循环
```

```
win.mainloop()
```

保存并运行程序，结果如图 13-5 所示。单击"播放声音"按钮，在打开的对话框中选择 wav 格式的文件，即可重复播放；单击"停止播放"按钮，即可停止声音播放。

图 13-5　例 13.5 的程序运行结果

13.2.2　sndhdr 模块

sndhdr 模块用于识别语音文件的格式。调用 sndhdr 模块的 what()方法来执行识别语音文件的功能，语法格式如下：

```
info = sndhdr.what(filename)
```

filename 是语音文件的名称。返回值 info 是一个元组，格式如下：

```
(type, sampling_rate, channels, frames, bits_per_sample)
```

（1）type 是语音文件的格式，可以是 aifc、aiff、au、hcom、sndr、sndt、voc、wav、8svx、sb、ub 或 ul 格式的文件。

（2）sampling_rate 是每一秒内的取样数目，如果无法译码，就为 0。

（3）channels 是声道数目，如果无法译码，就为 0。

（4）frames 是帧的数目，每一帧由一个声道和一个取样组成。如果无法译码，就为-1。

（5）bits_per_sample 可以是取样大小，以位为单位，或是 A，表示 A-LAW，或是 U，表示 U-LAW。

下面的案例是创建一个按钮来打开语音文件，并显示该语音文件的取样格式。

【例 13.6】使用 sndhdr 模块创建一个按钮来打开语音文件（源代码\ch13\13.6.py）。

```
from tkinter import *
import tkinter.filedialog, sndhdr

#创建应用程序的类
class App:
    def __init__(self, master):

        #创建一个 Label 控件
        self.label = Label(master, text="语音文件: ")
        self.label.pack()

        #创建一个 Button 控件
        self.button = Button(master, text="打开语音文件",command=self.openSoundFile)
        self.button.pack(side=LEFT)
        #设置对话框打开的文件类型
        self.myFileTypes = [('WAVE format', '*.wav')]
```

```
        #创建一个"打开"对话框
        self.myDialog = tkinter.filedialog.Open(master, filetypes=self.myFileTypes)

    #打开语音文件
    def openSoundFile(self):
        #返回打开的语音文件名
        infile = self.myDialog.show()
        #显示该语音文件的格式
        self.getSoundHeader(infile)

    def getSoundHeader(self, infile):
        #读取语音文件的格式
        info = sndhdr.what(infile)
        txt = "语音文件: " + infile + "\n" + "Type: " + info[0] + "\n" + \
            "Sampling rate: " + str(info[1]) + "\n" + \
            "Channels: " + str(info[2]) + "\n" + \
            "Frames: " + str(info[3]) + "\n" + "Bits per sample: " + str(info[4])
        self.label.config(text = txt)

#创建主窗口
win = Tk()
win.title(string = "处理声音")

#创建应用程序类的例变量
app = App(win)

#开始程序循环
win.mainloop()
```

　　保存并运行程序，结果如图 13-6 所示，单击"打开语音文件"按钮，在打开的对话框中选择 wav 格式的文件，即可查看文件的信息。

图 13-6　例 13.7 的程序运行结果

13.2.3　wave 模块

　　wave 模块让用户读写、分析及创建 WAVE 格式（.wav）文件。可以使用 wave 模块的 open() 方法打开旧文件或新文件。其语法格式如下：

```
open(file [, mode])
```

其中，file 是 WAVE 格式文件名称；mode 可以是 r 或 rb，表示只读模式，返回一个 Wave_read 对象；可以是 w 或 wb，表示只写模式，返回一个 Wave_write 对象。

表 13-2 是 Wave_read 对象的方法列表。

表 13-2　Wave_read 对象的方法列表

方　法	说　明
getnchannels()	返回声道数目。1 是单声道，2 是双声道
getsampwidth()	返回样本宽度，单位是字节
getframerate()	返回取样频率
getnframes()	返回帧的数目
getcomptype()	返回压缩类型。返回 None 表示线性样本
getcompname()	返回可读的压缩类型
getparams()	返回一个元组：（nchannels，sampwidth，framerate，nframes，comptype，compname）
getmarkers()	返回 None。此方法用来与 aifc 模块兼容
getmark(id)	抛出一个例外，因为此 mark 不存在。此方法用来与 aifc 模块兼容
readframes(n)	返回 n 个帧的语音数据
rewind()	倒转至语音串流的开头
setpos(pos)	移到 pos 位置
tell()	返回目前的位置
close()	关闭语音串流

表 13-3 是 Wave_write 对象的方法列表。

表 13-3　Wave_write 对象的方法列表

方　法	说　明
setnchannels()	设置声道的数目
setsampwidth(n)	设置样本宽度
setframerate(n)	设置取样频率
setnframes(n)	设置帧的数目
setcomptype(type, name)	设置压缩类型与可读的压缩类型
setparams()	设置一个元组：（nchannels，sampwidth，framerate，nframes，comptype，compname）
tell()	返回目前的位置
writeframesraw(data)	写入语音帧，但是没有文件表头
writeframes(data)	写入语音帧及文件表头
close()	写入文件表头，并且关闭语音串流

下面的案例是创建一个按钮来打开语音文件，并显示该语音文件的格式。

【例 13.7】使用 wave 模块，创建一个按钮（源代码\ch13\13.7.py）。

```python
from tkinter import *
import tkinter.filedialog, wave

#创建应用程序的类
class App:
    def __init__(self, master):

        #创建一个 Label 控件
        self.label = Label(master, text="语音文件: ")
        self.label.pack(anchor=W)
        #创建一个 Button 控件
```

```
        self.button = Button(master, text="打开语音文件",command=self.openSoundFile)
        self.button.pack(anchor=CENTER)

        #设置对话框打开的文件类型
        self.myFileTypes = [('WAVE format', '*.wav')]

        #创建一个"打开"对话框
        self.myDialog = tkinter.filedialog.Open(master, filetypes=self.myFileTypes)

    #打开语音文件
    def openSoundFile(self):
        #返回打开的语音文件名
        infile = self.myDialog.show()
        #显示该语音文件的格式
        self.getWaveFormat(infile)

    def getWaveFormat(self, infile):
        #读取语音文件的格式
        audio = wave.open(infile, "r")
        txt = "语音文件: " + infile + "\n" + \
            "Channels: " + str(audio.getnchannels()) + "\n" + \
            "Sample width: " + str(audio.getsampwidth()) + "\n" + \
            "Frame rate: " + str(audio.getframerate()) + "\n" + \
            "Compression type: " + str(audio.getcomptype()) + "\n" + \
            "Compression name: " + str(audio.getcompname())
        self.label.config(text = txt)

#创建主窗口
win = Tk()
win.title(string = "处理声音")
#创建应用程序类的例变量
app = App(win)
#开始程序循环
win.mainloop()
```

保存并运行程序，结果如图 13-7 所示，单击"打开语音文件"按钮，在打开的对话框中选择 WAV 格式的文件，即可查看文件的信息。

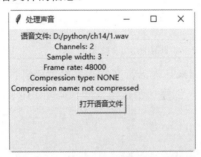

图 13-7 例 13.7 的程序运行结果

13.2.4 aifc 模块

aifc 模块用于存取 AIFF 与 AIFC 格式的语音文件。aifc 模块的函数与 wave 模块的函数大致相同。

下面的案例是使用 aifc 模块创建一个新的 AIFC 语音文件。

【例 13.8】使用 aifc 模块，创建一个新的 AIFC 语音文件（源代码\ch13\13.8.py）。

```python
import aifc

#创建一个新语音文件
stream = aifc.open("d:\\test.aifc", "w")
#声道数为 2
stream.setnchannels(2)
#样本宽度为 2
stream.setsampwidth(2)
#每一秒 22050 帧
stream.setframerate(22050)
#写入表头以及语音串流
stream.writeframes(b"1434567876543211" * 20000)
#关闭文件
stream.close()
```

13.3 科学计算

微视频

numpy 模块提供了强大的科学计算功能，本节将学习该模块的安装和使用方法。

13.3.1 下载和安装 numpy 模块

numpy 模块提供快速、简洁的多维数组语言机制。同时该模块还包括操作线性几何、快速傅里叶转换及随机数等方法。

由于 numpy 模块是第三方模块，因此需要用户下载并安装。下载 numpy 模块的网址是 http://sourceforge.net/projects/numpy，如图 13-8 所示。单击 Download 按钮，即可下载 numpy 模块。

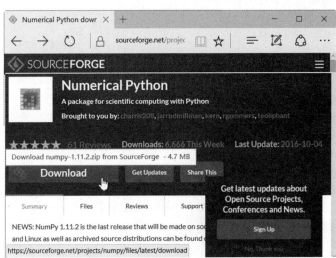

图 13-8 下载 numpy 模块的网址

下载完成后，即可进行安装操作。将下载的 numpy-1.11.2.zip 压缩文件解压，以管理员的身份运行"命令提示符"，进入解压的目录。执行下面的命令即可自动安装 numpy 模块：

```
python setup.py install
```

另外，用户也可以使用 pip 安装 numpy 模块，命令如下：

```
pip install numpy
```

13.3.2　array 对象

numpy 模块定义两个新的对象类型：array 和 ufunc，以及一组操作该对象的函数，以将这两个新的对象类型与其他 Python 类型进行转换。

array 对象是一个可为大数目的数字集合，集合内的数字必须是相同类型，如都是双精度浮点数。

使用 numpy 模块的 array()方法创建 array 对象。其语法格式如下：

```
array(numbers [, typecode=None])
```

其中，numbers 是一个序列对象，如元组与列表；typecode 是 numbers 元素的类型。

下面的案例是创建一个一维向量数组。

```
>>> from numpy import *
>>> x, y, z = 1, 2, 3
>>> a = array([x, y, z])
>>> print (a)
[1 2 3]
```

下面的案例是创建一个一维向量数组，并将向量值以浮点数表示。

```
>>> from numpy import *
>>> x, y, z = 1, 2, 3
>>> a = array([x, y, z], float)
>>> print (a)
[ 1.  2.  3.]
```

下面的案例是创建一个 2 行 3 列的矩阵。

```
>>> from numpy import *
>>> ma = array([[1, 2, 3], [4, 5, 6]])
>>>print (ma)
[[1 2 3]
 [4 5 6]]
```

下面的案例是显示矩阵 ma 的行列数。

```
>>> print ma.shape
(2, 3)
```

下面的案例是将矩阵 ma 改成一维矩阵。

```
>>> ma2 = reshape(ma, (6,))
>>> print (ma2)
[1 2 3 4 5 6]
```

下面的案例是将矩阵 ma 改成 9 行 9 列的矩阵。

```
>>> ma = array([[1, 2, 3], [4, 5, 6]])
>>> big = resize(ma, (9, 9))
>>> print (big)
```

```
[[1 2 3 4 5 6 1 2 3]
 [4 5 6 1 2 3 4 5 6]
 [1 2 3 4 5 6 1 2 3]
 [4 5 6 1 2 3 4 5 6]
 [1 2 3 4 5 6 1 2 3]
 [4 5 6 1 2 3 4 5 6]
 [1 2 3 4 5 6 1 2 3]
 [4 5 6 1 2 3 4 5 6]
 [1 2 3 4 5 6 1 2 3]]
```

下面的案例是将两个矩阵相加。

```
>>> a = array([[1, 2, 3], [4, 5, 6]])
>>> b = array([[7, 8, 9], [10, 11, 12]])
>>> print (a + b)
[[ 8 10 12]
 [14 16 18]]
```

下面的案例是将两个矩阵相乘。

```
>>> a = array([[1, 2, 3], [4, 5, 6]])
>>> b = array([[7, 8, 9], [10, 11, 12]])
>>> print (a * b)
[[ 7 16 27]
 [40 55 72]]
```

13.3.3　ufunc 对象

ufunc 对象是一个用于操作 array 对象的函数集合。这些函数如表 13-4 所示。

表 13-4　ufunc 对象的函数

add (+)	subtract (−)	multiply (*)	divide (/)
remainder (%)	power (**)	arccos	arccosh
arcsin	arcsinh	arctan	arctanh
cos	cosh	exp	log
log10	sin	sinh	sqrt
tan	tanh	maximum	minimum
conjugate	equal (=)	not_equal (!=)	greater (>)
greater_equal (>=)	less (<)	less_equal (<=)	logical_and (and)
logical_or (or)	logical_xor	logical_not (not)	bitwise_and (&)
bitwise_or (|)	bitwise_xor	bitwise_not (~)	

下面的案例是将两个矩阵相加。

```
>>> from numpy import *
>>> a = array([[1, 2, 3], [4, 5, 6]])
>>> b = array([[7, 8, 9], [10, 11, 12]])
>>> print (add(a, b))
[[ 8 10 12]
 [14 16 18]]
```

下面的案例是计算矩阵的正弦值。

```
>>> a = arange(10)
>>> print (sin(a))
```

```
[ 0.        0.84147098  0.90929743  0.14114001 -0.7568025  -0.95892427
   -0.2794145  0.6569866   0.98935825  0.41411849]
```

13.4   线程

微视频

多线程用于同时执行多个不同的程序或任务，可以做到并行处理和提高程序执行性能。Python 提供了两个多线程模块，即_thread 和 threading。

13.4.1   Python 多线程

当执行任何应用程序时，CPU 会为应用程序创建一个进程（process）。该进程由下面元素组成：

（1）给应用程序保留的内存空间。

（2）一个应用程序计数器。

（3）一个应用程序打开的文件列表。

（4）一个存储应用程序内变量的调用堆栈。

如果该应用程序只有一个调用堆栈及一个计数器，那么该应用程序称为单线程的应用程序。

多线程的应用程序会创建一个函数，来执行需要重复执行多次的程序代码，然后创建一个线程执行该函数。一个线程（thread）是一个应用程序单元，用于在后台并行执行多个耗时的动作。

在多线程的应用程序中，每一个线程的执行时间等于应用程序所花的 CPU 时间除以线程的数目。因为线程彼此之间会分享数据，所以在更新数据之前，必须先将程序代码锁定，如此所有的线程才能同步。

Python 有两个线程接口：_thread 模块与 threading 模块。_thread 模块提供低级的接口，用于支持小型的进程和线程；threading 模块则是以 thread 模块为基础，提供高级的接口。

除了_thread 模块与 threading 模块之外，Python 还有一个 queue 模块。queue 模块内的 Queue 类，可以在多个线程中安全地移动 Python 对象。

13.4.2   _thread 模块

_thread 模块的函数如下。

（1）_thread.allocate_lock()：创建并返回一个 lckobj 对象。lckobj 对象有以下三个方法：

① lckobj.acquire([flag])：用来捕获一个 lock。

② lcjobj.release()：释放 lock。

③ lckobj.locked()：若对象成功锁定，则返回 True；否则返回 False。

（2）_thread.exit()：抛出一个 SystemExit，以终止线程的执行。它与 sys.exit()函数相同。

（3）_thread.get_ident()：读取目前线程的识别码。

（4）_thread.start_new_thread(func, args [, kwargs])：开始一个新的线程。

下面的案例是创建一个类，内含 4 个函数，每执行一个函数就激活一个线程，本案例同时执行 4 个线程。

【例 13.9】创建多个线程（源代码\ch13\13.9.py）。

```
import _thread, time

class threadClass:

    def __init__(self):
        self._threadFunc = {}
        self._threadFunc['1'] = self.threadFunc1
        self._threadFunc['2'] = self.threadFunc2
        self._threadFunc['3'] = self.threadFunc3
        self._threadFunc['4'] = self.threadFunc4

    def threadFunc(self, selection, seconds):
        self._threadFunc[selection](seconds)

    def threadFunc1(self, seconds):
        _thread.start_new_thread(self.output, (seconds, 1))

    def threadFunc2(self, seconds):
        _thread.start_new_thread(self.output, (seconds, 2))

    def threadFunc3(self, seconds):
        _thread.start_new_thread(self.output, (seconds, 3))

    def threadFunc4(self, seconds):
        _thread.start_new_thread(self.output, (seconds, 4))

    def output(self, seconds, number):
        for i in range(seconds):
            time.sleep(0.0001)
        print ("进程%d 已经运行" % number)

mythread = threadClass()

mythread.threadFunc('1', 800)
mythread.threadFunc('2', 700)
mythread.threadFunc('3', 500)
mythread.threadFunc('4', 300)

time.sleep(5.0)
```

保存并运行程序，结果如图 13-9 所示。

```
======================= RESTART: D:/python/ch13/13.9.py
进程4 已经运行
进程3 已经运行
进程2 已经运行
进程1 已经运行
```

图 13-9　例 13.9 的程序运行结果

13.4.3　threading 模块

threading 模块的函数如下。

（1）threading.activeCount()：返回活动中的线程对象数目。

（2）threading.currentThread()：返回目前控制中的线程对象。

（3）threading.enumerate()：返回活动中的线程对象列表。

每一个 threading.Thread 类对象都有以下方法。

（1）threadobj.start()：执行 run()方法。

（2）threadobj.run()：此方法被 start()方法调用。

（3）threadobj.join([timeout])：此方法等待线程结束。timeout 的单位是秒。

（4）threadobj.isActive()：如果线程对象的 run()方法已经执行，就返回 1；否则返回 0。

下面的案例是改写 threading.Thread 类的 run()方法，在 run()方法内读取一个 1～100 的随机数，然后创建 5 个 Thread 类的例变量，以同时激活 5 个线程。

【例 13.10】改写 run()方法（源代码\ch13\13.10.py）。

```python
import threading, time, random

class threadClass(threading.Thread):
    def run(self):
        x = 0
        y = random.randint(1, 100)
        while x < y:
            x += 1
            time.sleep(0.1)
        print (y)

for i in range(5):
    mythread = threadClass()
    mythread.start()
print ("进程运行结束")
```

保存并运行程序，结果如图 13-10 所示。

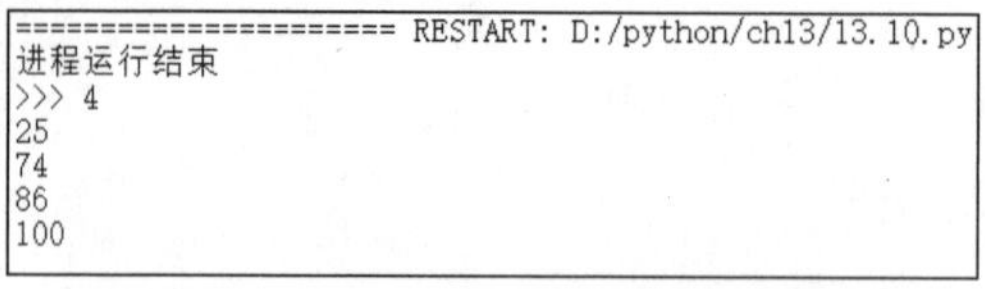

```
===================== RESTART: D:/python/ch13/13.10.py
进程运行结束
>>> 4
25
74
86
100
```

图 13-10　例 13.10 的程序运行结果

13.5　新手疑难问题解答

疑问 1：如何创建缩略图？

解答：缩略图是网络开发或图像软件预览常用的一种基本技术，使用 Python 的 Pillow 图像库可以很方便地创建缩略图。

例如，将源代码 ch13 文件夹下的.jpg 图像文件全部创建缩略图。代码如下：

```python
from PIL import Image
import glob,os
size = (148,148)
for infile in glob.glob("D:/python/ch13/*.jpg"):
    f, ext = os.path.splitext(infile)
    img = Image.open(infile)
    img.thumbnail(size,Image.ANTIALIAS)
img.save(f+".thumbnail","JPEG")
```

glob 模块是一种智能化的文件名匹配技术，在批量图像处理中经常会用到。

疑问 2：如何使用 numpy 模块产生随机数？

解答：使用 numpy 模块的 linspace()方法可以产生指定数目和范围的随机数，非常好用。

例如，在 1～10 数字中产生 8 个随机数：

```
import numpy as nps
nps.linspace(1,10,8)
```

13.6　实战训练

解题思路

实战 1：生成验证码图片。

使用 Pillow 函数库随机生成一个 4 位的验证码图片，并在验证码的画布上随机生成一些点。运行程序，自动打开随机生成的验证码图片，结果如图 13-11 所示。

实战 2：为图片添加模糊效果。

使用 Pillow 函数库为一个图片添加模糊效果，并将添加模糊效果后的图片保存为一个新的图片，结果如图 13-12 所示。

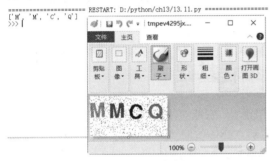

图 13-11　验证码图片

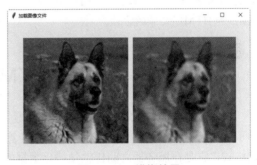

图 13-12　模糊效果

实战 3：通过 numpy 模块创建数组和矩阵。

通过 numpy 模块创建一维数组、二维数组、全零矩阵和三维的单位矩阵，结果如图 13-13 所示。

```
====================== RESTART: D:\python\ch13\13.13.py
通过列表创建一维数组:
[1 2 3 4]
通过列表创建二维数组:
[[1 2]
 [3 4]]
通过元组创建三维数组:
[[1 2 3]
 [4 5 6]]
创建全零矩阵:
[[0. 0. 0.]
 [0. 0. 0.]]
创建三维的单位矩阵:
[[1. 0. 0.]
 [0. 1. 0.]
 [0. 0. 1.]]
```

图 13-13　创建数组和矩阵

第 14 章

Web 网站编程

本章内容提要

XML 是一种标准化的文本格式，可以在 Web 上表示结构化信息，也可以存储具有复杂结构的数据信息。XML 是 HTML 的补充，但 XML 并不是 HTML 的替代品。在现代网页开发中，XML 用于描述、存储数据，而 HTML 则用于格式化和显示数据。本章将重点讲解 Python 处理 XML 和 HTML 文件的方法。

14.1　XML 编程基础

微视频

可扩展标记语言（XML）是 Web 上的数据通用语言，它能够使开发人员将结构化数据从各种不同的应用程序传递到桌面，进行本地计算和演示。XML 允许为特定应用程序创建唯一的数据格式，它是在服务器之间传输结构化数据的理想格式。

14.1.1　XPath 简介

XPath 主要用于对 XML 文档的元件进行寻址。XPath 将一个 XML 文档建模成一棵节点树，拥有不同类型的节点，包括元素节点、属性节点和正文节点。XPath 定义了一种方法计算每类节点的字串值，一些节点的类型也有名字。XPath 充分支持 XML 命名空间。这样，节点的名字被建模成由一个局域部分和可能为空的命名空间 URI 组成的对，称为扩展名。

1. XPath 节点

XPath 把 XML 文档看作是一个节点树。节点可以有不同的类型，如元素节点或属性节点。一些类型的节点名称由 XML 名称空间 URI（允许空）和本地部分组成。有一种特殊的节点类型是根节点，一个 XML 文档只能有一个根节点，它是树的根，包含整个 XML 文档。根节点包含根元素及在根元素之前或之后出现的任何处理节点、声明节点或注释节点。其中，元素节点代表 XML 文档中的每个元素；属性节点附属于元素节点，表示 XML 文档中的属性。其他类型的节点包括文本节点、处理指令节点和注释节点。

2. 位置路径

位置路径是 XPath 中应用比较广泛的特性，它是一种特殊的 XPath 表达式。位置路径标识了与上下文有关的一组 XPath 节点。XPath 定义了简化和非简化两种语法。

14.1.2　XSLT 简介

XSLT 由 XSL（Extensible Stylesheet Language）发展而来。XSLT 是一种基于 XML 的语言，用于将一类 XML 文档转换为另一种 XML 文档。XSLT 实际上是 XML 文档类的一个规范，即 XSLT 本身是格式正确的 XML 文档，并带有一些专门的内容，可以让开发者或用户"模块化"自己所期望的输出格式。

因为 XSLT 的作用是将 XML 元素转成用户所期望的格式文件中的元素，所以与其他语言不同，它是一种模板驱动的转换脚本。其实现过程是把模板提供给 XSLT 处理器，并指明转换过程中使用模板，可以在模板中加入指令，告诉处理器从一个或多个源文件中自行搜索信息并插入模板中的空位。

XSLT 的主要功能就是转换，可将一个没有形式表现的 XML 内容文档当作源树转换为一棵有样式信息的结果树。XSLT 是将模式（pattern）与模板（template）相结合实现的。模式与源树中的元素相匹配，模式被例化后产生部分结果树。因为结果树与源树是分离的，所以结果树的结构可以和源树截然不同。在结果树的构造中，源树不仅可以将内容进行过滤和重新排序，还可以增加任意的结构。模式实际上可以理解为满足所规定选择条件的节点结合，符合条件的节点就匹配该模式，否则不匹配。

XSLT 包含了一套模板的集合，一个模板规则包含两部分：匹配源树中节点的模式及例化（instantiated）后组成部分结果树的模板。一个模板中包含一些元素，其作用就是规定字面结果的元素结构。一个模板还可以包含作为产生结果树片断的指令元素。当一个模板例化后，执行每一个指令并置换为其产生结果树片断。指令可以选择并处理这些子元素，通过查找可应用的模板规则例化其模板，对子元素处理后产生结果树片断。

元素只有被执行的指令选中才可进行处理。在搜索可用模板规则过程中，不止一个模板规则可能匹配给定元素的模式，但是只能使用一个模板规则。XSL 利用 XML 的命名空间来区别属于 XSL 处理器指令的元素和规定文字结果的树结构元素，指令元素属于 XSL 名域。

在文档中采用 xsl：表示 XSL 名域中的元素。一个 XSLT 包含一个 xsl：stylesheet 文档元素，这个元素可以规定模板的规则。XSLT 转换的详细过程如图 14-1 所示。

图 14-1　XSLT 转换过程

14.2　XML 语法基础

XML 是标记语言，可支持开发者为 Web 信息设计自己的标记。XML 要比 HTML 强大得多，它不再是固定的标记，而是允许定义数量不限的标记来描述文档中的资料，允许嵌套的信息结构。

微视频

14.2.1 XML 的基本应用

随着因特网的发展，为了控制网页显示样式，增加了一些描述如何显示数据的标记，如
<center>、<b>等。但随着 HTML 的不断发展，W3C 组织意识到 HTML 存在以下一些无法避免
的问题：

（1）不能解决所有解释数据的问题，如影音文件或化学公式、音乐符号等其他形态的内容。

（2）性能问题，需要下载整份文件才能开始对文件做搜寻动作。

（3）扩充性、弹性、易读性均不佳。

为了解决以上问题，专家们使用 SGML 精简制作，并依照 HTML 的发展经验，产生出一套
使用上既简单又严谨的描述数据语言 XML。

XML 不只是 W3C 推荐的通用标记语言，同样也是 SGML 的子类，可以定义自己的一组标
记。它具有下面几个特点：

（1）XML 是一种元标记语言，所谓元标记语言就是开发者可以根据需要定义自己的标记，
如<book><name>，任何满足 xml 命名规则的名称都可以作为标记，这就为不同程序的应用打开
了大门。

（2）允许通过使用自定义格式标识、交换和处理数据。

（3）基于文本的格式，允许开发人员描述结构化数据，并在各种应用之间发送和交换这些
数据。

（4）有助于在服务器之间传输结构化数据。

（5）XML 使用的是非专有格式，不受版权、专利、商业秘密或其他种类知识产权的限制。

XML 的功能是非常强大的，同时对于人类或计算机程序来说又是容易阅读和编写的，因此
会成为交换语言的首选。网络带给人类的好处就是信息共享，在不同的计算机中共享数据，而
XML 是用来告诉我们"什么是数据"，利用 XML 可以在网络上交换任何一条信息。

【例 14.1】创建 XML 文件（源代码\ch14\14.1.xml）。

```
<?xml version="1.0" encoding="GB2312" ?>
<电器>
    <家用电器>
        <品牌>海尔</品牌>
        <购买时间>2020-06-15</购买时间>
        <价格 币种="人民币">8800 元</价格>
    </家用电器>
    <家用电器>
        <品牌>格力</品牌>
        <购买时间>2020-08-15</购买时间>
        <价格 币种="人民币">5900</价格>
    </家用电器>
</电器>
```

此处需要将文件保存为 XML 文件。在该文件中，每个标记都是用汉语编写的，是自定义
标记。将电器看作一个对象，该对象包含多个家用电器，家用电器是用来存储电器的相关信息
的，也可以说家用电器对象是一种数据结构模型。在页面中没有对哪个数据的样式进行修饰，
只是告诉我们数据结构是什么，数据是什么。

预览结果如图 14-2 所示，可以看到整个页面树形结构的显示，并通过单击"－"号关闭整
个树形结构，单击"＋"号展开树形结构。

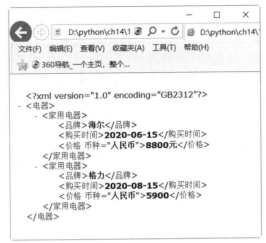

图 14-2　XML 文件显示

14.2.2　XML 文档组成和声明

一个完整的 XML 文档由声明、元素、注释、字符引用和处理指令组成。在文档中，所有这些 XML 文档的组成部分都是通过元素标记来指明的。可以将 XML 文档分为三部分，如图 14-3 所示。

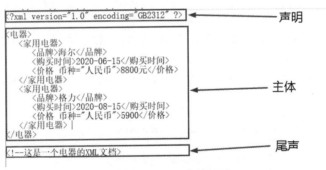

图 14-3　XML 文档组成

XML 声明必须作为 XML 文档的第一行，前面不能有空白、注释或其他的处理指令。完整的声明格式如下：

```
<?xml version="1.0" encoding="编码" standalone="yes/no" ?>
```

其中，version 属性不能省略，且必须排在属性列表的第一位，指明所采用的 XML 版本号，值为 1.0，该属性用来保证对 XML 未来版本的支持；encoding 属性是可选的，该属性指定了文档采用的编码方式，即规定采用哪种字符集对 XML 文档进行字符编码，常用的编码方式为 UTF-8 和 GB2312。如果没有使用 encoding 属性，那么该属性的默认值是 UTF-8；如果 encoding 属性的值为 GB2312，那么文档必须使用 ANSI 编码保存，文档的标记及标记内容只可以使用 ASCII 字符和中文。

使用 GB2312 编码的 XML 声明如下：

```
<?xml version="1.0" encoding="GB2312" ?>
```

XML 文档主体必须有根元素。所有的 XML 必须包含可定义根元素的单一标记对，所有其他元素都必须处于这个根元素的内部。所有元素均可拥有子元素。子元素必须被正确地嵌套于它们的父元素内部。根标记及根标记内容共同构成 XML 文档主体，没有文档主体的 XML 文档将不会被浏览器或其他 XML 处理程序所识别。

注释可以提高文档的阅读性，尽管 XML 解析器通常会忽略文档中的注释，但位置适当且有意义的注释可以大大提高文档的可读性。XML 文档中不用于描述数据的内容都可以包含在注释中，注释以"<!--"开始，以"-->"结束，在起始符和结束符之间为注释内容。注释内容可以是符合注释规则的任何字符串。

【例 14.2】创建员工信息的 XML 文件（源代码\ch14\14.2.xml）。

```xml
<?xml version="1.0" encoding="gb2312"?>
<!--这是一个员工信息表-->
<员工信息>
<员工>
  <姓名>张三</姓名>
  <年龄>28 岁</年龄>
  <学历>本科</学历>
</员工>
<员工>
  <名称>李梦</名称>
  <年龄>38 岁</年龄>
  <学历>大专</学历>
</员工>
</员工信息>
```

在上面的代码中，第一句代码是 XML 声明；<员工>标记是<员工信息>标记的子元素，而<姓名>、<年龄>和<学历>标记是<员工>标记的子元素；<!--……-->是一个注释。

浏览结果如图 14-4 所示，可以看到页面中显示了一个树形结构，并且数据层次感非常好。

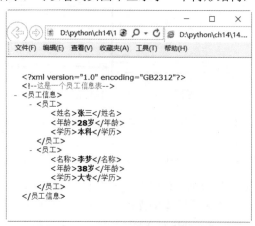

图 14-4　例 14.2 的程序浏览效果

14.2.3　XML 元素介绍

元素是以树形分层结构排列的，它可以嵌套在其他元素中。

1. 元素类别

在 XML 文档中，元素分为非空元素和空元素两种类型。一个 XML 非空元素是由开始标记、

结束标记及标记之间的数据构成的。开始标记和结束标记用来描述标记之间的数据；标记之间
的数据被认为是元素的值。非空元素的语法结构如下：

```
<开始标记>文本内容</结束标记>
```

空元素就是不包含任何内容的元素，即开始标记和结束标记之间没有任何内容的元素。其
语法结构如下：

```
<开始标记></结束标记>
```

可以把元素内容为文本的非空元素转换为空元素。例如：

```
<hello>下午好</hello>
```

<hello>是一个非空元素，如果把非空元素的文本内容转换为空元素的属性，那么转换后的
空元素可以写为：

```
<hello content="下午好"></hello>
```

2. 元素命名规范

XML 元素命名规则与 Java、C 等命名规则类似，也是一种对大小写敏感的语言。XML 元
素命名必须遵守以下规则：

（1）元素名中可以包含字母、数字和其他字符。如<place>、<地点>、<no123>等。

（2）元素名中虽然可以包含中文，但是在不支持中文的环境中不能解释包含中文字符的
XML 文档。

（3）元素名中不能以数字或标点符号开头，如<123no>、<.name>、<?error>等元素的名称
都是非法的。

（4）元素名中不能包含空格，如<no 123>。

3. 元素嵌套

元素的内容可以包含子元素。子元素本身也是元素，被嵌套在上层元素内。如果子元素嵌
套了其他元素，那么它同时也是父元素，如下面所示的部分代码：

```
<?xml version="1.0" encoding="gb2312" ?>
<students>
  <student>
    <name>王蒙</name>
    <age>35</age>
  </student>
  …
</students>
```

<student>是<students>的子元素，同时也是<name>和<age>的父元素，而<name>和<age>是
<student>的子元素。

4. 元素例

【例 14.3】元素包含数据的 XML 文件（源代码\ch14\14.3.xml）。

```
<?xml version="1.0" encoding="gb2312" ?>
<员工信息>
  <!--"员工"标记中包含姓名、年龄、学历和专业 -->
  <员工 date="2020/6/1">
    <姓名>张三</姓名>
    <年龄>38 岁</年龄>
    <学历>本科</学历>
```

```
    <专业>计算机信息管理</专业>
  </员工>
  <员工 date="2020/6/12">
    <姓名>李四</姓名>
    <年龄>38 岁</年龄>
    <学历>本科</学历>
    <专业>会计财务管理</专业>
  </员工>
  <员工 date="2020/8/23">
    <姓名>王五</姓名>
    <年龄>38 岁</年龄>
    <学历>本科</学历>
    <专业>信息安全管理</专业>
  </员工>
</员工信息>
```

上面的代码中，第一行是 XML 声明，其声明该文档是 XML 文档、文档所遵守的版本号及文档使用的字符编码集。在案例中，遵守的是 XML 1.0 版本规范，字符编码是 GB 2312 编码方式。<员工>标记是<员工信息>的子标记，同时也是<姓名>、<年龄>等标记的父元素。

浏览结果如图 14-5 所示，可以看到页面中显示了一个树形结构，每个标记中间包含相应的数据。

图 14-5　例 14.3 的程序浏览效果

14.3　Python 解析 XML

微视频

常见的 XML 编程接口包括 DOM 和 SAX，这两种接口处理 XML 文件的方式不同，应用场合也不相同。Python 语言针对这两种接口提供了对应的处理方式。

14.3.1　使用 SAX 解析 XML

Python 标准库包含 SAX（Simple API for XML）解析器。SAX 是一种基于事件驱动的 API，通过在解析 XML 的过程中触发一个个事件，调用用户自定义的回调函数来处理 XML 文件。

使用 SAX 解析 XML 文档主要包括两部分：解析器和事件处理器。其中，解析器负责读取 XML 文档，并向事件处理器发送事件，如元素开始与元素结束事件；事件处理器负责调出相应的事件，对传递的 XML 数据进行处理。

使用 SAX 解析 XML 文件时，主要使用 xml.sax 模块和 ContentHandler 类。下面分别进行介绍。

1. xml.sax 模块

xml.sax 模块中的方法如下：

（1）make_parser()方法

该方法创建一个新的解析器对象并返回。语法格式如下：

```
xml.sax.make_parser( [parser_list] )
```

其中，parser_list 为解析器列表，属于可选参数。

（2）parser()方法

该方法创建一个 SAX 解析器并解析 XML 文档。语法格式如下：

```
xml.sax.parse( xmlfile, contenthandler[, errorhandler])
```

其中，xmlfile 为 XML 文件的名称；contenthandler 为一个 ContentHandler 对象；errorhandler 为一个 SAX ErrorHandler 对象，属于可选参数。

（3）parseString()方法

该方法创建一个 XML 解析器并解析 XML 字符串。语法格式如下：

```
xml.sax.parseString(xmlstring, contenthandler[, errorhandler])
```

其中，xmlstring 为 XML 字符串；contenthandler 为一个 ContentHandler 对象；errorhandler 为一个 SAX ErrorHandler 对象，属于可选参数。

2. ContentHandler 类

ContentHandler 类的方法包含如下：

（1）characters(content)方法

该方法的调用时机为行与标签之间、标签与标签之间存在字符串时。其中，content 的值为这些字符串。另外，标签可以是开始标签，也可以是结束标签。

（2）startDocument()方法

该方法在文档启动时调用。

（3）endDocument()方法

该方法在解析器到达文档结尾时调用。

（4）startElement(name, attrs)方法

该方法在遇到 XML 开始标签时调用。其中，name 是标签的名字；attrs 是标签的属性值。

（5）endElement(name)方法

该方法在遇到 XML 结束标签时调用。

下面通过一个案例来学习使用 SAX 解析 XML 文件的方法。

【例 14.4】使用 SAX 解析 XML 文件（源代码\ch14\14.4.xml 和\ch14\14.1.py）。

14.4.xml 文件的内容如下：

```
<collection shelf="New Arrivals">
<goods title="英朗汽车">
    <type>car</type>
    <brand>别克</brand >
    <year>2018 年</year>
    <price>89000 元</price>
    <description>该款汽车以现代设计与创新高效科技为用户带来全新中级车体验</description>
</goods>
<goods title="君越汽车">
    <type>car</type>
    <brand>别克</brand >
    <year>2018 年</year>
    <price>229800 元</price>
    <description>全新的双掠峰腰线设计勾勒出优雅俊逸的身姿，透出尊贵气度。</description>
</goods>
</collection>
```

14.1.py 文件的内容如下：

```python
import xml.sax

class bookHandler( xml.sax.ContentHandler ):
    def __init__(self):
        self.CurrentData = ""
        self.type = ""
        self.brand = ""
        self.year = ""
        self.price = ""
        self.description = ""

    #元素开始调用
    def startElement(self, tag, attributes):
        self.CurrentData = tag
        if tag == "goods":
            print ("*****GOODS*****")
            title = attributes["title"]
            print ("Title:", title)

    #元素结束调用
    def endElement(self, tag):
        if self.CurrentData == "type":
            print ("Type:", self.type)
        elif self.CurrentData == "brand":
            print ("Brand:", self.brand)
        elif self.CurrentData == "year":
            print ("Year:", self.year)
        elif self.CurrentData == "price":
            print ("Price:", self.price)
        elif self.CurrentData == "description":
            print ("Description:", self.description)
        self.CurrentData = ""
```

```
      #读取字符时调用
      def characters(self, content):
        if self.CurrentData == "type":
          self.type = content
        elif self.CurrentData == "brand":
          self.brand = content
        elif self.CurrentData == "year":
          self.year = content
        elif self.CurrentData == "price":
          self.price = content
        elif self.CurrentData == "description":
          self.description = content

if ( __name__ == "__main__"):

    #创建一个 XMLReader
    parser = xml.sax.make_parser()
    #turn off namepsaces
    parser.setFeaTrue(xml.sax.handler.feaTrue_namespaces, 0)

    #重写 ContextHandler
    Handler = bookHandler()
    parser.setContentHandler(Handler)

    parser.parse("14.4.xml")
```

保存并运行程序，解析结果如图 14-6 所示。

```
===================== RESTART: D:\python\ch14\14.1.py =================
*****GOODS*****
Title: 英朗汽车
Type: car
Brand: 别克
Year: 2018年
Price: 89000元
Description: 该款汽车以现代设计与创新高效科技为用户带来全新中级车体验。
*****GOODS*****
Title: 君越汽车
Type: car
Brand: 别克
Year: 2018年
Price: 229800元
Description: 全新的双掠峰腰线设计勾勒出优雅俊逸的身姿，透出尊贵气度。
```

图 14-6　使用 SAX 解析 XML 文件

14.3.2　使用 DOM 解析 XML

文件对象模型（Document Object Model， DOM）是 W3C 组织推荐的处理可扩展标记语言的标准编程接口。DOM 将 XML 数据在内存中解析成一个树结构，通过对树结构的操作来解析 XML。

DOM 解析器在解析一个 XML 文档时，会一次性读取整个文档，把文档中的所有元素保存在内存的一个树结构里，之后可以利用 DOM 提供的不同函数来读取或修改文档的内容和结构，也可以把修改过的内容写入 XML 文件。

在 Python 中，用 xml.dom.minidom 解析 XML 文件，这里仍然以 14.4.xml 为例进行讲解。

【**例 14.5**】使用 DOM 解析 XML 文件（源代码\ch14\14.4.xml 和\ch14\14.2.py）。

14.2.py 文件的内容如下：

```
from xml.dom.minidom import parse
```

```
import xml.dom.minidom

#使用 minidom 解析器打开 XML 文档
DOMTree = xml.dom.minidom.parse("14.4.xml")
collection = DOMTree.documentElement
if collection.hasAttribute("shelf"):
  print ("Root element : %s" % collection.getAttribute("shelf"))

#在集合中获取所有汽车
sumgoods = collection.getElementsByTagName("goods")

#打印每款汽车的详细信息
for goods in sumgoods:
    print ("*****GOODS *****")
    if goods.hasAttribute("title"):
        print ("Title: %s" % goods.getAttribute("title"))

    type = goods.getElementsByTagName('type')[0]
    print ("Type: %s" % type.childNodes[0].data)
    brand = goods.getElementsByTagName('brand')[0]
    print ("Brand: %s" % brand.childNodes[0].data)
    description = goods.getElementsByTagName('description')[0]
    print ("Description: %s" % description.childNodes[0].data)
```

保存并运行程序，解析结果如图 14-7 所示。

```
===================== RESTART: D:/python/ch14/14.2.py =================
Root element : New Arrivals
*****GOODS *****
Title: 英朗汽车
Type: car
Brand: 别克
Description: 该款汽车以现代设计与创新高效科技为用户带来全新中级车体验。
*****GOODS *****
Title: 君越汽车
Type: car
Brand: 别克
Description: 全新的双掠峰腰线设计勾勒出优雅俊逸的身姿，透出尊贵气度。
```

图 14-7　使用 DOM 解析 XML 文件

14.4　XDR 数据交换格式

微视频

外部数据表示 XDR（eXternal Data Representation）是数据描述与编码的标准，它使用隐含形态的语言来正确描述复杂的数据格式。远程过程调用 RPC（Remote Procedure Call）与网络文件系统 NFS（Network File System）等协议，都使用 XDR 描述它们的数据格式，因为 XDR 适合在不同的计算机结构之间传输数据。

Python 语言通过 xdrlib 模块来处理 XDR 数据，在网络应用程序上的应用非常广泛。xdrlib 模块中定义了 Packer 类和 Unpacker 类，以及两个异常。

1. Packer 类

Packer 类用来将变量封装成 XDR 的类。Packer 例变量的方法列表如下。

（1）get_buffer()：将目前的编码缓冲区（pack buffer）内容以字符串类型返回。

（2）reset()：将编码缓冲区重置为空字符串。

（3）pack_uint(value)：对一个 32 位的无正负号的整数进行 XDR 编码。

（4）pack_int(value)：对一个 32 位的有正负号的整数进行 XDR 编码。

（5）pack_enum(value)：对一个枚举对象进行 XDR 编码。

（6）pack_bool(value)：对一个布尔值进行 XDR 编码。

（7）pack_uhyper(value)：对一个 64 位的无正负号的数值进行 XDR 编码。

（8）pack_hyper(value)：对一个 64 位的有正负号的数值进行 XDR 编码。

（9）pack_float(value)：对一个单精度浮点数进行 XDR 编码。

（10）pack_double(value)：对一个双精度浮点数进行 XDR 编码。

（11）pack_fstring(n, s)：对一个长度为 n 的字符串进行 XDR 编码。

（12）pack_fopaque(n, data)：对一个固定长度的数据流进行 XDR 编码，与 pack_fstring()方法类似。

（13）pack_string(s)：对一个变动长度的字符串进行 XDR 编码。

（14）pack_opaque(data)：对一个变动长度的数据流进行 XDR 编码，与 pack_string()方法类似。

（15）pack_bytes(bytes)：对一个变动长度的字节流进行 XDR 编码，与 pack_string()方法类似。

（16）pack_list(list, pack_item)：对一个同型元素列表进行 XDR 编码，此方法用在无法决定大小的列表上。对列表中的每一个项目而言，无正负号整数 1 会先被编码。其中，pack_item 是编码个别项目的函数，会在列表的结尾编码一个无正负号整数 0。例如：

```
>>>import xdrlib
>>>p = xdrlib.Packer()
>>>p.pack_list([1, 2, 3], p.pack_int)
```

（17）pack_farray(n, array, pack_item)：对一个固定长度的同型元素列表进行 XDR 编码。其中，参数 n 是列表长度；array 是含有数据的列表；pack_item 是编码个别项目的函数。

（18）pack_array(list, pack_item)：对一个变动长度的同型元素列表进行 XDR 编码。首先针对其长度进行编码，然后调用 pack_farray()对数据进行编码。

2. Unpacker 类

Unpacker 类用来从字符串缓冲区 data 内解封装 XDR 的类。Unpacker 例变量的方法列表如下。

（1）reset(data)：重置译码数据的字符串缓冲区。

（2）get_position()：返回目前缓冲区内的位置。

（3）set_position(position)：将目前缓冲区内的位置设置为 position。

（4）get_buffer()：将目前的译码缓冲区以字符串类型返回。

（5）done()：表示译码完毕，若数据未译码，则抛出例外。

（6）unpack_uint()：将一个 32 位的无正负号整数译码。

（7）unpack_int()：将一个 32 位的有正负号整数译码。

（8）unpack_enum()：将一个枚举对象译码。

（9）unpack_bool()：将一个布尔值译码。

（10）unpack_uhyper()：将一个 64 位的无正负号数值译码。

（11）unpack_hyper()：将一个 64 位的有正负号数值译码。

（12）unpack_float()：将一个单精度浮点数译码。

（13）unpack_double()：将一个双精度浮点数译码。

（14）unpack_fstring(n)：将一个长度为 n 的字符串译码。

（15）unpack_fopaque(n)：将一个固定长度的数据流译码，与 unpack_fstring()方法类似。

（16）unpack_string()：将一个变动长度的字符串译码。

（17）unpack_opaque()：将一个变动长度的数据流译码，与 unpack_string()方法类似。

（18）unpack_bytes()：将一个变动长度的字节流译码，与 unpack_string()方法类似。

（19）unpack_list(unpack_item)：将一个由 pack_list()方法编码的同型元素列表译码。其中，unpack_item 是译码个别项目的函数，每次译码一个元素，先译码一个无正负号整数的标志。如果标志为1，该元素就先译码；如果标志为 0，就表示列表的结尾。

（20）unpack_farray(n, unpack_item)：将一个固定长度的同型元素列表译码。其中，n 是列表长度，unpack_item 是译码个别项目的函数。

（21）unpack_array(unpack_item)：将一个变动长度的同型元素列表译码。其中，unpack_item 是译码个别项目的函数。

3. 两个异常

xdrlib 模块的两个例外被编码成类例变量：Error 和 ConversionError。

（1）Error：这是基本的例外类。Error 有一个公用数据成员 msg，包含对错误的描述。

（2）ConversionError：衍生自 Error 例外，包含额外例变量的变量。

下面的案例是如何捕获取 ConversionError，代码如下：

```
>>>import xdrlib
>>>p = xdrlib.Packer()
>>>try:
    p.pack_float("123")
 except xdrlib.ConversionError as ErrorObj:
    print ("Error while packing the data: ", ErrorObj.msg)

Error while packing the data:  required argument is not a float
```

下面的案例是将两个字符串与一个整数数据编码并译码，然后分别打印编码前、编码后，及译码后的数据值。

【例 14.6】编码和译码数据（源代码\ch14\14.3.py）。

```
import xdrlib

#编码数据
def packer(name, sex, age):

    #创建 Packer 类的例变量
    p = xdrlib.Packer()

    #将一个变动长度的字符串进行 XDR 编码
    p.pack_string(name)
    p.pack_string(sex)

    #将一个 32 位的无正负号整数进行 XDR 编码
    p.pack_uint(age)

    #将目前的编码缓冲区内容以字符串类型返回
```

```
    data = p.get_buffer()
    return data

#译码数据
def unpacker(packer):

    #创建 Unpacker 类的例变量
    p = xdrlib.Unpacker(packer)
    return p

#打印未编码前的数据
print ("The original values are: '张小明', '女', 24")

#编码数据
packedData = packer("Machael Jones".encode('utf-8'), "male".encode('utf-8'), 24)

#打印编码后的数据
print ("The packed data is: ", repr(packedData))

#打印译码后的数据
unpackedData = unpacker(packedData)
print ("The unpack values are: ")
print ((repr(unpackedData.unpack_string()), ", ", \
    repr(unpackedData.unpack_string()), ", ", \
    unpackedData.unpack_uint()))

#译码完毕
unpackedData.done()
```

执行结果如图 14-8 所示。

```
====================== RESTART: D:/python/ch14/14.3.py ======================
The original values are: '张小明', '女', 24
The packed data is:  b'\x00\x00\x00\rMachael Jones\x00\x00\x00\x00\x00\x04male\x00\x00\x00\x18'
The unpack values are:
("b'Machael Jones'", ', ', "b'male'", ', ', 24)
```

图 14-8　编码和译码

14.5　JSON 数据解析

微视频

JSON（JavaScript Object Notation）是一种轻量级的数据交换格式，其基于 ECMAScript 的一个子集。Python 中提供了 json 模块来对 JSON 数据进行编码和解码。json 模块中包含以下两个函数。

（1）json.dumps()：对数据进行编码。

（2）json.loads()：对数据进行解码。

下面的案例是学习如何将 Python 类型的数据编码为 JSON 数据类型。

【例 14.7】将 Python 类型的数据编码为 JSON 数据类型（源代码\ch14\14.4.py）。

```
import json

#Python 字典类型转换为 JSON 对象
```

```
data = {
    'id' : 1001,
    '名称' : '海尔洗衣机',
    '价格' : '3600 元'
}

json_str = json.dumps(data)
print ("Python 原始数据: ", repr(data))
print ("JSON 对象: ", json_str)
```

保存并运行程序，结果如图 14-9 所示。

```
===================== RESTART: D:/python/ch14/14.4.py =====================
Python 原始数据： {'id': 1001, '名称': '海尔洗衣机', '价格': '3600元'}
JSON 对象： {"id": 1001, "\u540d\u79f0": "\u6d77\u5c14\u6d17\u8863\u673a", "\u4ef7\u683c": "3600\u5143"}
```

图 14-9　例 14.7 的程序运行结果

下面的案例是学习如何将 JSON 数据类型解码为 Python 类型的数据。

【例 14.8】将 JSON 编码的字符串转换为一个 Python 数据结构（源代码\ch14\14.5.py）。

```
import json

#Python 字典类型转换为 JSON 对象
data1 = {
    'id' : 101,
    '名称' : '海尔洗衣机',
    '价格' : '3600 元'
}

json_str = json.dumps(data1)
print ("Python 原始数据: ", repr(data1))
print ("JSON 对象: ", json_str)

#将 JSON 对象转换为 Python 字典
data2 = json.loads(json_str)
print ("data2['名称']: ", data2['名称'])
print ("data2['价格']: ", data2['价格'])
```

保存并运行程序，结果如图 14-10 所示。

```
===================== RESTART: D:/python/ch14/14.5.py =====================
Python 原始数据： {'id': 101, '名称': '海尔洗衣机', '价格': '3600元'}
JSON 对象： {"id": 101, "\u540d\u79f0": "\u6d77\u5c14\u6d17\u8863\u673a", "\u4ef7\u683c": "3600\u5143"}
data2['名称']: 海尔洗衣机
data2['价格']: 3600元
```

图 14-10　例 14.8 的程序运行结果

上面两个案例处理的都是字符串，如果处理的是文件，就需要使用 json.dump() 和 json.load() 来编码和解码 JSON 数据。代码如下：

```
#写入 JSON 数据
with open('data.json', 'w') as f:
    json.dump(data, f)

#读取数据
with open('data.json', 'r') as f:
    data = json.load(f)
```

14.6　Python 解析 HTML

微视频

Python 语言使用 urllib 包抓取网页后，将抓取的数据交给 HTMLParser 进行解析，从而提取出需要的内容。Python 语言提供了一个比较简单的解析模块——HTMLParser 类，使用起来非常方便。

HTMLParser 类在使用时，一般是先继承它，然后重载其方法，以达到解析出数据的目的。HTMLParser 类的常用方法如下。

（1）handle_starttag(tag, attrs)：处理开始标签，如<div>。这里的 attrs 获取到的是属性列表，属性以元组的方式展示。

（2）handle_endtag(tag)：处理结束标签，如</div>。

（3）handle_startendtag(tag, attrs)：处理自己结束的标签，如<img />。

（4）handle_data(data)：处理数据，如标签之间的文本。

（5）handle_comment(data)：处理注释，如<!-- -->之间的文本。

下面的案例是解析 HTML 文件 14.1.html，并打印其内容。

【例 14.9】解析 HTML 文件（源代码\ch14\14.1.html 和\ch14\14.6.py）。

14.1.html 文件的内容如下：

```
<!DOCTYPE html>
<html >
<head>
<title>房屋装饰装修效果图</title>
</head>
<body>
<p> <img src="images/xiyatu.jpg" width="300" height="200"/> <img src="images/
stadshem.jpg" width="300" height="200"/><br />
西雅图原生态公寓室内设计 与 Stadshem 小户型公寓设计（带阁楼）</p>
<hr/>
<p> <img src="images/qingxinhuoli.jpg" width="300" height="200"/> <img src="images/
renwen.jpg" width="300" height="200"/><br />
清新活力家居与人文简约悠然家居</p>
<hr />
</body>
</html>
```

网页预览结果如图 14-11 所示。

14.6.py 文件的内容如下：

```
from html.parser import HTMLParser
class MyHTMLParser(HTMLParser):

    def handle_starttag(self, tag, attrs):
        """
        recognize start tag, like <div>
        :param tag:
        :param attrs:
        :return:
        """
        print("Encountered a start tag:", tag)

    def handle_endtag(self, tag):
        """
```

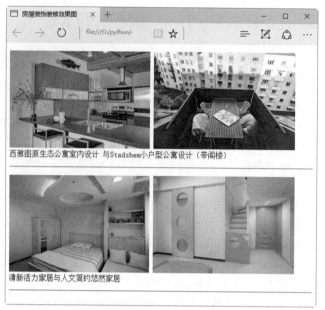

图 14-11　网页预览效果

```
        recognize end tag, like </div>
        :param tag:
        :return:
        """
        print("Encountered an end tag :", tag)


    def handle_data(self, data):
        """
        recognize data, html content string
        :param data:
        :return:
        """
        print("Encountered some data  :", data)


    def handle_startendtag(self, tag, attrs):
        """
        recognize tag that without endtag, like <img />
        :param tag:
        :param attrs:
        :return:
        """
        print("Encountered startendtag :", tag)


    def handle_comment(self,data):
        """

        :param data:
        :return:
        """
        print("Encountered comment :", data)


#打开 HTML 文件
```

```
path = "14.1.html"
filename = open(path)
data = filename.read()
filename.close()

#创建 MyHTMLParser 类的例变量
p = MyHTMLParser()
p.feed(data)
p.close()
```

保存并运行程序，解析内容如下：

```
Encountered some data  :

Encountered a start tag: html
Encountered some data  :

Encountered a start tag: head
Encountered some data  :

Encountered a start tag: title
Encountered some data  : 房屋装饰装修效果图
Encountered an end tag : title
Encountered some data  :

Encountered an end tag : head
Encountered some data  :

Encountered a start tag: body
Encountered some data  :

Encountered a start tag: p
Encountered some data  :
Encountered startendtag : img
Encountered some data  :
Encountered startendtag : img
Encountered startendtag : br
Encountered some data  :
西雅图原生态公寓室内设计与 Stadshem 小户型公寓设计（带阁楼）
Encountered an end tag : p
Encountered some data  :

Encountered startendtag : hr
Encountered some data  :

Encountered a start tag: p
Encountered some data  :
Encountered startendtag : img
Encountered some data  :
Encountered startendtag : img
Encountered startendtag : br
Encountered some data  :
清新活力家居与人文简约悠然家居
Encountered an end tag : p
Encountered some data  :
```

```
Encountered startendtag : hr
Encountered some data  :

Encountered an end tag : body
Encountered some data  :

Encountered an end tag : html
Encountered some data  :
```

解析 HTML 文件的技术主要是继承了 **HTMLParser** 类，然后重写了里面的一些方法，从而实现自己的需求。用户可以通过重写方法获得网页中指定的内容，例如：

（1）获取属性的函数为静态函数。直接定义在类中，返回属性名对应的属性。

```
def _attr(attrlist, attrname):
    for attr in attrlist:
        if attr[0] == attrname:
            return attr[1]
    return None
```

（2）获取所有 p 标签的文本，比较简单的方法是只修改 handle_data。

```
def handle_data(self, data):
    if self.lasttag == 'p':
        print("Encountered p data  :", data)
```

（3）获取 css 样式（class）为 p_font 的 p 标签的文本。

```
def __init__(self):
    HTMLParser.__init__(self)
    self.flag = False

def handle_starttag(self, tag, attrs):
    if tag == 'p' and _attr(attrs, 'class') == 'p_font':
        self.flag = True

def handle_data(self, data):
    if self.flag == True:
        print("Encountered p data  :", data)
```

（4）获取 p 标签的属性列表。

```
def handle_starttag(self, tag, attrs):
    if tag == 'p':
        print("Encountered p attrs  :", attrs)
```

（5）获取 p 标签的 class 属性。

```
def handle_starttag(self, tag, attrs):
    if tag == 'p' and _attr(attrs, 'class'):
        print("Encountered p class  :", _attr(attrs, 'class'))
```

（6）获取 div 下的 p 标签的文本。

```
def __init__(self):
    HTMLParser.__init__(self)
    self.in_div = False

def handle_starttag(self, tag, attrs):
    if tag == 'div':
```

```
        self.in_div = True

def handle_data(self, data):
    if self.in_div == True and self.lasttag == 'p':
```

下面的案例是提取网页中标题的属性值和内容。

【例 14.10】提取网页中标题的属性值和内容（源代码\ch14\14.2.html 和\ch14\14.7.py）。

14.2.html 文件的内容如下：

```
<!DOCTYPE html>
<html>
<title id='10124' mouse='古诗'>这里是标题的内容</title>
<body>锄禾日当午，汗滴禾下土</body>
</html>
```

预览结果如图 14-12 所示。

图 14-12 提取网页中标题的预览效果

14.7.py 文件的内容如下：

```python
from html.parser import HTMLParser
class MyClass(HTMLParser):
    a_t=False
    def handle_starttag(self, tag, attrs):
        #print("开始一个标签:",tag)
        print()
        if str(tag).startswith("title"):
            print(tag)
            self.a_t=True
            for attr in attrs:
                print("   属性值: ",attr)

    def handle_endtag(self, tag):
        if tag == "title":
            self.a_t=False
            #print("结束一个标签:",tag)

    def handle_data(self, data):
        if self.a_t is True:
            print("得到的数据: ",data)


#打开 HTML 文件
path = "D:\\python\\ch14\\14.2.html"
filename = open(path)
data = filename.read()
filename.close()

#创建 myClass 类的例变量
p = MyClass()
p.feed(data)
```

```
p.close()
```

保存并运行程序，结果如图 14-13 所示。

```
===================== RESTART: D:/python/ch14/14.7.py
title
    属性值：  ('id', '10124')
    属性值：  ('mouse', '古诗')
得到的数据：  这里是标题的内容
```

图 14-13　例 14.10 的程序运行结果

14.7　新手疑难问题解答

疑问 1：如何选择解析 XML 的方式？

解答：解析 XML 的常见方法包括 SAX 和 DOM。因为 DOM 需要将 XML 数据映射到内存中的树，所以解析进度比较慢且耗内存。虽然 SAX 流式读取 XML 文件比较快且占用内存少，但需要用户实现回调函数。用户可以根据这两个方法的特点选择适合自己解析 XML 的方式。

疑问 2：Python 可以读取 mailcap 文件吗？

解答：mailcap 文件用于提示邮件读取器与网站浏览器等应用程序。下面是一小段 mailcap 文件：

```
image/jpeg; imageviewer %s
application/zip; gzip %s
```

Pyhon 提供了 mailcap 模块来读取 mailcap 文件。

下面的案例是读取上述 mailcap 文件：

```
>>>import mailcap
>>>dict = mailcap.getcaps()
>>>command, entry = mailcap.findmatch(dict, "image/jpeg", filename="/temp/ demo")
>>>print (command)
imageviewer /temp/demo
>>>print (entry)
image/jpeg; imageviewer %s
```

mailcap 模块中的 getcaps() 函数读取 mailcap 文件，然后返回一个字典集。

14.8　实战训练

解题思路

实战 1：使用 SAX 解析 XML 文件。

编写一个 Python 文件，使用 SAX 解析 14.5.xml 文件，结果如图 14-14 所示。

14.5.xml 文件的内容如下：

```
<collection shelf="New Arrivals">
<goods title="冰箱">
  <type>fridge</type>
  <brand>海尔</brand >
  <year>2020 年</year>
  <price>5599 元</price>
  <description>该款冰箱是十字对开门、电脑温控、1 级能效的变频智能空调。</description>
```

```
</goods>
<goods title="美的冰箱">
  <type>fridge</type>
  <brand>美的</brand >
  <year>2019 年</year>
  <price>3099 元</price>
  <description>该款冰箱是多开门、电脑温控、2 级能效的变频智能空调。</description>
</goods>
</collection>
```

```
===================== RESTART: D:\python\ch14\14.8.py =============
*****GOODS*****
Title: 冰箱
Type: fridge
Brand: 海尔
Year: 2020年
Price: 5599元
Description: 该款冰箱是十字对开门、电脑温控、1级能效的变频智能空调。
*****GOODS*****
Title: 美的冰箱
Type: fridge
Brand: 美的
Year: 2019年
Price: 3099元
Description: 该款冰箱是多开门、电脑温控、2级能效的变频智能空调。
```

图 14-14　实战 1 的程序运行结果

实战 2：使用 DOM 解析 XML 文件。

编写一个 Python 文件，用 xml.dom.minidom 解析 XML 文件，这里解析 14.5.xml 文件，结果和图 14-14 一样。

实战 3：使用 HTMLParser 解析 HTML 文件。

编写一个 Python 文件，使用 HTMLParser 解析 14.6.html 文件，并且打印其内容。

14.6.html 文件的内容如下：

```
<!DOCTYPE html>
<html >
<head>
<title>狗和猫的介绍</title>
</head>
<body>
<p> <img src="dog1.jpg" width="300" height="200"/> <img src="dog2.jpg" width="300"
height="200"/><br />狗是由狼驯化而来的。早在狩猎采集时代，人们就已驯养狗为狩猎时的助手。因此，狗算
是人类最早驯养的家畜。</p>
<hr/>
<p> <img src="cat1.jpg" width="300" height="200"/> <img src="cat2.jpg" width="300"
height="200"/><br />猫是善于攀爬跳跃的动物，它体内各种器官的平衡功能比其他动物要完善，当它从高处跳
下来时，身体失去平衡，神经系统会迅速地指挥骨骼肌以最快的速度运动，将失去平衡的身体调整到正常的位置。</p>
<hr />
</body>
</html>
```

网面预览结果如图 14-15 所示。

解析内容如下：

```
Encountered some data :

Encountered a start tag: html
Encountered some data :

Encountered a start tag: head
```

狗是由狼驯化而来的。早在狩猎采集时代，人们就已驯养狗为狩猎时的助手。因此，狗算是人类最早驯养的家畜。

猫是善于攀爬跳跃的动物，它体内各种器官的平衡功能比其他动物要完善，当它从高处跳下来时，身体失去平衡，神经系统会迅速地指挥骨骼肌以最快的速度运动，将失去平衡的身体调整到正常的位置。

图 14-15　实战 3 的网页预览效果

```
Encountered some data :

Encountered a start tag: title
Encountered some data  : 狗和猫的介绍
Encountered an end tag : title
Encountered some data :

Encountered an end tag : head
Encountered some data :

Encountered a start tag: body
Encountered some data :

Encountered a start tag: p
Encountered some data :
Encountered startendtag : img
Encountered some data :
Encountered startendtag : img
Encountered startendtag : br
Encountered some data  : 狗是由狼驯化而来的。早在狩猎采集时代，人们就已驯养狗为狩猎时的助手。
因此，狗算是人类最早驯养的家畜。
Encountered an end tag : p
Encountered some data :

Encountered startendtag : hr
```

```
Encountered some data  :

Encountered a start tag: p
Encountered some data  :
Encountered startendtag : img
Encountered some data  :
Encountered startendtag : img
Encountered startendtag : br
Encountered some data  : 猫是善于攀爬跳跃的动物，它体内各种器官的平衡功能比其他动物要完善，当
它从高处跳下来时，身体失去平衡，神经系统会迅速地指挥骨骼肌以最快的速度运动，将失去平衡的身体调整到正常
的位置。
Encountered an end tag : p
Encountered some data  :

Encountered startendtag : hr
Encountered some data  :

Encountered an end tag : body
Encountered some data  :

Encountered an end tag : html
Encountered some data  :
```

第15章

Pygame 游戏项目——经典飞机大战

本章内容提要

在游戏开发中，最常用的模块是 Pygame 模块。该模块是跨平台的模块，包含了游戏设计中的图像、声音、输入等。使用 Pygame 模块可以简化游戏开发，因为所有的资源结构都可以有 Python 提供。本章重点学习 Pygame 模块的使用方法和技巧，最后通过一个经典飞机大战游戏的介绍来增加读者开发游戏的经验。

15.1　安装 Pygame

微视频

在使用 Pygame 模块之前，需要安装该模块。安装 Pygame 模块的命令如下：

```
pip install pygame
```

安装过程如图 15-1 所示。"Successfully installed pygame-1.9.6"信息表示 Pygame 模块已经安装成功。

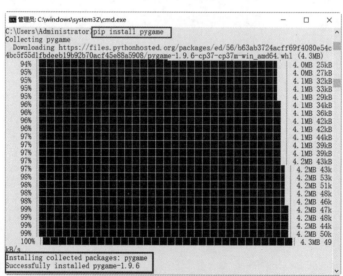

图 15-1　安装 Pygame 模块

☆**大牛提醒**☆

在安装 Pygame 的过程中，可能会提示连接服务器失败，这是由于网络不稳的问题，可以多运行几次即可解决。另外，如果提示 pip 的版本比较低，可以使用下面的命令升级 pip：

```
python -m pip install --upgrade pip
```

Pygame 模块安装完成后，可以使用以下命令检测其是否安装成功：

```
import pygame
pygame.ver
```

结果如图 15-2 所示，表示已经安装成功。

```
Python 3.7.3 Shell                                          —    □    ×
File  Edit  Shell  Debug  Options  Window  Help
Python 3.7.3 (v3.7.3:ef4ec6ed12, Mar 25 2019, 22:22:05) [MSC v.1916 64 bit
(AMD64)] on win32
Type "help", "copyright", "credits" or "license()" for more information.
>>> import pygame
pygame 1.9.6
Hello from the pygame community. https://www.pygame.org/contribute.html
>>> pygame.ver
'1.9.6'
>>>
                                                              Ln: 8 Col: 4
```

图 15-2　检查 Pygame 模块是否安装成功

15.2　使用 Pygame 模块

微视频

在使用 Pygame 模块之前，首先需要了解该模块集成了哪些与底层开发相关的模块。

（1）pygame.cdrom：访问光驱。

（2）pygame.cursors：加载光标。

（3）pygame.display：访问显示设备。

（4）pygame.draw：绘制形状、点和线。

（5）pygame.event：管理事件。

（6）pygame.font：使用字体。

（7）pygame.image：加载和存储图片。

（8）pygame.joystick：使用游戏手柄。

（9）pygame.key：读取键盘按键。

（10）pygame.mixer：使用声音。

（11）pygame.mouse：使用鼠标。

（12）pygame.movie：播放视频。

（13）pygame.music：播放音频。

（14）pygame.overlay：访问高级视频叠加。

（15）pygame.rect：管理矩形区域。

（16）pygame.sndarray：操作声音数据。

（17）pygame.sprite：操作移动图像。

（18）pygame.surface：管理图像和屏幕。

（19）pygame.surfarray：管理点阵图像数据。

（20）pygame.time：管理时间和帧信息。

（21）pygame.transform：缩放和移动图像。

下面通过一个简单的案例，来学习使用 Pygame 模块的方法和技巧。

新建一个 mygame.py 文件，输入以下代码：

```
import sys                          #导入 Sys 模块
import pygame                       #导入 Pygame 模块
pygame.init()                       #初始化 Pygame 模块
```

在调用 Pygeme 模块中的常量和函数之前，首先需要导入并初始化 Pygame 模块。在开发游戏画面之前，首先需要创建一个屏幕，调用 pygame.display 中的 set_mode 方法，然后向 set_mode() 传递包含屏幕窗口宽度和高度的元组。

例如，创建一个 800×600 像素的屏幕：

```
import sys                                  #导入 Sys 模块
import pygame                               #导入 Pygame 模块
pygame.init()                               #初始化 Pygame 模块
screen = pygame.display.set_mode((800,600)) #创建游戏的屏幕
```

运行上述代码，将会弹出一个窗口，然后当程序退出后又立即消失。这里就需要一个死循环才能保证游戏不断地运行下去。代码如下：

```
import sys                                  #导入 Sys 模块
import pygame                               #导入 Pygame 模块
pygame.init()                               #初始化 Pygame 模块
screen = pygame.display.set_mode((800,600)) #创建游戏的屏幕
#执行死循环，确保窗口一直存在
while True:
    #for 循环遍历事件队列
    for event in pygame.event.get():        #遍历所有事件
        if event.type == pygame.QUIT:       #如果单击关闭窗口，则退出
            sys.exit

pygame.quit()
```

运行上述代码，结果如图 15-3 所示。

图 15-3　游戏窗口

【例 15.1】小狗四处走动的游戏（源代码\ch15\mydog.py）。

这款游戏实现了一只四处走动的小狗，并且当移动到窗口左右边界时，会自动掉头后继续移动。

```
import sys                                          #导入 Sys 模块
import pygame                                       #导入 Pygame 模块
pygame.init()                                       #初始化 Pygame 模块

speed = [-2,2]
bg = (255,255,255)
screen = pygame.display.set_mode((500,300))         #创建游戏的屏幕
pygame.display.set_caption("四处走动的小狗")          #设置窗口的标题
turtle = pygame.image.load("dog.png")               #加载游戏中的小狗图片
position = turtle.get_rect()                         #获得图像的位置矩形

#执行死循环，确保窗口一直存在
while True:
    #for 循环遍历事件队列
    for event in pygame.event.get():                #遍历所有事件
        if event.type == pygame.QUIT:               #如果单击关闭窗口，则退出
            sys.exit
    position = position.move(speed)                 #移动图像
    if position.left<0 or position.right>500:
        turtle = pygame.transform.flip(turtle,True,False) #反转图片
        speed[0] = -speed[0]
    if position.top<0 or position.bottom>300:
        speed[1] = -speed[1]
    screen.fill(bg)                                 #填充白色背景
    screen.blit(turtle,position)                    #更新图像
    pygame.display.flip()                           #更新界面
    pygame.time.delay(15)                           #延迟 15ms

pygame.quit()
```

上述代码分析如下：

（1）pygame.image.load()方法用于加载图片，该方法支持各种格式的图片。图像加载以后，图片会转换为一个 Surface 对象返回。

（2）turtle.get_rect()方法用于获取该对象的矩形区域。

（3）position.move()方法用于移动该矩形区域，也就是修改该矩形的坐标。

（4）if 语句用于判断矩形区域是否位于窗口的边界，如果出界了，则要把移动的方向修改一下。

（5）pygame.transform.flip()方法用于反转图片，也就是实现了小狗掉头的效果。

（6）screen.fill(bg)和 screen.blit(turtle,position)方法用于填充白色背景和将小狗图片放到背景屏幕上。

（7）pygame.display.flip()方法用于刷新画面。Pygame 采用的双缓冲模式，该模式在内存中创建一个与屏幕绘图区域一致的对象，先将图形绘制到内存中的这个对象上，再一次性将这个对象上的图形复制到屏幕上，这种方法可以大大加快绘图的速度，也可以避免闪烁现象。调用 pygame.display.flip()方法就是将缓冲号的画面一次性刷新到显示器上。

（8）pygame.time.delay(15)方法用于将程序挂起 15 毫秒，这样小狗就不会发疯似的到处乱窜。

程序运行结果如图 15-4 所示。

图 15-4　游戏界面

15.3　飞机大战游戏分析

微视频

15.2 节讲述了一个简单的小游戏开发过程。本节将带领读者一同开发飞机大战游戏，通过该游戏读者可以综合掌握 Pygame 模块的使用方法。

飞机大战游戏的项目规划如图 15-5 所示。

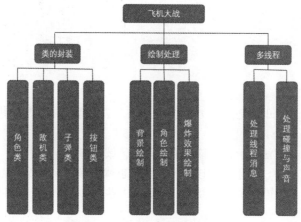

图 15-5　飞机大战游戏的项目规划

15.4　封装飞机大战游戏中的类

微视频

在具体开发飞机大战游戏之前，读者可以将游戏中的角色封装成类，这样将非常有利于后期的开发。

15.4.1　角色类

角色类是用于玩家进行操作的一个类，该类用于绘制角色，具有根据用户操作改变角色位置的功能，该类继承自 Pygame 中的精灵类。

角色类的具体代码如下：

```python
import pygame
from pygame.sprite import Sprite
#角色类，继承于精灵类
class Hero(Sprite):
    #创建角色对象
    #传入窗口宽高参数
    def __init__(self,winWidth,winHeight):
        #调用精灵父类方法
        super().__init__()
        #记录窗口宽高
        self.winWidth = winWidth
        self.winHeight = winHeight
        #加载角色喷火飞行图片的两帧
        #这里由于角色图片有透明区域，因此必须使用convert_alpha()来转换为表面对象
        self.mSurface1 = pygame.image.load("./images/me1.png").convert_alpha()
        self.mSurface2 = pygame.image.load("./images/me2.png").convert_alpha()
        #以第一幅图片为基准获取矩形对象
        self.rect = self.mSurface1.get_rect()
        #定义飞行速度
        self.speed = 10
        #计算角色出现的位置，此处使其出现的位置位于窗口偏底部的正中央
        #通过矩形的left和top确定矩形区域的位置
        self.rect.left = self.winWidth // 2 - self.rect.width // 2
        self.rect.top = self.winHeight - 50 - self.rect.height
        #从mSurface1生成非透明区域遮罩，用于做碰撞检测
        self.mask = pygame.mask.from_surface(self.mSurface1)
    #向左飞行
    def moveLeft(self):
        #只要矩形区域的左边缘没有越界，就持续更新精灵矩形的位置
        if self.rect.left > 0:
            self.rect.left -= self.speed
    #向右飞行：只要右侧没有越界就持续更新矩形位置
    def moveRight(self):
        if self.rect.right < self.winWidth:
            self.rect.left += self.speed
    #向上飞行：只要矩形顶部没有越界就持续更新矩形的位置
    def moveUp(self):
        if self.rect.top > 0:
            self.rect.top -= self.speed
    #向下飞行：只要矩形底部没有越界就持续更新矩形的位置
    def moveDown(self):
        if self.rect.bottom < self.winHeight:
            self.rect.bottom += self.speed
    #按指定向量移动矩形位置
    def move(self,dx,dy):
        self.rect.left += dx
        self.rect.top += dy
```

15.4.2　敌机类

　　敌机类同样继承自精灵类，该类只做机械性操作。该类相对比较简单，只做了简单的绘制与移动。需要注意的是，敌机出现的位置和数量都是随机的。

　　敌机类的具体代码如下：

```python
import random
import pygame
from pygame.sprite import Sprite
#敌机类
class SmallEnemy(Sprite):
    #构造方法：确定颜值、确定初始位置、引擎功率
    def __init__(self, winWidth, winHeight):
        Sprite.__init__(self)
        self.winWidth = winWidth
        self.winHeight = winHeight
        #外形
        self.mSurface = pygame.image.load("./images/enemy1.png").convert_alpha()
        #爆炸
        self.dSurface1 = pygame.image.load("./images/enemy1_down1.png").convert_alpha()
        self.dSurface2 = pygame.image.load("./images/enemy1_down2.png").convert_alpha()
        self.dSurface3 = pygame.image.load("./images/enemy1_down3.png").convert_alpha()
        self.dSurface4 = pygame.image.load("./images/enemy1_down4.png").convert_alpha()
        self.dList = [self.dSurface1, self.dSurface2, self.dSurface3, self.dSurface4]
        self.dIndex = 0
        #确定敌机位置
        self.rect = self.mSurface.get_rect()
        self.reset()
        #敌机飞行速度
        self.speed = 5
        #添加碰撞检测遮罩
        self.mask = pygame.mask.from_surface(self.mSurface)
    #重置敌机位置和生命
    def reset(self):
        self.rect.left = random.randint(0, self.winWidth - self.rect.width)
        self.rect.top = 0 - random.randint(0, 1000)
        self.isAlive = True
        self.dIndex = 0
    #机械地向下飞行
    def move(self):
        if self.rect.top < self.winHeight:
            self.rect.bottom += self.speed
        else:
            self.isAlive = False
            self.reset()
    #fCount=当前第几帧
    def destroy(self, fCount, winSurface, dSound):
        winSurface.blit(self.dList[self.dIndex], self.rect)
        if fCount % 3 == 0:
            #切下一副面孔
            self.dIndex += 1
        if self.dIndex == 4:
            dSound.play()
```

```
        self.reset()
```

15.4.3　子弹类

　　子弹类由角色发起同时也继承自精灵类，从屏幕的底部向屏幕的顶部移动，如果与敌机碰撞可以销毁敌机，同时子弹销毁。

　　子弹类的具体代码如下：

```
class Bullet(Sprite):
    #构造方法：外观、位置、速度
    #position = 机头位置
    def __init__(self):
        super().__init__()
        #外观
        self.mSurface = pygame.image.load("./images/bullet1.png").convert_alpha()
        self.rect = self.mSurface.get_rect()
        #将子弹的顶部中央对齐机头位置
        #self.reset(position)
        self.isAlive = False
        #子弹速度
        self.speed = 15
        #添加碰撞检测遮罩
        self.mask = pygame.mask.from_surface(self.mSurface)
    #重置子弹位置和生命
    def reset(self, position):
        self.rect.left = position[0] - self.rect.width // 2
        self.rect.bottom = position[1]
        self.isAlive = True
    #飞行方法
    def move(self):
        if self.rect.bottom > 0:
            self.rect.top -= self.speed
        else:
            self.isAlive = False
```

15.4.4　按钮类

　　按钮类用于控制游戏的暂停与开始。该类实质是控制线程的暂停与启动，同时根据按钮的不同状态绘制相应的图片。

　　按钮类的具体代码如下：

```
    import pygame
    from pygame.sprite import Sprite
    class PauseButton(Sprite):
        def __init__(self,winWidth,winHeight,paused):
            super().__init__()
            self.winWidth = winWidth
            self.winHeight = winHeight
            self.paused = paused
            #外观
            self.sPauseNor =
pygame.image.load("./images/pause_nor.png").convert_alpha()
            self.sPausePressed =
```

```
pygame.image.load("./images/pause_pressed.png").convert_alpha()
        self.sResumeNor = pygame.image.load("./images/resume_nor.png").convert_
alpha()
        self.sResumePressed = pygame.image.load("./images/resume_pressed.png").
convert_alpha()
        self.currentSurface = self.sPauseNor
        self.rect = self.sPauseNor.get_rect()
        #位置
        self.rect.right = self.winWidth - 10
        self.rect.top = 10
    def onBtnClick(self, paused):
        self.paused = paused
        if self.paused:
            self.currentSurface = self.sResumeNor
            #print("sResumeNor")
        else:
            self.currentSurface = self.sPauseNor
            #print("sPauseNor")
    def onBtnHover(self):
        #print("onBtnHover")
        if self.paused:
            self.currentSurface = self.sResumePressed
            #print("sResumePressed")
        else:
            self.currentSurface = self.sPausePressed
            #print("sPausePressed")
    def onBtnOut(self):
        #print("onBtnOut")
        if self.paused:
            self.currentSurface = self.sResumeNor
            #print("sResumeNor")
        else:
            self.currentSurface = self.sPauseNor
            #print("sPauseNor")
```

15.5 飞机大战游戏的具体开发步骤

微视频

游戏中的类封装完成后，即可开始具体开发飞机大战游戏。

15.5.1 绘制界面

作为第一步骤，绘制界面前首先要确定窗体的大小，然后再绘制背景图片。由于游戏的背景具有动画效果，因此将其放置于线程中进行绘制。

界面背景绘制具体代码如下：

```
import pygame
import sys
#全局初始化
pygame.init()
resolution = width,height = 480,700          #设置窗口的大小
windowSurface = pygame.display.set_mode(resolution)
```

```
pygame.display.set_caption("飞机大战")   #设置标题
#加载背景图
bgSurface = pygame.image.load("./images/background.png").convert()
#创建时钟对象
clock = pygame.time.Clock()
if __name__ == '__main__':
    #开启消息循环
    while True:
        #处理用户输入
        for event in pygame.event.get():
            #处理退出事件
            if event.type == pygame.QUIT:
                pygame.quit()
                sys.exit()
        #将背景图像绘制于窗口上面
        windowSurface.blit(bgSurface, (0, 0))
        #绘制结束，刷新界面
        pygame.display.flip()
        #时钟停留一帧的时长为 60ms
        clock.tick(60)
```

15.5.2　消息处理事件

通过不同消息处理事件，控制不同的线程进行数据同步操作。例如，背景动画效果、鼠标键盘操作、角色移动等。

具体代码如下：

```
import pygame
import sys
#全局初始化
pygame.init()
#设置窗口大小和标题
resolution = width, height = 480, 700
windowSurface = pygame.display.set_mode(resolution)   #设置分辨率并得到全局的绘图表面
pygame.display.set_caption("飞机大战")
#加载背景图
bgSurface = pygame.image.load("./images/background.png").convert()
#创建时钟对象
clock = pygame.time.Clock()
if __name__ == '__main__':
    #开启消息循环
    while True:
        #处理用户事件
        for event in pygame.event.get():
            print(event.type)
            #处理退出事件
            if event.type == pygame.QUIT:
                pygame.quit()
                sys.exit()
            #感应和处理鼠标事件
            #在鼠标按下、抬起、移动时打印事件发生的位置
            if event.type == pygame.MOUSEBUTTONDOWN:
```

```
                print("MOUSEBUTTONDOWN @ ", event.pos)
        if event.type == pygame.MOUSEBUTTONUP:
                print("MOUSEBUTTONUP @ ", event.pos)
        if event.type == pygame.MOUSEMOTION:
                print("MOUSEMOTION @ ", event.pos)
                pass
    #处理键盘事件
    #这种键盘监听方式用于一次性地处理键盘按下，例如开炮等
    if event.type == pygame.KEYDOWN:
            #按下空格时输出开炮
            if event.key == pygame.K_SPACE:
                print("开炮!")
            #按下左方向键时输出"左"
            if event.key == pygame.K_LEFT:
                print("左")
    #检测当前帧按下的按钮有哪些
    #返回的是一堆布尔值形成的元组，每一个元素的下标对应的是按键 keycode
    #(0,0,1,1,0,…)代表当前帧中 2 号键和 3 号键同时被按下
    #这种键盘监听方式用于持续地处理键盘按下事件，例如持续飞行
    bools = pygame.key.get_pressed()
    print(bools)
    if bools[pygame.K_UP] == 1:
        print("上")
    if bools[pygame.K_DOWN] == 1:
        print("下")
    if bools[pygame.K_LEFT] == 1:
        print("左")
    if bools[pygame.K_RIGHT] == 1:
        print("右")
    #绘制背景
    windowSurface.blit(bgSurface, (0, 0))
    #刷新界面
    pygame.display.flip()
    #时钟停留一帧的时长
    clock.tick(60)
    pass
```

15.5.3　角色绘制与操控

角色绘制主要涉及角色飞机的动态效果，通过多张图片交替绘制来实现。
具体代码如下：

```
import pygame
import sys
from Hero import Hero
#全局初始化
pygame.init()
#设置窗口大小和标题
resolution = width, height = 480, 700
windowSurface = pygame.display.set_mode(resolution)    #设置分辨率并得到全局的绘图表面
pygame.display.set_caption("飞机大战")
#加载背景图
```

```python
bgSurface = pygame.image.load("./images/background.png").convert()
#创建时钟对象
clock = pygame.time.Clock()
if __name__ == '__main__':
    #创建角色例
    hero = Hero(width,height)
    #记录帧序号
    count = 0
    #开启消息循环
    while True:
        count += 1
        #处理用户输入
        for event in pygame.event.get():
            #处理退出事件
            if event.type == pygame.QUIT:
                pygame.quit()
                sys.exit()
            #感应和处理鼠标事件
            if event.type == pygame.MOUSEBUTTONDOWN:
                print("MOUSEBUTTONDOWN @ ", event.pos)
            if event.type == pygame.MOUSEBUTTONUP:
                print("MOUSEBUTTONUP @ ", event.pos)
            if event.type == pygame.MOUSEMOTION:
                #print("MOUSEMOTION @ ", event.pos)
                pass
            #处理键盘事件
            if event.type == pygame.KEYDOWN:
                if event.key == pygame.K_SPACE:
                    print("开炮!")
        #检测当前按下的按钮有哪些
        bools = pygame.key.get_pressed()
        #print(bools)
        if bools[pygame.K_UP] or bools[pygame.K_w]:
            hero.moveUp()
        if bools[pygame.K_DOWN] or bools[pygame.K_s]:
            hero.moveDown()
        if bools[pygame.K_LEFT] or bools[pygame.K_a]:
            hero.moveLeft()
        if bools[pygame.K_RIGHT] or bools[pygame.K_d]:
            hero.moveRight()
        #绘制背景
        windowSurface.blit(bgSurface, (0, 0))
        #绘制飞机
        if count % 3 == 0:
            windowSurface.blit(hero.mSurface1, hero.rect)
        else:
            windowSurface.blit(hero.mSurface2, hero.rect)
        #刷新界面
        pygame.display.flip()
        #时钟停留一帧的时长
        clock.tick(60)
        pass
```

15.5.4　处理声音

处理声音包括背景音效、子弹发出的声音、敌机被击中时爆炸的声音。这里重点需要考虑如何引入声音的效果。

具体代码如下：

```python
import pygame
import sys
from Hero import Hero
#全局初始化
pygame.init()
#初始化混音器
pygame.mixer.init()
#设置窗口大小和标题
#加载背景音乐
pygame.mixer.music.load("./sound/game_music.ogg")
#设置背景音乐音量
pygame.mixer.music.set_volume(0.4)
#持续地播放背景音乐
pygame.mixer.music.play(-1)
#加载炸弹音效，得到Sound对象
bombSound = pygame.mixer.Sound("./sound/use_bomb.wav")
#创建时钟对象
clock = pygame.time.Clock()
if __name__ == '__main__':
    #创建角色例
    hero = Hero(width, height)
    count = 0
    #开启消息循环
    while True:
        count += 1
        print(count)
            #处理键盘事件
            if event.type == pygame.KEYDOWN:
                if event.key == pygame.K_SPACE:
                    print("开炮!")
                    #开炮时播放音效
                    bombSound.play()
```

15.5.5　僚机处理

僚机的作用主要是用于预判。例如，飞机与敌机碰撞，或者敌机和子弹碰撞，可以通过拷贝当前角色至预判位置，如果发生碰撞，则进行相应的处理。

具体代码如下：

```python
import pygame
import sys
from Hero import Hero
#全局初始化
pygame.init()
pygame.mixer.init()
#设置窗口大小和标题
```

```
resolution = width, height = 480, 700
windowSurface = pygame.display.set_mode(resolution)
pygame.display.set_caption("飞机大战")
#加载背景图
bgSurface = pygame.image.load("./images/background.png").convert()
#加载背景音乐
pygame.mixer.music.load("./sound/game_music.ogg")
pygame.mixer.music.play(-1)
pygame.mixer.music.set_volume(0.4)
bombSound = pygame.mixer.Sound("./sound/use_bomb.wav")
#加载字体
textFont = pygame.font.Font("./font/font.ttf",30)
#创建时钟对象
clock = pygame.time.Clock()
if __name__ == '__main__':
    #创建角色例
    hero = Hero(width, height)
    #创建僚机
    wingman = Hero(width, height)#僚机
    wingman.move(100,50)
    #建立待碰撞检测的精灵 Group
    #将僚机加入待碰撞检测的列表
    mGroup = pygame.sprite.Group()
    mGroup.add(wingman)
    count = 0
    #开启消息循环
    while True:
        count += 1
        #处理用户输入
        for event in pygame.event.get():
            #处理退出事件
            if event.type == pygame.QUIT:
                pygame.quit()
                sys.exit()
            #感应和处理鼠标事件
            if event.type == pygame.MOUSEBUTTONDOWN:
                print("MOUSEBUTTONDOWN @ ", event.pos)
                if hero.rect.collidepoint(event.pos):
                    print("别摸我")
            if event.type == pygame.MOUSEBUTTONUP:
                print("MOUSEBUTTONUP @ ", event.pos)
            if event.type == pygame.MOUSEMOTION:
                #print("MOUSEMOTION @ ", event.pos)
                pass
            #处理键盘事件
            if event.type == pygame.KEYDOWN:
        #检测当前按下的按钮有哪些
        bools = pygame.key.get_pressed()
        #print(bools)
        #绘制背景
        windowSurface.blit(bgSurface, (0, 0))
        #绘制飞机
        if count % 3 == 0:
```

```
        windowSurface.blit(hero.mSurface1, hero.rect)
    else:
        windowSurface.blit(hero.mSurface2, hero.rect)
    #绘制傻机
    windowSurface.blit(wingman.mSurface1,wingman.rect)
    #True = 抗锯齿
    #(255,255,255) = 使用白色绘制
    #返回值 textSurface = 返回要绘制的文字表面
    textSurface = textFont.render("Score:00000",True,(255,255,255))
    #绘制文字在(10,10)位置
    windowSurface.blit(textSurface,(10,10))
    #精灵碰撞检测
    #这里如果角色和傻机发生碰撞，控制台会有输出"你碰到我了"
    hitSpriteList = pygame.sprite.spritecollide(hero,mGroup,False,pygame.sprite.
collide_mask)
    if len(hitSpriteList) > 0:
        print("你碰到我了")
        #bombSound.play()
    #刷新界面
    pygame.display.flip()
    #时钟停留一帧的时长
    clock.tick(60)
    pass
```

15.5.6 动态显示得分

通过绘制文本，可以动态地显示游戏中的得分。这里需要将获取的文本转换成图片，然后在屏幕上绘制出来。

具体代码如下：

```
import pygame
import sys
from Hero import Hero
#全局初始化
pygame.init()
pygame.mixer.init()
#设置窗口大小和标题
resolution = width, height = 480, 700
windowSurface = pygame.display.set_mode(resolution)  #设置分辨率并得到全局的绘图表面
pygame.display.set_caption("飞机大战")
#加载背景图
bgSurface = pygame.image.load("./images/background.png").convert()
#加载背景音乐
#加载字体
textFont = pygame.font.Font("./font/font.ttf",30)
#创建时钟对象
clock = pygame.time.Clock()
if __name__ == '__main__':
    #创建角色例
    hero = Hero(width, height)
    wingman = Hero(width, height)#傻机
    wingman.move(100,50)
```

```
#建立待碰撞检测的精灵 Group
mGroup = pygame.sprite.Group()
mGroup.add(wingman)
count = 0
#开启消息循环
while True:
    count += 1
#处理用户输入
    for event in pygame.event.get():
        #处理退出事件
        #感应和处理鼠标事件
        #处理键盘事件
        if event.type == pygame.KEYDOWN:
            if event.key == pygame.K_SPACE:
                print("开炮!")
                bombSound.play()
    #检测当前按下的按钮有哪些
    bools = pygame.key.get_pressed()
    #print(bools)
    #绘制背景
    windowSurface.blit(bgSurface, (0, 0))
    #绘制飞机
    if count % 3 == 0:
        windowSurface.blit(hero.mSurface1, hero.rect)
    else:
        windowSurface.blit(hero.mSurface2, hero.rect)
    #绘制僚机
    windowSurface.blit(wingman.mSurface1,wingman.rect)
    #True = 抗锯齿
    #(255,255,255) = 使用白色绘制
    #返回值 textSurface = 返回要绘制的文字表面
    textSurface = textFont.render("Score:00000",True,(255,255,255))
    #绘制文字在(10,10)位置
    windowSurface.blit(textSurface,(10,10))
    #精灵碰撞检测
    hitSpriteList = pygame.sprite.spritecollide(hero,mGroup,False,pygame.sprite.
collide_mask)
        if len(hitSpriteList) > 0:
            print("你碰到我了")
            #bombSound.play()
```

15.5.7　增加敌机

游戏中要不停地随机增加敌机，而且敌机的位置也要是随机的。不过需要注意的是，新增的敌机数量应该有所限制。

具体代码如下：

```
if __name__ == '__main__':
    #创建角色例
    hero = Hero(width, height)
    #创建敌机 Group
    seGroup = pygame.sprite.Group()
    for i in range(ENEMY_NUM):
```

```
            se = SmallEnemy(width, height)
            seGroup.add(se)
    count = 0
    #开启消息循环
    while True:
        #绘制角色
        if count % 3 == 0:
            windowSurface.blit(hero.mSurface1, hero.rect)
        else:
            windowSurface.blit(hero.mSurface2, hero.rect)
        #绘制敌机
        for se in seGroup:
            windowSurface.blit(se.mSurface, se.rect)
            #每一帧都让敌机飞行 5km
            se.move()
        #绘制文字
        textSurface = textFont.render("Score:00000", True, (255, 255, 255))
```

15.5.8　射击处理

角色的机头部分发出子弹，子弹向屏幕上方移动，如果碰到敌机，将会爆炸。
具体代码如下：

```
if __name__ == '__main__':
    #创建角色例
    hero = Hero(width, height)
    #创建敌机 Group
    seGroup = pygame.sprite.Group()
    for i in range(ENEMY_NUM):
        se = SmallEnemy(width, height)
        seGroup.add(se)
    #创建子弹
    bList = []
    bIndex = 0
    for i in range(BULLET_NUM):
        b = Bullet()
        bList.append(b)
    count = 0
    #开启消息循环
    while True:
        count += 1
        #处理用户输入
        for event in pygame.event.get():
        #绘制背景
        windowSurface.blit(bgSurface, (0, 0))
        #绘制角色
        if count % 3 == 0:
            windowSurface.blit(hero.mSurface1, hero.rect)
        else:
            windowSurface.blit(hero.mSurface2, hero.rect)
        #绘制敌机
        for se in seGroup:
            windowSurface.blit(se.mSurface, se.rect)
            #每一帧都让敌机飞行 5km
```

```
            se.move()
        #每 10 帧在机头射出一颗子弹
        if count % 10 == 0:
            b = bList[bIndex]                           #取出一颗子弹
            b.reset(hero.rect.midtop)                   #立即装载到当前机头位置
            #windowSurface.blit(b.mSurface, b.rect)     #绘制子弹
            bulletSound.play()                          #呼啸声
            bIndex = (bIndex + 1) % BULLET_NUM          #序号递增
        #每帧都让子弹飞起来
        for b in bList:
            if b.isAlive:
                windowSurface.blit(b.mSurface, b.rect)  #绘制子弹
                b.move()
```

15.5.9　爆炸效果

当敌机被子弹击中后应产生爆炸效果。这里重点需要处理两个地方，绘制爆炸效果和发生碰撞后的音效。

具体代码如下：

```
if __name__ == '__main__':
    #创建角色例
    hero = Hero(width, height)
    #创建敌机 Group
    seGroup = pygame.sprite.Group()
    for i in range(ENEMY_NUM):
        se = SmallEnemy(width, height)
        seGroup.add(se)
    #创建子弹
    bList = []
    bIndex = 0
    for i in range(BULLET_NUM):
        b = Bullet()
        bList.append(b)
    count = 0
    #开启消息循环
    while True:
        count += 1
        #绘制背景
        windowSurface.blit(bgSurface, (0, 0))
        #绘制角色
        if count % 3 == 0:
            windowSurface.blit(hero.mSurface1, hero.rect)
        else:
            windowSurface.blit(hero.mSurface2, hero.rect)
        #绘制敌机
        for se in seGroup:
            if se.isAlive:
                windowSurface.blit(se.mSurface, se.rect)
                #每一帧都让敌机飞行 5km
                se.move()
            else:
                se.destroy(count, windowSurface, bombSound)
```

```
#每10帧在机头射出一颗子弹
if count % 10 == 0:
    b = bList[bIndex]                              #取出一颗子弹
    b.reset(hero.rect.midtop)                      #立即装载到"当前"机头位置
    #windowSurface.blit(b.mSurface, b.rect)        #画子弹
    bulletSound.play()                             #呼啸声
    bIndex = (bIndex + 1) % BULLET_NUM             #序号递增
#每帧都让子弹飞
for b in bList:
    if b.isAlive:
        windowSurface.blit(b.mSurface, b.rect)  #画子弹
        b.move()
#绘制文字
textSurface = textFont.render("Score:000", True, (255, 255, 255))
windowSurface.blit(textSurface, (10, 10))
#子弹-敌机碰撞检测
for b in bList:
    if b.isAlive:
        hitEnemyList = pygame.sprite.spritecollide(b, seGroup, False, pygame.
sprite.collide_mask)
        if len(hitEnemyList) > 0:
            b.isAlive = False
            for se in hitEnemyList:
                se.isAlive = False
```

15.5.10　处理游戏分数

当有敌机被击中后，根据游戏规则进行累计加分，将最终分数绘制到分数区域，实现动态加分效果。

具体代码如下：

```
#绘制文字
textSurface = textFont.render("Score:%d" % (score), True, (255, 255, 255))
windowSurface.blit(textSurface, (10, 10))
#精灵碰撞检测
for b in bList:
    if b.isAlive:
        hitEnemyList = pygame.sprite.spritecollide(b, seGroup, False, pygame.
sprite.collide_mask)
        if len(hitEnemyList) > 0:
            b.isAlive = False
            for se in hitEnemyList:
                se.isAlive = False
                score += 100  #击毁一架敌机加100分
#刷新界面
```

15.5.11　游戏最终逻辑实现

通过以上具体开发步骤，最终完成这款飞机大战游戏的设置。下面的代码是整体游戏的逻辑代码，其中包括了界面绘制、角色、敌机、子弹绘制，以及按钮被单击后游戏暂停与开始。

具体代码如下：

```python
import pygame
import sys
from Bullet import Bullet
from Button import PauseButton
from Enemy import SmallEnemy
from Hero import Hero
#全局初始化
pygame.init()
pygame.mixer.init()
#设置窗口大小和标题
resolution = width, height = 480, 700
windowSurface = pygame.display.set_mode(resolution)
pygame.display.set_caption("飞机大战")
#加载背景图
bgSurface = pygame.image.load("./images/background.png").convert()
#加载背景音乐
pygame.mixer.music.load("./sound/game_music.ogg")
pygame.mixer.music.play(-1)
pygame.mixer.music.set_volume(0.4)
#加载音效
bombSound = pygame.mixer.Sound("./sound/use_bomb.wav")
bulletSound = pygame.mixer.Sound("./sound/bullet.wav")
#加载字体
textFont = pygame.font.Font("./font/font.ttf", 30)
#创建时钟对象
clock = pygame.time.Clock()
#系统常量
ENEMY_NUM = 10
BULLET_NUM = 10
#业务变量
score = 0   #统计得分
paused = False
if __name__ == '__main__':
    #创建角色例
    hero = Hero(width, height)
    #创建敌机 Group
    seGroup = pygame.sprite.Group()
    for i in range(ENEMY_NUM):
        se = SmallEnemy(width, height)
        seGroup.add(se)
    #创建子弹
    bList = []
    bIndex = 0
    for i in range(BULLET_NUM):
        b = Bullet()
        bList.append(b)
    #创建暂停按钮
    pauseBtn = PauseButton(width,height,paused)
    count = 0
    #开启消息循环
    while True:
        #处理用户输入
        for event in pygame.event.get():
```

```python
            #处理退出事件
        if event.type == pygame.QUIT:
            pygame.quit()
            sys.exit()
        #感应和处理鼠标事件
        if event.type == pygame.MOUSEBUTTONDOWN:
            #print("MOUSEBUTTONDOWN @ ", event.pos)
            if hero.rect.collidepoint(event.pos):
                print("别摸我")
        if event.type == pygame.MOUSEBUTTONUP:
            print("MOUSEBUTTONUP @ ", event.pos)
            if pauseBtn.rect.collidepoint(event.pos):
                paused = not paused
                pauseBtn.onBtnClick(paused)
        if event.type == pygame.MOUSEMOTION:
            #print("MOUSEMOTION @ ", event.pos)
            if pauseBtn.rect.collidepoint(event.pos):
                pauseBtn.onBtnHover()
            else:
                pauseBtn.onBtnOut()
        #处理键盘事件
        if event.type == pygame.KEYDOWN:
            if event.key == pygame.K_SPACE and not paused:
                print("开炮!")
                #把窗口内的敌人全杀死
                for se in seGroup:
                    if se.rect.bottom > 0:
                        se.isAlive = False
                        score += 100
    #绘制背景
    windowSurface.blit(bgSurface, (0, 0))
    if paused == False:
        pygame.mixer.music.unpause()
        count += 1
        #检测当前按下的按钮有哪些
        bools = pygame.key.get_pressed()
        #print(bools)
        if bools[pygame.K_w]:
            hero.moveUp()
        if bools[pygame.K_s]:
            hero.moveDown()
        if bools[pygame.K_a]:
            hero.moveLeft()
        if bools[pygame.K_d]:
            hero.moveRight()
        #每10帧在机头射出一颗子弹
        if count % 10 == 0:
            b = bList[bIndex]                              #取出一颗子弹
            b.reset(hero.rect.midtop)                      #立即装载到"当前"机头位置
            #windowSurface.blit(b.mSurface, b.rect)        #画子弹
            bulletSound.play()                            #呼啸声
            bIndex = (bIndex + 1) % BULLET_NUM            #序号递增
        #精灵碰撞检测
```

```
                for b in bList:
                    if b.isAlive:
                        hitEnemyList = pygame.sprite.spritecollide(b, seGroup, False, pygame.
sprite.collide_mask)
                        if len(hitEnemyList) > 0:
                            b.isAlive = False
                            for se in hitEnemyList:
                                se.isAlive = False
                                score += 100   #击毁一架敌机加100分
            else:
                pygame.mixer.music.pause()
            #绘制角色
            if count % 3 == 0:
                windowSurface.blit(hero.mSurface1, hero.rect)
            else:
                windowSurface.blit(hero.mSurface2, hero.rect)
            #绘制敌机
            for se in seGroup:
                if se.isAlive:
                    windowSurface.blit(se.mSurface, se.rect)
                    #每一帧都让敌机飞行5km
                    if not paused:
                        se.move()
                else:
                    se.destroy(count, windowSurface, bombSound)
            #每帧都让子弹飞
            for b in bList:
                if b.isAlive:
                    windowSurface.blit(b.mSurface, b.rect)   #画子弹
                    if not paused:
                        b.move()
            #绘制文字
            textSurface = textFont.render("Score:%d" % (score), True, (255, 255, 255))
            windowSurface.blit(textSurface, (10, 10))
            #绘制按钮
            windowSurface.blit(pauseBtn.currentSurface, pauseBtn.rect)
            #刷新界面
            pygame.display.flip()
            #时钟停留一帧的时长
            clock.tick(60)
```

15.6　游戏效果演示

微视频

　　打开本项目中的 PauseResume.py 文件，进入游戏的主界面，按 W、S、A、D 键分别控制飞机向前、向后、向左和向右运动，击中敌机后将会累计加分，如图 15-6 所示。

　　按空格键，实现开炮效果，屏幕中的敌机同时被消灭掉，如图 15-7 所示。按右上角上的暂停键可以暂停游戏。

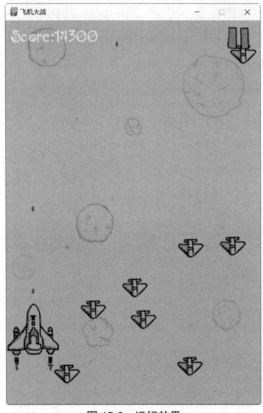

图 15-6　运行效果

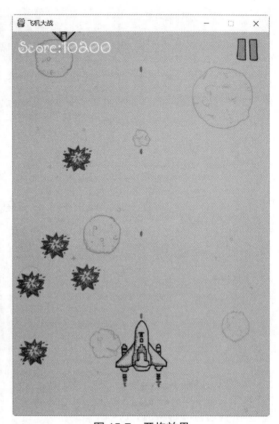

图 15-7　开炮效果

第16章

网络爬虫项目——豆瓣图书爬虫和检索

🕐 **本章内容提要**

随着大数据时代的来临，网络信息量也变得更多更大，网络爬虫在互联网中的需求也越来越明显。前面章节中曾讲述过 Python 解析 HTML 文件的方法，其实这也是网络爬虫的一种应用。本章将详细介绍 Python 语言实现网络爬虫的过程和常见的网络爬虫框架，最后通过一个实战项目来学习网络爬虫的方法和技巧。

16.1　什么是网络爬虫

微视频

网络爬虫简称爬虫，可以将其理解为在网络上爬行的一组蜘蛛，如果把互联网比作一张大网，爬虫就是在这张网上爬来爬去的蜘蛛。如果爬虫遇到资源，就会抓取下来。至于抓取什么内容，由用户控制。

例如，爬虫抓取一个网页，在这个网页中发现了一条道路，即指向其他网页的超链接，它就可以爬到另一个网页上获取数据。这样，整个连在一起的大网对这只蜘蛛来说触手可及。

一个网络爬虫的基本工作流程如下：

（1）获取需要爬虫的网页的初始 URL 地址。

（2）爬取页面获取新的 URL 地址。

（3）将获取的新的 URL 地址放入 URL 队列中。

（4）依此读取对立中的 URL 地址，然后下载对应的网页。

（5）设置停止条件，如果没有设置停止条件，爬虫会一直爬取下去，直到无法获取新的 URL 地址位置。

（6）解析网页中的内容，然后抽取需要的数据。

☆**大牛提醒**☆

URL 即统一资源定位符，也就是常说的网址。统一资源定位符是对可以从互联网上得到资源位置和访问方法的一种简洁表示，是互联网上标准资源的地址。互联网上的每个文件都有一个唯一的 URL，其包含的信息指出文件的位置及浏览器应该怎么处理。由于爬虫爬取数据时必须有一个目标的 URL 才可以获取数据，因此它是爬虫获取数据的基本依据，准确理解它的含义对爬虫学习有很大帮助。

在用户浏览网页的过程中，可能会发现许多好看的图片。例如，输入百度的图片网址：

http://image.baidu.com/，会看到几张图片及百度搜索框，其实这个过程就是用户输入网址之后，经过 DNS 服务器找到服务器主机，并向服务器发出一个请求，服务器经过解析发送给用户的浏览器 HTML、JS、CSS 等文件，将浏览器解析出来，用户便可以看到形形色色的图片。因此，用户看到的网页实质是由 HTML 代码构成的，爬虫爬下来的便是这些内容，通过分析和过滤这些 HTML 代码，实现对图片、文字等资源的获取。

16.2 网络爬虫的常用技术

微视频

本节将学习网络爬虫中常用的技术。

16.2.1 网络请求技术

获取 URL 地址和下载网页是网络爬虫中的两个最重要的功能。实现这两个功能有两种常见的方式，包括 urllib 和 requests。

1. urllib 模块

urllib 模块内置在 Python 中，该模块可以处理客户端的请求和服务器端的响应，还可以解析 URL 地址。该模块中最常用的子模块包括 request 模块和 parse 模块。

（1）request 模块

request 模块是使用 socket 读取网络数据的接口，支持 HTTP、FTP 及 gopher 等连接。

要读取一个网页文件，可以使用 urlopen()方法。其语法如下：

```
urllib.request.urlopen(url [, data])
```

其中，参数 url 是一个 URL 字符串；参数 data 用来指定一个 GET 请求。

urlopen()方法返回一个 stream 对象，可以使用 file 对象的方法来操作此 stream 对象。

例如，要爬取 http://image.baidu.com/中的数据，代码如下：

```
from urllib import request
htmlpage = urllib.request.urlopen("http://image.baidu.com/")
content=htmlpage.read().decode('utf-8')
print(content)
```

urlopen()方法返回的 stream 对象有两个属性，即 url 与 headers。url 属性是设置的 URL 字符串值；headers 属性是一个字典集，包含网页的表头。

下面的案例是将读取 http://www.python.org 主页的内容。

```
import urllib.request
response = urllib.request.urlopen("http://www.python.org")
html = response.read()
```

也可以使用以下代码实现上述功能：

```
import urllib.request
req = urllib.request.Request("http://www.python.org")
response = urllib.request.urlopen(req)
the_page = response.read()
```

下面的案例是将 http://www.python.org 网页存储到本机的 16.1.html 文件中。

【例 16.1】使用 urlopen()方法抓取网页文件（源代码\ch16\16.1.py）。

```
import urllib.request
#打开网页文件
htmlhandler = urllib.request.urlopen("http://www.python.org")

#在本机上创建一个新文件
file = open("D:\\python\\ch16\\16.1.html", "wb")

#将网页文件存储到本机文件上，每次读取 512 个字节
while 1:
    data = htmlhandler.read(512)
    if not data:
        break
    file.write(data)

#关闭本机文件
file.close()
#关闭网页文件
htmlhandler.close()
```

保存并运行程序，即可将 http://www.python.org 网页存储到本机的 16.1.html 文件中。

（2）parse 模块

parse 模块解析 URL 字符串并返回一个元组：(addressing scheme, netword location, path, parameters, query, fragment identifier)。parse 模块可以将 URL 分解成数个部分，并能组合回来，还可以将相对地址转换为绝对地址。

2. requests 模块

requests 模块也可以爬取网络数据。requests 模块是 Python 语言基于 urllib 模块编写的，采用的是 Apache2 Licensed 开源协议的 HTTP 模块。使用 requests 会比 urllib 模块更加方便，可以节约大量的工作。requests 模块属于第三方模块，该模块需要下载并安装后才能使用。下面讲述该模块的安装方法。

安装 requests 模块的命令如下：

```
pip install requests
```

安装过程如图 16-1 所示。如出现 Successfully installed ⋯⋯信息，表示 requests 模块已经安装成功。

☆**大牛提醒**☆

在安装的过程中，可能会提示连接服务器失败，这是由于网络不稳定造成的，可以多运行几次即可解决。另外如果提示 pip 的版本比较低，可以使用下面的命令升级 pip：

```
python -m pip install --upgrade pip
```

requests 模块安装完成后，可以使用以下命令进行检测是否安装成功：

```
import requests
```

如果没有提示错误，那说明已经安装成功了，如图 16-2 所示。

以 get 请求方式，发送 HTTP 网络请求，代码如下：

```
import requests                                #导入 requests 模块
response = requests.get('http://image.baidu.com/')
print(response.status_code)                    #打印状态码
print(response.url)                            #打印请求 url
print(response.headers)                        #打印头部信息
print(response.cookies)                        #打印 cookies 信息
```

```
print(response.text)          #以文本形式打印网页源码
print(response.content)       #以字节流形式打印网页源码
```

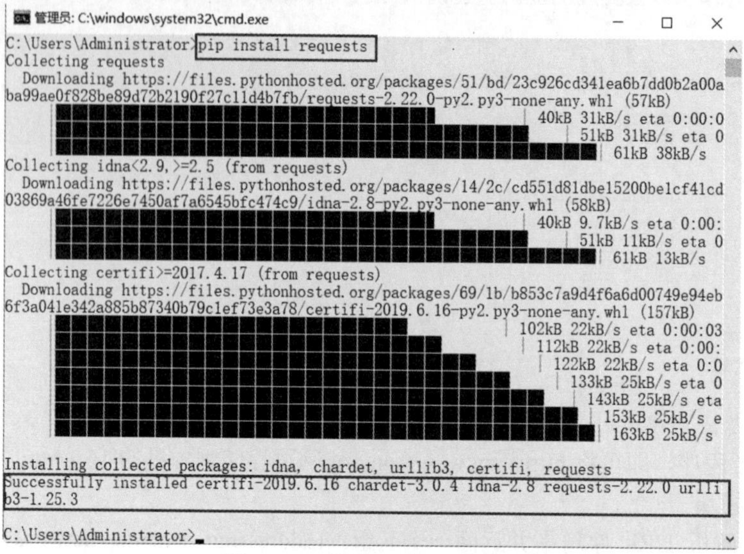

图 16-1　安装 requests 模块

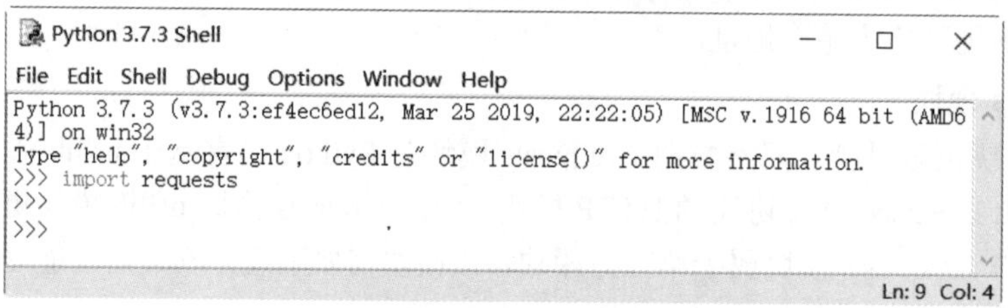

图 16-2　加载 requests 模块

requests 模块请求数据最常用的方式有两种，包括 get 方式和 post 方式，下面通过案例来学习。

以 post 请求方式，发送 HTTP 网络请求，代码如下：

```
import requests                #导入 requests 模块
dt = {'pic': 'dog'}            #表单参数
response = requests.post('http://image.baidu.com/post', data=dt)
print(response.content)       #以字节流形式打印网页源码
```

如果请求的 URL 地址中参数是跟在"？"后面，例如"http://image.baidu.com/get? key=val"，可以使用关键字 params 参数来解决，以一个字符串字典来提供这些参数。例如，传递"key1=dog"和"key2=cat"到"http://image.baidu.com/get"，代码如下：

```
import requests                #导入 requests 模块
dt = {'pic': 'dog'}            #表单参数
response = requests.get('http://image.baidu.com/post', data=dt)
print(response.content)       #以字节流形式打印网页源码
```

16.2.2　请求 headers 处理

如果请求网页内容时，提示 403 错误，说明该网页设置反爬虫，从而拒绝了用户的访问。

解决这个问题的方法，就是模拟浏览器的头部信息进行访问，网站服务器就会认为是浏览器的正常访问，从而跳过反爬虫设置的障碍。

请求头部 headers 的处理方法如下：

通过浏览器的网络监视器查看头部信息。通过火狐浏览器打开网址 https://image.baidu.com/，然后按下 Ctrl+Shift+E 组合键，即可打开网络监控器。按 F5 键刷新当前页面，网络监控器将显示请求的数据信息，如图 16-3 所示。

图 16-3　网络监控器

选中第一条 get 信息，即可查看对应的信息头。这里需要复制该头部信息，如图 16-4 所示。

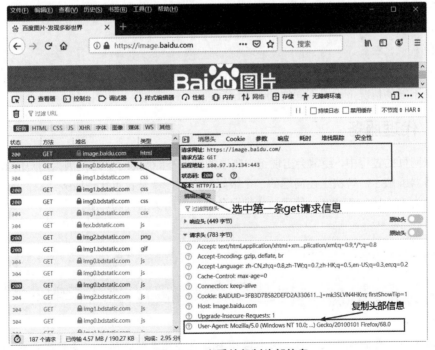

图 16-4　查看并复制头部信息

要爬取 https://image.baidu.com/地址，就可以通过创建 headers 头部信息，然后再发送等待相应，最后打印网页，代码如下：

```
import requests                              #导入 requests 模块
url= 'http://image.baidu.com/'              #创建需要爬取的网址
#创建头部信息
headers = {' User-Agent': 'Mozilla/5.0 (Windows NT 10.0; Win64; x64; rv:68.0)
Gecko/20100101 Firefox/68.0}
response = requests.get(url,headers=headers)   #发送网络请求
print(response.content)                     #以字节流形式打印网页源码
```

16.2.3　网络超时问题

如果访问一个网页长时间没有登录进去，系统就会判断该网页超时，此时无法打开该网页。下面通过代码来模拟一个网络超时的现象，代码如下：

```
import requests                              #导入 requests 模块
#循环发送请求 5 次
for n in range(0,5):
    try:
        #设置超时为 1 秒
        response = requests.get()
        response = requests.post('http://image.baidu.com/post',timeout=1)
        print(response.url)                 #打印请求 url
    except Exception as e:                  #捕获异常
        print('异常是: '+str(e))            #打印异常信息
```

执行结果如下：

```
异常是: get() missing 1 required positional argument: 'url'
异常是: get() missing 1 required positional argument: 'url'
异常是: get() missing 1 required positional argument: 'url'
异常是: get() missing 1 required positional argument: 'url'
异常是: get() missing 1 required positional argument: 'url'
```

从结果可以看出，当 1s 内服务器没有做出相应命令则视为超时。根据以上模拟测试结果，可以确认在不同的情况下设置不同的 timeout 值。

16.2.4　代理服务

在爬取网页的过程中，经常会出现正常爬取的网页不能爬取了，这是因为用户的 IP 被爬取网站的服务器屏蔽了。解决上述问题的一个很好的方法，就是设置代理服务器。例如，代理服务器的地址为 144.164.177:806。使用该代理服务器爬取网页的代码如下：

```
import requests                              #导入 requests 模块
py = {'http': '144.164.177: 806',
'https': '144.164.177: 8080'}               #设置代理 ip 与对应的端口号
#对需要爬取的网页发送请求
response = requests.get('http://image.baidu.com/post', proxies=py)
print(response.content)                     #以字节流形式打印网页源码
```

☆**大牛提醒**☆

网上有很多免费的代理服务器。但是其 IP 地址是不固定的，所以需要经常更新。

16.3　豆瓣读书爬虫项目分析

微视频

随着网络的迅速发展，万维网成为大量信息的载体，毫无疑问，目前已经进入大数据时代。而如果要进行数据分析，首先得有数据源，而且是有针对的数据源。通过爬虫技术，可以获取到更多的准确数据源，并且这些数据源可以一定的规则进行采集，去掉很多无关数据。

用 Python 写一个爬虫是很容易的，一只简单的爬虫只需要几分钟就能实现。因为 Python 有关爬虫的第三方模块非常完善，尤其可以把爬虫和机器学习、自然语言分析、数据可视化无缝衔接起来，非常方便。

本案例通过写一个爬虫抓取豆瓣读书的网页并解析图书信息，然后给定检索词，返回包含该词的图书。

通过该案例的学习，强化读者对 Python 基础知识的理解，通过亲身体验一个爬虫的实现过程，可以加深对搜索引擎爬虫的工作原理的理解，从而更好地进行搜索引擎优化，也为学习其他爬虫方法打下基础。

该项目运行过程如图 16-5 所示。

图 16-5　项目运行过程

DoubanCrawler.py 为本案例的核心文件，其功能是实现爬取数据，主要思路如下：
（1）读取指定的网页，采用 requests 模块的 get()方法。
（2）解析网页，获得所需要的内容，采用 beautifulsoup 模块的方法。
（3）查看网页源代码，找到要爬取数据所在的标签，抓取该标签，并生成该标签的 url。
（4）根据（3）得到的 url，找到需要爬取的数据所在的标签，抓取其内容，组成一个列表。
（5）输出（4）的结果，也就是最终需要爬取的内容。

16.4　环境配置

微视频

本书在第 1 章已经讲述了 Python 环境的配置方法，这里就不再重述。唯一不同的是，豆瓣读书爬虫项目的运行需要 2 个模块，包括 beautifulsoup 模块和 requests 模块。

16.4.1　下载并安装模块文件

1. beautifulsoup 模块

beautifulsoup 模块是一个可以从 HTML 或 XML 文件中提取数据的 Python 模块，简单来说，它能将 HTML 的标签文件解析成树形结构，方便获取到指定标签的对应属性。beautifulsoup 模块不需要编写正则表达式就可以很方便地实现网页信息的提取，既灵活又高效，是非常受欢迎的网页解析模块。

beautifulsoup 模块的下载地址是 https://pypi.org/project/beautifulsoup4/，目前，beautifulsoup 模块的最新版本是 4.8.0，如图 16-6 所示。

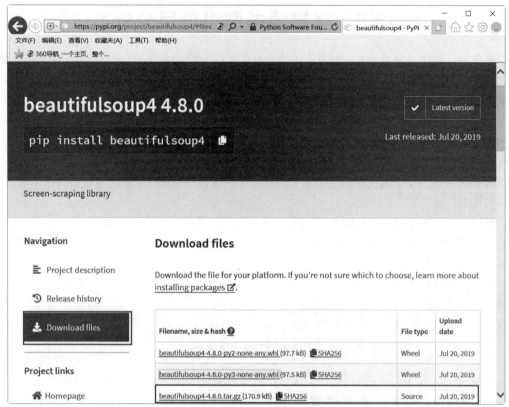

图 16-6　beautifulsoup 模块的下载界面

　　将下载的 beautifulsoup4-4.8.0.tar.gz 压缩文件解压，即可发现有一个 setup.py 安装文件，如图 16-7 所示。

图 16-7　解压文件

安装时，以管理员的身份运行"命令提示符"，进入文件解压的目录，然后执行下面的命令即可自动安装 beautifulsoup 模块：

```
python setup.py install
```

安装过程如图 16-8 所示。

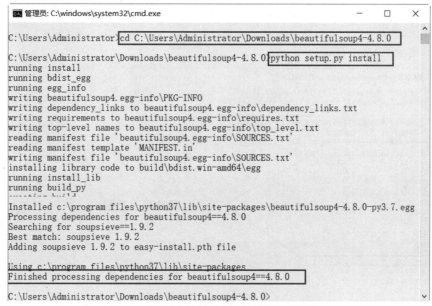

图 16-8　安装 beautifulsoup 模块

除了以上安装模块文件的方法外，用户还可以在线安装 beautifulsoup 模块，方法比较简单。同样也以管理员的身份运行"命令提示符"，执行在线安装 beautifulsoup 模块的命令：

```
python -m pip install beautifulsoup4
```

开始自动下载并安装 beautifulsoup 模块，执行过程如图 16-9 所示。

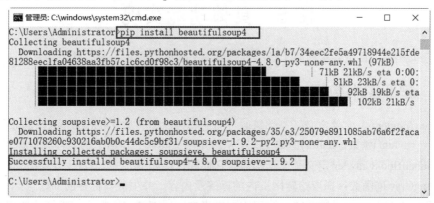

图 16-9　在线安装 beautifulsoup 模块

2. requests 模块

requests 模块是简单易用的 HTTP 模块，使用起来要比 urllib 模块简洁许多。用户可以使用 pip 命令安装 requests 模块，方法比较简单。以管理员的身份运行"命令提示符"，执行 pip 安装命令：

```
pip install requests
```

16.4.2　检查模块文件是否安装成功

16.4.1 节两个模块文件安装完成后，用户需要检查一下是否安装成功。

以管理员的身份运行"命令提示符"，检查当前安装了哪些模块，命令如下：

```
python -m pip list
```

检查结果如图 16-10 所示。

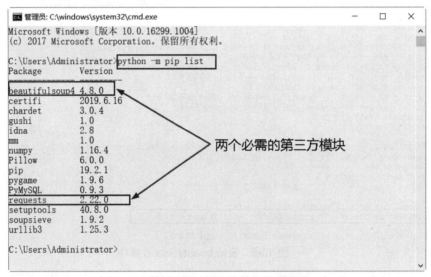

图 16-10　检查当前安装的模块

从检查结果可以看出，beautifulsoup 模块和 requests 模块已全部安装成功。

16.5　具体功能实现

微视频

豆瓣读书爬虫项目主要实现两个功能：爬取图书数据和检索图书信息。

16.5.1　爬取图书数据

DoubanCrawler.py 文件定义了一个抓取页面的爬虫的类（类 DoubanBookCrawler）和一个执行函数——main()函数。main()函数定义了从给定网页爬取书籍信息的运行流程和逻辑。

类 DoubanBookCrawler 定义了 3 个函数，它们的作用如下。

（1）TagCrawl()函数：抓取给定网页内的标签及内容，并生成该标签的 url。

（2）BookInfoParser()函数：根据给定的网页来抽取每本书的数据，并将这些数据组成一个列表。

（3）Crawling()函数：根据不同标签生成的 url，对每个标签下面的图书列表进行抓取。

DoubanCrawler.py 文件的具体代码如下：

```
import requests
import time
```

```python
import re
import random
from bs4 import BeautifulSoup

class DoubanBookCrawler:
    """抓取豆瓣读书页面的爬虫"""
    def __init__(self, url):
        self.rooturl = url
        self.tagurls = []
        self.bookinfo_list = []

    def TagCrawl(self):
        html = requests.get(self.rooturl)

        soup = BeautifulSoup(html.text)    #利用 BeautifulSoup 解析网页信息
        tags = soup.select("#content > div > div.article > div > div > table > tbody
> tr > td > a")
        #利用 BeautifulSoup 查找网页源代码中包含 tag 的内容
        for tag in tags:
            tag = tag.get_text()    #将列表中的每一个标签信息提取出来
            preurl = "https://www.douban.com/tag/"
                                    #基于豆瓣网址规则，利用检测到的 tag 生成要抓取的页面
            url = preurl + str(tag) + "/book"
            self.tagurls.append(url)
        #return tagurls

    def BookInfoParser(self, url):
        info_list = []
        html = requests.get(url)    #根据给的 url 来抽取每本书中的信息
        bsoup = BeautifulSoup(html.text.encode("utf-8"))#, "lxml")
        list_soup = bsoup.find('div', {'class': 'mod book-list'})

        for book_info in list_soup.findAll('dd'):
            title = book_info.find('a', {'class':'title'}).string.strip()
            desc = book_info.find('div', {'class':'desc'}).string.strip()
            desc_list = desc.split('/')
            book_url = book_info.find('a', {'class':'title'}).get('href')

            try:
                authors = '作者/译者: ' + '/'.join(desc_list[0:-3])
            except:
                authors ='作者/译者: 暂无'
            try:
                publication = '出版信息: ' + '/'.join(desc_list[-3:])
            except:
                publication = '出版信息: 暂无'
            try:
                rating = book_info.find('span', {'class':'rating_nums'}).string.
strip()
            except:
                rating='0.0'

            info_list.append((title,rating,authors,publication,book_url))
```

```
        return info_list

    def Crawling(self, n):
        #根据不同 tag 生成的 url，对每个 tag 下面的图书列表进行抓取
        #值得注意的是，对于每个 tag，我们这里只抓取第一页的图书信息
        #如果需要抓取剩下页的信息，只需要根据豆瓣 url 的格式生成新的 url 即可
        for url in self.tagurls[:n]:
            infolist = self.BookInfoParser(url)
            self.bookinfo_list += infolist
            time.sleep(2)


def main():
#豆瓣读书保存 tag 的入口 url
    url="https://book.douban.com/tag/?icn=index-nav"
    crawler = DoubanBookCrawler(url)
    crawler.TagCrawl()
    crawler.Crawling(2)
    for u in crawler.bookinfo_list:
        print(u)
```

16.5.2　检索图书信息

BookSearch.py 文件实现了图书检索功能。该文件定义了一个检索函数——SearchBookByTitle()函数。该函数首先调用 DoubanCrawler.py 文件中的 DoubanBookCrawler(url)函数，实现豆瓣读书网页的图书信息的抓取，然后是一个循环，将符合条件的标题组成一个不重复的无序数组，最后程序执行时将检索结果输出。

DoubanCrawler.py 文件的具体代码如下：

```
#!/usr/bin/python
#-*- coding: utf-8 -*-

import DoubanCrawler

def SearchBookByTitle(query):
    """抓取豆瓣读书的图书信息
    并且基于给定的检索词
    返回包含该检索词的图书"""
    url="https://book.douban.com/tag/?icn=index-nav"
    crawler = DoubanCrawler.DoubanBookCrawler(url)
    crawler.TagCrawl()
    crawler.Crawling(4)
    books = set(crawler.bookinfo_list)

    results = set()
    for book in books:
        (title,rating,authors,publication,book_url) = book
        #print(title)
        if title.find(query) >= 0:
            results.add(title)
    return results

if __name__ == '__main__':
```

```
query = input("请输入查询词：")
results = SearchBookByTitle(query)
print("检索结果为：")
for item in results:
    print(item.encode('utf-8').decode('utf-8'))
```

16.6　项目测试

微视频

在编辑器中写好以上模块内容后保存。下面将测试豆瓣读书爬虫项目。运行本示例的
BookSearch.py 文件，提示输入查询的关键词，结果如图 16-11 所示。

```
================== RESTART: D:\python\ch16\BookSearch.py
请输入查询词：
```

图 16-11　运行项目

输入查询的关键词"百年"，按 Enter 键确认，结果如图 16-12 所示。

```
================== RESTART: D:\python\ch16\BookSearch.py
请输入查询词：百年

检索结果为：
百年孤独
```

图 16-12　查询结果

第17章

大数据分析项目——绘制电视剧人物关系图

本章内容提要

目前，大数据分析的应用非常广泛。处理大数据的算法有很多种，其中社区发现算法是经常使用的一种，该算法的特点是简单、好理解、运算速度快，适用于处理大规模数据。本章将学习如何使用 Python 语言实现社区发现算法分析，并将结果生成可视化的图。

17.1　项目分析

微视频

社区发现作为网络科学的经典问题之一，长期受到研究者的广泛关注。本项目通过社区发现算法对电视剧《权力的游戏》中的人物关系网络进行分析，找出各个角色的重要程度及其所在的社区集团，并通过指定两个角色，计算出两者联系的最短距离，最后将分析结果采用图表的形式表现出来。下面开始学习什么是社区发现算法。

通过本项目的学习，强化读者对 Python 基础知识的理解，加深对社区发现及其算法的理解，熟练掌握一些辅助的第三方库，以便更好地实现编程目的。

本项目的运行过程如图 17-1 所示。

图 17-1　项目的运行过程

本项目的具体思路如下：

（1）对要分析的文本进行预处理，得到一个由处理过的词组成的文档。

（2）利用 gensim 将载入的文本文件构造成词-词频（term-frequency）矩阵。

（3）将 term-frequency 矩阵作为输入，利用 LDA 进行话题分析。

（4）利用词云工具 Word Cloud 为每个话题生成词云。

17.2　配置环境

微视频

除了 Python 的基本环境外，还需要安装一些必需的第三方模块，即 pandas 模块、networkx 模块和 matplotlib 模块。

下面讲述这 3 个模块的下载与安装方法。

1. pandas 模块

pandas 模块提供高性能、易用数据类型和分析工具。用户可以使用 pip 命令安装 pandas 模块，方法比较简单。操作时，用户以管理员的身份运行"命令提示符"，执行 pip 安装命令：

```
pip install pandas
```

机器开始自动下载并安装 pandas 模块，执行过程如图 17-2 所示。

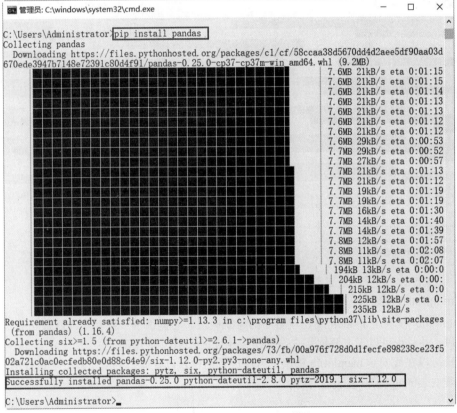

图 17-2　安装 pandas 模块

2. networkx 模块

networkx 是一个用 Python 语言开发的图论与复杂网络建模工具，内置了常用的图与复杂网络分析算法，可以方便地进行复杂网络数据分析、仿真建模等工作。networkx 模块支持创建简单无向图、有向图和多重图（multigraph）；内置许多标准的图论算法，节点可为任意数据；支持任意的边值维度，功能丰富，简单易用。

用户可以使用 pip 命令安装 networkx 模块，方法比较简单。以管理员的身份运行"命令提示符"，执行 pip 安装命令：

```
pip install networkx
```

开始自动下载并安装 networkx 模块，执行过程如图 17-3 所示。

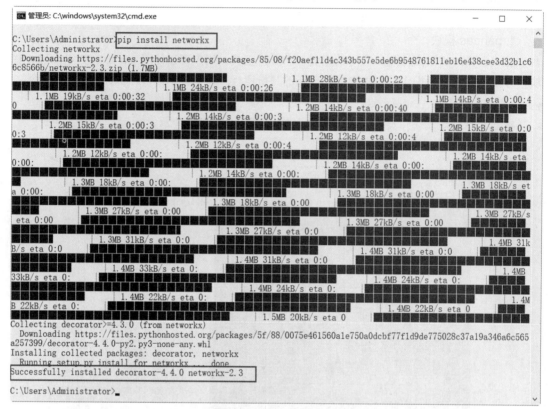

图 17-3　安装 networkx 模块

3. matplotlib 模块

matplotlib 模块是 Python 中比较著名的绘图模块，它提供了一整套十分适合交互式制图的命令 API，并且也可以很方便地将它作为绘图控件嵌入 GUI 应用程序中。

用户可以在线安装 matplotlib 模块，方法比较简单。以管理员的身份运行"命令提示符"，执行在线安装 matplotlib 模块的命令：

```
python -m pip install matplotlib
```

开始自动下载并安装 matplotlib 模块，执行过程如图 17-4 所示。

上面 3 个模块文件安装完成后，用户需要检查一下是否安装成功。

以管理员的身份运行"命令提示符"，检查当前安装了哪些模块，命令如下：

```
python -m pip list
```

检查结果如图 17-5 所示。

从结果可以看出，matplotlib 模块、networkx 模块和 pandas 模块已全部安装成功。

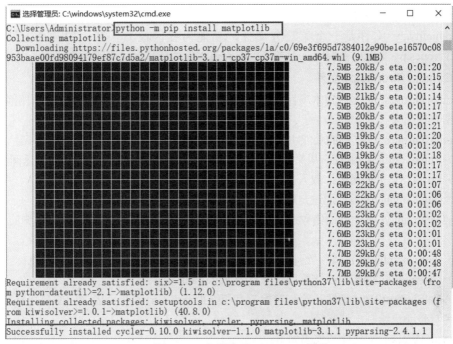

图 17-4　在线安装 matplotlib 模块

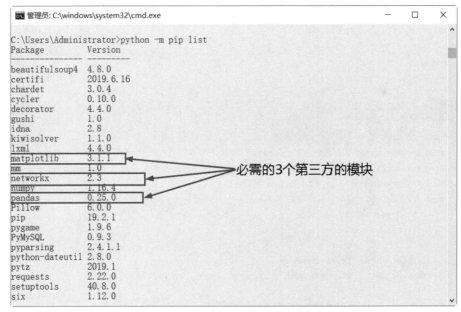

图 17-5　检查当前安装了哪些模块

17.3　具体功能实现

微视频

本项目有两个程序文件，即 community.py 文件和 GameofThrones.py 文件，它们的具体作用如下：

1. community.py 文件

community.py 文件是一个第三方文件，功能为社区检测，其中的几个方法将会在 GameofThrones.py 文件中被调用。读者可以查看该文件的代码，这里不再重述。

2. GameofThrones.py 文件

GameofThrones.py 文件为本项目的程序文件，主要功能是对文件进行分析，找出存在的社区并用图表现出来。

GameofThrones.py 文件的功能主要有以下 7 个函数来实现：

（1）RemoveEdges()函数：从原始图形中删除具有最大中介中心性的边，然后返回子图。

（2）LoadCSVFile()函数：载入文件，返回指定数据的边列表。

（3）LoadGraph()函数：通过定边列表，生成图。

（4）CommunityDetection()函数：通过社区发现算法分析数据。这里采用的是经典的 Louvain 算法。

（5）PlotCommunity()函数：绘制出社区结构，不同社区的节点使用不同的颜色标识。

（6）CalPageRank()函数：计算每个节点的 PageRank 值。

（7）CalShortestPath()函数：绘制起始节点和终止节点，计算出两者之间的最短路径，同时在图中用特殊颜色绘制出该路径。

GameofThrones.py 文件的代码如下：

```python
import networkx as nx
import pandas as pd
import matplotlib.pyplot as plt
import sys
#import pylab
import copy
import community


#从原始图形中删除具有最大中介中心性的边后返回子图
def RemoveEdges(G):
    remove = [] #保存具有最大 betweenness 值的节点，这些节点会在下一步中被移除
    b = nx.edge_betweenness_centrality(G) #计算图中所有节点的 betweenness 值
    max_betweenness = b[max(b,key=b.get)]
    for k,v in b.items():
        if v==max_betweenness:
            remove.append(k)

    G.remove_edges_from(remove)
    graphs = list(nx.connected_component_subgraphs(G))

    d={}
    counter = 0
    for graph in graphs:
        counter+=1
        for node in graph:
            d[node]=counter

    if G.number_of_edges() == 0:
        return [list(nx.connected_component_subgraphs(G)),0,G]
```

```python
        modularity = community.modularity(d,G)  #计算图的modularity值
        return [list(nx.connected_component_subgraphs(G)),modularity,G]


def LoadCSVFile(filename, header=None):
    '''
    载入《权力的游戏》人物关系图CSV文件
    '''
    df = pd.read_csv(filename, header)
    fromlist = df['Source']
    tolist = df['Target']
    edgelist = []
    for i in range(len(fromlist)):
        edgelist.append((fromlist[i], tolist[i]))
    return edgelist


def LoadGraph(edgelist):
    '''
    给定边列表，生成图
    '''
    G = nx.Graph()
    G.add_edges_from(edgelist)
    return G


def CommunityDetection(G):
    '''
    社区发现算法
    这里实现的是经典的Louvain算法
    '''
    communities=[]
    copyGraph = copy.deepcopy(G)
    partition = {}
    for node in G:
        partition[node] = 0

    initial_modularity = community.modularity(partition, G)
    communities.append([partition, initial_modularity, G])

    while G.number_of_edges()>0:
        subgraphs = RemoveEdges(G)
        communities.append(subgraphs)
        G = subgraphs[-1]

    for comm in communities:
        if comm[1] > initial_modularity:
            prevComm = comm[0]
            result = []
            modularity = comm[1]
```

```
                for graph in comm[0]:
                    result.append(sorted([vertex for vertex in graph]))

        return (copyGraph, prevComm)


    def PlotCommunity(G, prevComm):
        '''
        绘制出社区结构，属于不同社区的节点使用不同的颜色标识
        '''
        d={};counter=0

        for graph in prevComm:
            for node in graph:
                d[node] = counter
            counter += 1

        pos=nx.spring_layout(G)
        colors = ["violet","orange","cyan","red","blue","green","yellow","indigo",
"pink","black"]
        for i in range(len(prevComm)):
            graph = prevComm[i]
            nlist = [node for node in graph]

        nx.draw_networkx_nodes(G,pos,nodelist=nlist,node_color=colors[i%10],node_siz
e=200,alpha=0.8)

        nx.draw_networkx_edges(G,pos)
        nx.draw_networkx_labels(G,pos,font_size=7)
        plt.axis('off')
        plt.show()


    def CalPageRank(G, alpha=0.85):
        '''
        计算每个节点的 PageRank 值
        '''
        pr = nx.pagerank(G, alpha)
        #print(pr)
        return pr


    def CalShortestPath(G, source, target):
        '''
        给定起始节点和终止节点，计算出两者之间的最短路径
        同时在图中用特殊颜色绘制出该路径
        '''
        path = nx.shortest_path(G, source, target)
        print(path)
        #nex.draw_networkx_edges
        pos=nx.spring_layout(G)
        currnodes = []
```

```
        allnodes = list(G.nodes())
        for item in path:
            currnodes.append(item)
            allnodes.remove(item)

        curredges = []
        for i in range(len(path)-1):
            curredges.append((path[i], path[i+1]))
        alledges = list(G.edges())
        for item in curredges:
            if item in alledges:
                alledges.remove(item)
            else:
                (x, y) = item
                alledges.remove((y, x))
        nx.draw_networkx_nodes(G,pos,nodelist =allnodes,node_color='yellow',node_
size=250,alpha=0.8)
        nx.draw_networkx_nodes(G,pos,nodelist =currnodes,node_color='red',node_size=
250,alpha=0.8)
        nx.draw_networkx_edges(G,pos,edgelist=alledges,edge_color='black',width='1')
        nx.draw_networkx_edges(G,pos,edgelist=curredges,edge_color='red',width='1.5')
        nx.draw_networkx_labels(G,pos,font_size=7)
        plt.axis('off')
        plt.show()


if __name__=="__main__":
    edgelist = LoadCSVFile('stormofswords.csv')
    G = LoadGraph(edgelist)

    pr = CalPageRank(G)
    print(sorted(pr.items(), key=lambda x: x[1], reverse=True))

    CalShortestPath(G, 'Mance', 'Daenerys')
    (communityG, prevComm) = CommunityDetection(G)
    PlotCommunity(communityG, prevComm)
```

本项目包含一个数据文件 stormofswords.csv，该文件含有将要进行社区分析的人物的姓名。

17.4 项目测试

微视频

在编辑器中写好以上模块内容后保存。下面将测试该项目的运行结果。运行本项目的程序文件 GameofThrones.py，将产生两张图和一些输出信息。

其中，未划分社区的人物联系图如图 17-6 所示，改图绘制出了从 Mance 到 Daenerys 的最短距离。

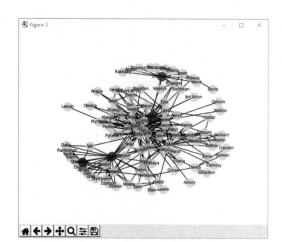

图 17-6　未划分社区的人物联系图

另外一张图是所有人物的社区结构图，如图 17-7 所示。

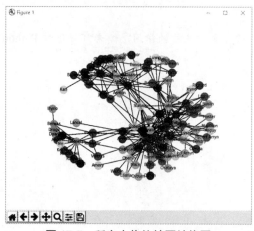

图 17-7　所有人物的社区结构图

第 18 章

人工智能项目——自动文本摘要

本章内容提要

随着大数据信息时代的到来，大量的文本数据给分析带来了困难。人们每天都面对大量信息源，从新闻到社交媒体推送，再到各种搜索结果，而且随着互联网生产出的文本数据越来越多，文本信息过载问题越来越严重，对各类文本进行一个"降维"处理显得非常必要，文本摘要便是其中一个重要的手段。通过本章的学习，读者可强化对 Python 基础知识的理解，加深对文本数据分析和处理的理解。

18.1　项目分析

微视频

随着信息时代的到来，数据产生的速度越来越快，大量的文本数据也给人类的分析带来困难。然而，这些大量文本数据的背后，其实蕴藏着丰富的价值，却还未被挖掘出来。为了挖掘这些大量文本数据背后的价值，人们想尽办法，采取各种手段，其中 TextRank 算法是文本处理与数据挖掘中一个非常重要的方法。

TextRank 算法是一种文本排序算法，由谷歌的网页重要性排序算法 PageRank 算法改进而来，它能够从一个给定的文本中提取出该文本的关键词、关键词组，并使用抽取式的自动文摘方法提取出该文本的关键句。

本项目通过抓取一个网页的内容，然后采用 TextRank 算法自动生成一份文本摘要。

项目的运行过程如图 18-1 所示。

图 18-1　项目的运行过程

这里需要理解停用词的概念。停用词是指在信息检索中，为节省存储空间和提高搜索效率，在处理自然语言数据（或文本）之前或之后会自动过滤掉某些字或词，这些字或词即被称为 Stop Words（停用词）。这些停用词都是人工输入、非自动化生成的，生成后的停用词会形成一个停用词表。

TextRank 算法的主要步骤如下：

（1）将得到的文本内容分割成句子，并对句子进行分词、去除停止词。

（2）计算句子的相似度。

（3）计算句子的权重。本项目采用 pagerank()函数来计算。

（4）将（3）得到的句子按得分进行倒序排序，抽取重要度最高的句子作为候选文本摘要句子。

（5）根据字数或句子数要求，从候选文本摘要句子中抽取句子组成文摘。

通过本项目的学习，强化读者对 Python 基础知识的理解，通过亲身体验 TextRank 算法的实现，加强对本算法的掌握，为今后学习自动文本摘要的其他算法打下基础。

微视频

18.2　配置环境

本项目的运行需要 4 个第三方模块，即 jieba 模块、numpy 模块、networkx 模块和 requests 模块。

下面讲述这 4 个第三方模块的下载和安装方法。

1. jieba 模块

jieba 模块是一个分词模块，对中文有着强大的分词能力。

用户可以使用 pip 命令安装 jieba 模块，方法比较简单。以管理员的身份运行"命令提示符"，执行 pip 安装命令：

```
pip install jieba
```

开始自动下载并安装jieba模块，执行过程如图18-2所示。

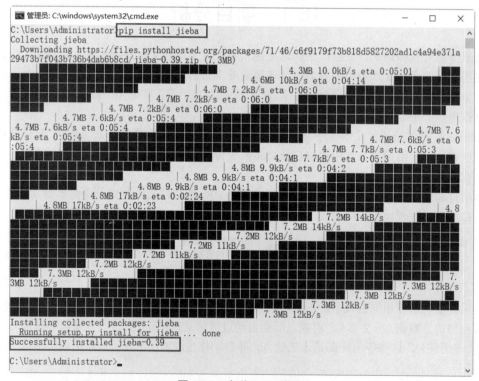

图 18-2　安装 jieba 模块

2. numpy 模块

numpy 模块提供快速、简洁的多维数组语言机制。同时该模块还包括操作线性几何、快速傅里叶变换及随机数等方法。

用户可以在线安装 numpy 模块，方法比较简单。以管理员的身份运行"命令提示符"，执行在线安装 numpy 模块的命令：

```
python -m pip install numpy
```

开始自动下载并安装 numpy 模块，执行过程如图 18-3 所示。

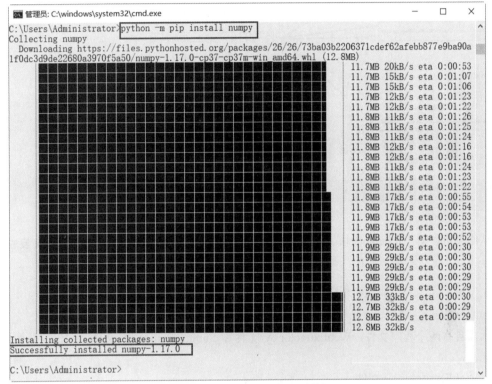

图 18-3　在线安装 numpy 模块

3. networkx 模块

networkx 模块是一个用 Python 语言开发的图论与复杂网络建模工具，内置了常用的图与复杂网络分析算法，可以方便地进行复杂网络数据分析、仿真建模等工作。

networkx 模块的安装方法已在第 17 章 17.2 节中详细讲述过，这里不再重述。

4. requests 模块

requests 模块可以爬取网络数据。使用 requests 会比 urllib 模块更加方便，可以节约大量的工作。requests 模块的安装方法已在第 16 章 16.2.1 节中详细讲述过，这里不再重述。

上面 4 个模块文件安装完成后，用户需要检查一下是否安装成功。

用户以管理员的身份运行"命令提示符"，检查当前安装了哪些模块，命令如下：

```
python -m pip list
```

检查结果如图 18-4 所示。

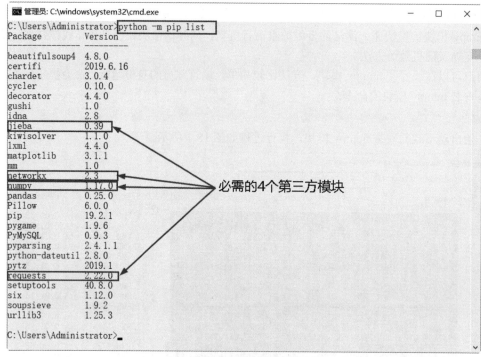

图 18-4　检查结果

从结果可以看出，jieba 模块、numpy 模块、networkx 模块和 requests 模块已全部安装成功。

18.3　具体功能实现

微视频

本项目有两个程序文件：WebExtractor.py 文件和 Summarization.py 文件，它们的具体作用如下：

1. WebExtractor.py 文件

WebExtractor.py 文件的功能是提取网页正文，通过获取原始网页（getRawPage()）、处理标签（processTags()）、处理块（processBlocks()）来获得所需的网页正文数据。

WebExtractor.py 文件的代码如下：

```python
#! /usr/bin/env python3
#-*- coding: utf-8 -*-

import requests as req
import re

reBODY =re.compile( r'<body.*?>([\s\S]*?)<\/body>', re.I)
reCOMM = r'<!--.*?-->'
reTRIM = r'<{0}.*?>([\s\S]*?)<\/{0}>'
reTAG = r'<[\s\S]*?>|[ \t\r\f\v]'

reIMG  = re.compile(r'<img[\s\S]*?src=[\'|"]([\s\S]*?)[\'|"][\s\S]*?>')
```

```python
    class Extractor():
        def __init__(self, url = "", blockSize=3, timeout=5, encoding='UTF-8'):
            self.url       = url
            self.blockSize = blockSize
            self.timeout   = timeout
            self.rawPage   = ""
            self.ctexts    = []
            self.cblocks   = []
            self.encoding  = encoding

        def getRawPage(self):
            try:
                resp = req.get(self.url, timeout=self.timeout)
            except Exception as e:
                raise e
            resp.encoding = self.encoding
            return resp.status_code, resp.text

        def processTags(self):
            self.body = re.sub(reCOMM, "", self.body)
            self.body = re.sub(reTRIM.format("script"), "", re.sub(reTRIM.format("style"),
    "", self.body))
            #self.body = re.sub(r"[\n]+","\n", re.sub(reTAG, "", self.body))
            self.body = re.sub(reTAG, "", self.body)

        def processBlocks(self):
            self.ctexts   = self.body.split("\n")
            self.textLens = [len(text) for text in self.ctexts]

            self.cblocks  = [0]*(len(self.ctexts) - self.blockSize - 1)
            lines = len(self.ctexts)
            for i in range(self.blockSize):
                self.cblocks = list(map(lambda x,y: x+y, self.textLens[i : lines-1-self.
    blockSize+i], self.cblocks))

            maxTextLen = max(self.cblocks)

            self.start = self.end = self.cblocks.index(maxTextLen)
            while self.start > 0 and self.cblocks[self.start] > min(self.textLens):
                self.start -= 1
            while self.end < lines - self.blockSize and self.cblocks[self.end] > min(self.
    textLens):
                self.end += 1

            return "".join(self.ctexts[self.start:self.end])

        def getContext(self):
            code, self.rawPage = self.getRawPage()
            self.body = re.findall(reBODY, self.rawPage)[0]
            self.processTags()
            return self.processBlocks()

    def main():
        ext
```

```
Extractor(url="http://sports.sina.com.cn/g/pl/2017-05-28/doc-ifyfqqyh8803625.shtml",b
lockSize=5)
        print(ext.getContext())
```

2. Summarization.py 文件

Summarization.py 文件为本项目的主程序文件，主要功能是生成文本摘要。该文件的主要功能函数如下。

（1）SentenceSegmentation()函数：将得到的文本分割成句子。

（2）LoadStopWords()函数：载入停用词文件。

（3）WordSegmentation()函数：利用 jieba 模块的分词工具来进行词分割，同时过滤掉文本中的停用词。

（4）SententceSimilarity()函数：计算句子的相似度。

（5）CreatGraph()函数：根据句子的相似度，构造邻接矩阵。

（6）TextRank()函数：抽取文摘句子。

（7）main()函数：该函数为执行主函数，规定了程序执行的流程和逻辑。

Summarization.py 文件的代码如下：

```
#! /usr/bin/env python3
#-*- coding: utf-8 -*-

import re
import codecs
import math
import jieba
import networkx as nx
import numpy as np
from WebExtractor import Extractor

def SentenceSegmentation(text):
    """
    给定一段文本，将文本分割成若干句子
    这里简单使用句号、问号、感叹号以及换行符进行分割
    """
    sentences = re.split(u'[\n。？！]', text)
    sentences = [sent for sent in sentences if len(sent) > 0]
                                                              #去除只包含\n 或空白符的句子
    return sentences

def LoadStopWords(stopfile):
    """
    载入停用词文件
    """
    stop_words = set()
    for word in codecs.open(stopfile, 'r', 'gbk', 'ignore'):
        stop_words.add(word.strip())
    return stop_words


def WordSegmentation(text, stop_words):
    """
    利用 jieba 模块的分词工具来进行词分割
```

```
        同时过滤掉文本中的停用词
        """
        jieba_list = jieba.cut(text)
        word_list = []
        for word in jieba_list:
            if word not in stop_words:
                word_list.append(word)
        return word_list


def SententceSimilarity(sentence1, sentence2):
    """
    给定两个句子，计算句子相似度
    这里使用简单的词共现关系来进行计算，不考虑每个词出现的次数
    其他的相似度计算方法，如余弦相似度等也可以在当前场景下使用
    """
    numerator = 0.0
    wordlist1 = list(set(sentence1))
    wordlist2 = list(set(sentence2))
    for word in wordlist1:
        if word in wordlist2:
            numerator += 1.0
    if numerator < 1e-8:
        return 0.0
    denominator = math.log(len(wordlist1)) + math.log(len(wordlist2))
    if abs(denominator) < 1e-8:
        return 0.0
    return numerator / denominator


def CreateGraph(sentences, content, stop_words):
    """
    根据句子相似度，构造邻接矩阵
    矩阵中的元素表示两个句子之间的相似度
    """
    numOfSents = len(sentences)
    matrix = [[0.0 for i in range(numOfSents)] for j in range(numOfSents)]
    for i in range(numOfSents):
        for j in range(numOfSents):
            if i == j:
                matrix[i][j] = 0.0
            else:
                sent1 = WordSegmentation(sentences[i].strip(), stop_words)
                sent2 = WordSegmentation(sentences[j].strip(), stop_words)
                matrix[i][j] = SententceSimilarity(sent1, sent2)
    return matrix

#抽取文摘句子
def TextRank(sentences, adjmatrix, ratio, alpha=0.85):
    numOfSents = len(adjmatrix)
    numOfSummary = int(numOfSents * ratio)
    summary = []
    graph = nx.from_numpy_matrix(np.array(adjmatrix))
    pr = nx.pagerank(graph, alpha)
```

```
    sorted_pr = sorted(pr.items(), key=lambda item: item[1], reverse=True)

    for index, score in sorted_pr:
        item = {'sent': sentences[index], 'score': score, 'index': index}
        summary.append(item)
    return summary[:numOfSummary]

def main():
    """
    使用新浪体育中的一篇报道作为例子
    首先提取该网页的正文，
    然后利用 TextRank 算法抽取 30%的句子作为该报道的摘要
    """
    ext = Extractor(url="http://sports.sina.com.cn/g/pl/2017-05-28/doc-ifyfqqyh8803625.
shtml",blockSize=5)
    content = ext.getContext()

    stop_words = LoadStopWords('stopwords.txt')
    sentences = SentenceSegmentation(content)
    matrix = CreateGraph(sentences, content, stop_words)
    summary = TextRank(sentences, matrix, 0.3, alpha=0.85)
    for item in summary:
        print(item['sent'].strip())

if __name__ == '__main__':
    main()
```

本项目包含一个数据文件 stopwords.txt。该文件为含有停用词的数据文件，在 LoadStop Words()函数和 WordSegmentation()函数中调用该文件，用于将文本中的停用词过滤掉。

18.4　项目测试

微视频

在编辑器中写好以上模块内容后保存。下面将继续测试自动文本摘要程序。本项目的 Summarization.py 文件，运行结果如图 18-5 所示。

```
================= RESTART: D:\python\ch18\Summarization.py =================
Building prefix dict from the default dictionary ...
Loading model from cache C:\Users\ADMINI~1\AppData\Local\Temp\jieba.cache
Loading model cost 0.687 seconds.
Prefix dict has been built succesfully.
大翼哥的表现十分稳健    在赛后的评分中，《Whoscored》网站给奥斯皮纳打了7.2分，相比于球场
对面的库尔图瓦（6.4分）要高出许多，充分反映出本场比赛两位门将的表现孰优孰劣
考虑到本场决赛意义重大，不仅阿森纳希望能够通过夺冠挽回联赛表现低迷的颓势还事关温格赛季去
留，球迷及媒体纷纷呼吁温格出于争冠需要应该让球队主力门将切赫首发出战，而温格最终还是顶着
骂声和质疑，为了圆给大翼哥的承诺，最终大翼哥也没有辜负有心人
足总杯决赛打响前，在主力中卫科斯切尔尼红牌停赛及另一名中卫加布里埃尔伤重也无法参赛的情况
下，温格宣布继续使用球队的替补门将奥斯皮纳出任决赛首发门将，阿森纳的后防着实令人捏一把汗
```

图 18-5　自动文本摘要